普通高等教育机械类课程规划教材

数控原理及应用

主　编　顾　燕
副主编　康徐红　金亚云
　　　　胡美云　夏建平
主　审　吴国庆　顾　海

北京理工大学出版社
BEIJING INSTITUTE OF TECHNOLOGY PRESS

内容简介

本书以数控机床原理及数控编程为主,比较全面、系统地叙述了数控机床技术及应用的有关内容。本书内容主要包括:数控机床工作原理、计算机数控系统;数控加工与编程技术基础;数控车、数控铣、加工中心的编程特点、编程指令及用法、典型编程案例;数控机床的使用与维护等内容。全书兼顾数控加工技术的先进性与实用性,内容详简得当、层次分明,突出数控加工工艺及程序编制技术,并配有详细的程序说明,使读者能够清晰掌握编程的思路,通过学习达到触类旁通。

本书可作为高等工科院校机械制造类及相关专业应用型本科生的教材,也可供从事数控加工行业的技术人员及管理员参考。

版权专有　侵权必究

图书在版编目(CIP)数据

数控原理及应用/顾燕主编. —北京:北京理工大学出版社,2019.7(2019.8 重印)
ISBN 978-7-5682-7273-5

Ⅰ. ①数… Ⅱ. ①顾… Ⅲ. ①数控机床-高等学校-教材 Ⅳ. ①TG659

中国版本图书馆 CIP 数据核字(2019)第 146301 号

出版发行 /	北京理工大学出版社有限责任公司
社　　址 /	北京市海淀区中关村南大街 5 号
邮　　编 /	100081
电　　话 /	(010)68914775(总编室)
	(010)82562903(教材售后服务热线)
	(010)68948351(其他图书服务热线)
网　　址 /	http://www.bitpress.com.cn
经　　销 /	全国各地新华书店
印　　刷 /	涿州市新华印刷有限公司
开　　本 /	787 毫米×1092 毫米　1/16
印　　张 /	17.5
字　　数 /	411 千字
版　　次 /	2019 年 7 月第 1 版　2019 年 8 月第 2 次印刷
定　　价 /	49.00 元

责任编辑 / 高　芳
文案编辑 / 赵　轩
责任校对 / 周瑞红
责任印制 / 李志强

图书出现印装质量问题,请拨打售后服务热线,本社负责调换

前　言

数控技术在机械制造业中占有重要地位，随着科学技术、计算机技术以及信息技术产业飞速发展，高效率、高精度的数控机床逐渐取代普通机床。数控技术的发展和应用是实现智能制造的基础，其水平标志着综合国力水平。

本书是"数控原理与编程技术"及其相关课程的配套教材，主要偏重于数控编程技术的讲解，同时兼顾数控技术原理方面的知识。本书编写时，既注重了基础性、系统性、综合性，也考虑了应用性和实践性，同时还兼顾了先进性，是结合相关教学大纲及应用型本科学生实际情况而编写的，可作为机械及其相关专业学生的专业课教材，也可作为从事此领域的工程技术人员的参考书。

本书主要根据应用型本科人才的培养目标，不仅介绍了目前数控加工技术的主要工艺方法，也对工艺的设计及分析进行了讲解。通过本书的学习，读者能对数控加工的工艺方法有较深入和全面的了解。书中将编程技术融入加工项目中，使读者能够掌握对数控编程指令的运用，加深对各种编程指令的理解。

本书在编写过程中，力求文字精练、准确、通俗易懂；尽量做到理论联系实际，使内容丰富、新颖、由浅入深；在突出理论知识的同时，注重实践性和应用性。本书由南通理工学院的顾燕负责总体规划、统稿并编写第一、二章和第五章第一节到第四节，金亚云负责编写第三章，康徐红负责编写第四章，胡美云负责编写第六章，夏建平负责编写第五章第五节。

在编写本书的过程中，南通理工学院的吴国庆和顾海老师给予了许多无私帮助与支持，在此表示感谢，同时衷心感谢南通理工学院教务处、北京理工大学出版社在本书出版过程中给予的大力支持。

本书的编写得到江苏高校品牌专业建设工程项目（PPZY2015C251）的资助，同时得到了江苏省重点建设学科（苏教研〔2016〕9号）、南通市精密加工技术重点实验室（CP12014002）和南通理工学院机械设计制造及其自动化专业教学团队（2017NITJXTD01）等的支持，在此一并表示感谢。

由于时间仓促，加之编者水平有限，书中难免存在缺点与错误，恳请读者予以批评指正。

编　者

2019年3月

目　录

第一章　绪　论 ··· 1
　第一节　数控技术的产生及概念 ··· 1
　　一、数控技术的产生 ··· 1
　　二、数控技术的概念 ··· 1
　第二节　数控机床的组成及分类 ··· 2
　　一、数控机床的组成 ··· 2
　　二、数控机床的分类 ··· 2
　第三节　数控机床的发展及加工特点 ··· 5
　　一、数控机床的发展 ··· 5
　　二、数控机床的加工特点 ··· 6
　习题与思考题 ··· 6
第二章　计算机数控系统 ·· 7
　第一节　概述 ··· 7
　　一、计算机数控系统的组成 ·· 7
　　二、CNC 装置的功能 ·· 7
　　三、CNC 系统的特点 ·· 9
　第二节　计算机数控装置的硬件结构 ··· 10
　　一、CNC 系统的硬件构成特点 ·· 10
　　二、单微处理机结构 ··· 11
　　三、多微处理机结构 ··· 11
　　四、PC 数控系统 ·· 14
　第三节　计算机数控装置的软件结构 ··· 14
　　一、CNC 装置的软件组成 ·· 14
　　二、CNC 系统软件的工作过程 ·· 14
　　三、CNC 系统的软件结构特点 ·· 16
　第四节　数控插补原理 ··· 18
　　一、插补的基本概念 ··· 18
　　二、脉冲增量插补 ·· 18
　　三、数据采样插补 ·· 23

第五节 数控补偿原理 ·················· 26
一、刀具补偿 ·················· 26
二、钻削加工中的刀具补偿 ·················· 28
三、车削加工中的刀具补偿 ·················· 28
四、轮廓铣削加工中的刀具补偿 ·················· 29

第六节 计算数控系统的可编程控制器 ·················· 33
一、可编程控制器（PLC）简介 ·················· 33
二、数控机床中PLC实现的功能 ·················· 35
三、PLC、CNC与数控机床的关系 ·················· 36
四、PLC在数控机床上的应用举例 ·················· 37

第七节 数控机床伺服系统 ·················· 39
一、步进电机及其驱动系统 ·················· 41
二、直流伺服电机及其速度控制 ·················· 50
三、交流伺服电机及其速度控制系统 ·················· 56
四、位置控制 ·················· 62

习题与思考题 ·················· 64

第三章 数控加工与程序编制基础 ·················· 66

第一节 概述 ·················· 66
一、数控程序编制的概念 ·················· 66
二、数控编程的步骤 ·················· 66

第二节 数控编程基础知识 ·················· 68
一、数控机床坐标系规定 ·················· 68
二、坐标轴方向的确定 ·················· 68
三、数控机床坐标系 ·················· 70

第三节 数控加工程序编制方法 ·················· 74
一、手工编程 ·················· 74
二、自动编程 ·················· 75

第四节 数控编程常用的指令代码 ·················· 77
一、数控加工程序格式 ·················· 77
二、程序字的功能 ·················· 78

第五节 数控编程的相关设定 ·················· 83
一、单位的设定 ·················· 83
二、与坐标有关的指令 ·················· 85

习题与思考题 ·················· 86

第四章　数控车床编程

第一节　数控车床编程特点及坐标系
- 一、数控车床加工特点 ········· 87
- 二、数控车床坐标系 ········· 87
- 三、数控车床编程特点 ········· 90
- 四、FANUC 系统数控车床系统操作界面介绍 ········· 90

第二节　数控车床基本编程指令及用法
- 项目1　单台阶零件加工 ········· 93
- 项目2　圆弧零件加工 ········· 102
- 项目3　多台阶零件加工 ········· 111
- 项目4　单向锥轴加工 ········· 125
- 项目5　圆锥塞帽的加工 ········· 131
- 项目6　圆弧锥轴的加工 ········· 139
- 项目7　饰品葫芦的加工 ········· 142
- 项目8　槽轴加工 ········· 149
- 项目9　螺钉的加工 ········· 157

第三节　数控车床编程综合实例
- 项目1　数控车床编程综合实例1 ········· 167
- 项目2　数控车床编程综合实例2 ········· 176

- 习题与思考题 ········· 184

第五章　数控铣床编程

第一节　数控铣床编程特点及坐标系
- 一、数控铣床简介 ········· 187
- 二、数控铣床加工工艺范围 ········· 187
- 三、数控铣床的工艺装备 ········· 189
- 四、孔加工刀具 ········· 191
- 五、切削用量的选择 ········· 194
- 六、数控铣削工艺性分析 ········· 195
- 七、编程指令 ········· 198

第二节　数控铣床基本编程指令及用法
- 项目1　轨迹的数控加工 ········· 198
- 项目2　典型铣床零件的数控加工 ········· 208

第三节　数控铣编程综合实例
- 一、任务引入 ········· 220
- 二、相关知识 ········· 221

  三、任务实施 …………………………………………………………………… 229
  四、加工练习 …………………………………………………………………… 233
 第四节 加工中心编程特点 ……………………………………………………… 234
  一、加工中心的加工对象 ……………………………………………………… 234
  二、加工中心的工艺设计 ……………………………………………………… 235
 第五节 加工中心编程实例 ……………………………………………………… 237
  一、任务引入 …………………………………………………………………… 237
  二、任务实施 …………………………………………………………………… 237
 习题与思考题 ………………………………………………………………………… 250

第六章 数控机床的使用与维护 ……………………………………………………… 253
 第一节 数控机床的使用与管理 ………………………………………………… 253
  一、数控机床的使用 …………………………………………………………… 253
  二、数控机床的管理 …………………………………………………………… 255
 第二节 数控机床的维护与保养 ………………………………………………… 256
  一、数控机床的维护与保养 …………………………………………………… 257
  二、数控机床的维修 …………………………………………………………… 263
 习题与思考题 ………………………………………………………………………… 269

参考文献 …………………………………………………………………………………… 270

第一章 绪 论

第一节 数控技术的产生及概念

一、数控技术的产生

在机械制造业，随着科学技术和社会生产力的迅速发展，对机械产品的质量和生产效率的要求越来越高。从手工制造、机械制造、自动化制造，直到今天的智能制造，可以看出机械加工工艺过程的自动化是实现上述要求的最重要的措施之一，不仅能够提高产品质量、生产率，降低生产成本，还能够极大地改善工人的劳动条件，减轻劳动强度。

由于机械产品的创新设计、不断改型、更新换代，单件小批量生产的零件占机械加工总量的70%~80%，不仅加工批量小，而且加工零件的形状也比较复杂，导致专用化程度很高的刚性生产线不能很好地满足使用要求。因为经常改装、调整专用自动化机床是不现实的，特别是市场竞争日趋激烈，为满足市场不断变化的需要必须具备快速提供高质量新产品的能力。为了解决单件小批量，特别是复杂型面零件的自动加工，并保证产品的质量，制造业必须要有新型的加工机械。新时期以来，微电子技术、自动信息处理、数据处理以及电子计算机技术的发展，给自动化技术带来了新的理念，推动了机械制造自动化的发展，而数控技术就是为了实现控制自动化要求而产生的。

二、数控技术的概念

数字控制（Numerical Control）技术简称数控（NC）技术，与传统的设备自动控制技术的一个显著区别在于，它不仅具有顺序逻辑控制功能，而且具有关于运动部件位置的坐标控制功能，即采用数字指令信号对机电产品或设备的坐标运动进行控制的技术。数字指令信号包括字母、数字和符号。现代数控系统大多采用计算机数控（Computer Numerical Control），简称CNC。

CNC技术的基本工作原理是将被控设备末端执行部件（或多个末端执行部件）的复杂运动分解成各坐标轴的简单直线运动或回转运动，并用一个满足精度要求的基本长度单位对各坐标轴进行离散化，用某种语言编写的程序来描述，以数字形式送入计算机，利用计算机的高速数据处理能力识别出该程序所描述的生产过程，通过计算、处理，将此程序分解为一系列的动作指令，输出并控制生产过程中相应的执行对象，从而使生产过程在人不干预或少干预的情况下自动进行，实现生产过程的CNC。

根据被控对象的不同，数控技术不仅用于机床控制，还用于其他控制设备，如数控线切割机、数控测量仪、工业机器人等。其中，最早产生的、目前应用最为广泛的是机械加工行业中的各种以机床为被控对象的数字控制系统,即数控机床。数控机床就是采用数控技术对工作台运动和切削加工过程进行控制的机床,是数控系统与机床本体的有机结合体,集机械制造、计算机、微电子、现代控制及精密测量等多种技术为一体,使传统的机械加工工艺发生了质的变化。

第二节 数控机床的分类

一、数控机床的组成

在数控机床上加工零件时,首先应根据零件图样的要求,结合所采用的数控机床的功能、性能和特点,确定合理的加工工艺,编制相应的数控加工程序,并采用适当的方式将程序输入到数控装置。在数控机床加工过程中,数控装置对数控加工程序进行编译、运算和处理,输出坐标控制指令到伺服驱动系统,顺序逻辑控制指令到可编程机床控制器(PMC),通过伺服驱动系统和PMC驱动机床刀具或工件按照数控加工程序规定的轨迹和工艺参数运动,从而使机床精确地加工出符合图样要求的零件。从加工过程可以看出,数控机床主要由以下六大部分组成:程序编制、数控装置、伺服驱动系统、强电控制系统、检测反馈系统和机床本体,其中数控装置、伺服驱动系统、强电控制系统和检测反馈系统统称为数控系统,如图1-2-1所示。

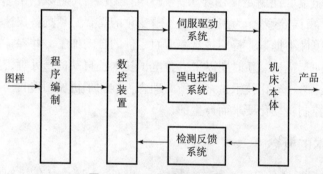

图1-2-1 数控机床的组成

从仿生学的观点来看,除程序编制以外,数控机床的组成类似于人的构造及其功能,构成人和数控机床的五大要素如图1-2-2所示。从图中可以看出,数控装置是数控机床的大脑,起核心控制的作用,对其他要素和它们之间的连接进行有机的统一控制;驱动装置可以说是数控机床的内脏,是产生动力的必要条件;检测装置类似于人体的五官,起到对位置、速度、压力及温度等的检测作用;机床传动链,是实现机床加工与动作的重要组成,相当于人体的骨骼;而伺服电动机则类似于人体的手脚,用于实现执行元件的各种动作。

二、数控机床的分类

数控机床的品种很多,通常按以下几种方式进行分类。

1. 按数控机床的加工工艺分类

与传统机床的称谓相对应,根据加工工艺不同,可将数控机床分为数控车床、数控铣

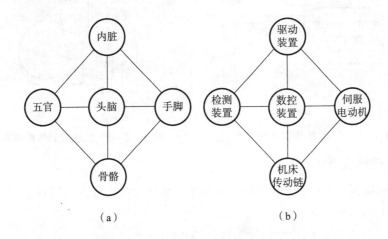

图 1-2-2 人和数控机床的五大要素
(a) 人的五大要素；(b) 数控机床的五大要素

床、加工中心、数控钻床、数控磨床、数控镗床、数控剪扳机、数控折弯机、数控电加工机床、数控三坐标测量机，等等。

2. 按数控机床的运动控制方式分类

按数控机床的运动控制方式可分成点位控制、直线控制和轮廓控制三大类。

(1) 点位控制数控机床

典型的点位控制数控机床有数控钻床、数控镗床、数控冲床等，其特点是在加工过程中，只要求控制刀具相对于工件上某一加工点到另一加工点的精确坐标位置，而对两孔之间的运动轨迹原则上不进行控制，且在移动过程中不作任何加工，如图 1-2-3 所示。

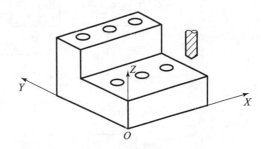

图 1-2-3 点位控制数控钻床

(2) 直线控制数控机床

与点位控制数控机床相比，直线控制机床不仅要求控制加工点的精确定位，还要求刀具（刀架）以给定的进给速度沿平行于坐标轴或与坐标轴成 45°的方向进行直线移动和切削加工，如图 1-2-4 所示。由于应用范围不广泛，所以目前直线控制数控机床很少。

(3) 轮廓控制数控机床

能够对两个或两个以上运动坐标的位移和速度同时进行连续相关的控制，使刀具与工件间的相对运动符合工件加工轮廓要求的数控机床称为轮廓控制数控机床。该类机床在加工过程中，每时每刻都对各坐标的位移和速度进行严格的、不间断的控制。不仅要求控制刀具相对于工件在机床加工空间内从某一点运动到另一点的精确坐标位置，而且要求对两点之间的运动轨迹进行精确控制，且能够边移动边加工，如图 1-2-5 所示。典型的连续控制数控机床有数控车床、数控铣床、加工中心、数控激光切割机床等。

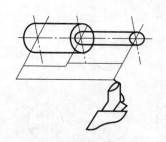
图1-2-4 直线控制数控机床

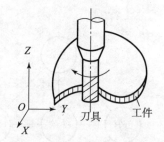
图1-2-5 轮廓控制数控机床

3. 按伺服系统控制方式分类

按所采用的伺服系统控制方式不同,可将数控机床分成开环、闭环和半闭环控制数控机床三类,如图1-2-6所示。

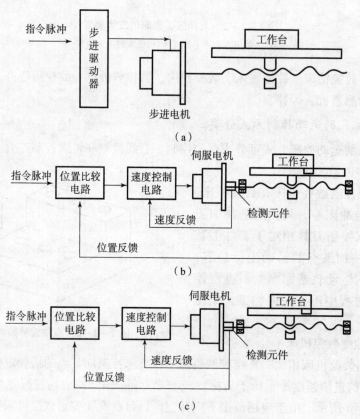

图1-2-6 伺服系统控制方式
(a) 开环控制;(b) 闭环控制;(c) 半闭环控制

(1) 开环控制数控机床

没有位置检测与反馈装置的数控机床称为开环控制数控机床。机床结构简单,成本低,但加工精度也低。

(2) 闭环控制数控机床

闭环控制数控机床具有完善的位置检测装置与反馈装置,而且位置检测装置安装在机床刀架或工作台等机床末端执行部件上,随时检测这些执行部件的实际位置。并根据指令位置与实际位置的偏差对机床运动进行控制，因此机床加工精度高，但结构复杂，成本高。

(3) 半闭环控制数控机床

半闭环控制数控机床也具有位置检测装置，与闭环控制不同的是，它的检测装置安装在伺服电机上或丝杠的端部，通过检测伺服电机或丝杠的角位移间接计算出机床工作台等执行部件的实际位置值，然后与指令位置值进行比较，进行差值控制。这种机床调试比较方便，价格也较全闭环系统便宜，是目前应用最广、数量最大的一类数控机床。

4. 按数控机床功能强弱分类

按功能强弱可将数控机床分为经济型数控机床、全功能数控机床和高档型数控机床。

(1) 经济型数控机床

经济型数控机床多为开环控制，主要采用功能较弱、价格低廉的经济型数控装置，其机械结构与传统机床结构差异不大，刚度与精度均较低，脉冲当量一般在 0.001~0.01 mm 范围内。

(2) 全功能数控机床

全功能数控机床多为闭环或半闭环控制，主要采用功能完善、价格较高的数控装置，如日本的 FANUC 系统和德国的 SIEMENS 系统等，在机械结构设计上充分考虑了强度、刚度、抗振性、低速运动平稳性、精度、热稳定性和操作宜人等方面的要求，能实现高速、强力切削或高精度产品加工，又称普及型数控机床，脉冲当量一般在 0.1~1.0 μm 范围内。

(3) 高档型数控机床

高档型数控机床是指五轴以上联动控制、能加工复杂形状零件的数控机床，或者工序高度集中、具备高度柔性的数控机床，或者可进行超高速、精密、超精密甚至纳米级加工的数控机床，这类机床性能很好，但价格也很高，脉冲当量一般为 0.1 μm，甚至更小。

5. 按控制联动坐标轴数分类

按所能控制联动坐标轴数目的不同，数控机床主要分成二坐标、三坐标、四坐标和五坐标等数控机床。二坐标数控机床主要用于加工二维平面轮廓；三坐标数控机床主要用于加工三维立体轮廓；四坐标和五坐标数控机床主要用于加工空间复杂曲面或一些高精度、难加工的特殊型面。

第三节 数控机床的发展

一、数控机床的发展

数控机床最早诞生于美国。1948 年，美国帕森斯公司在研制加工直升机叶片轮廓检查用样板的机床时，提出了数控机床的设想，后受美国空军委托与麻省理工学院合作，于 1952 年试制了世界上第一台三坐标数控立式铣床，其数控系统采用电子管。1960 年开始，德国、日本、中国等都陆续地开发、生产及使用数控机床。中国于 1968 年由北京第一机床厂研制出第一台国产数控机床。1974 年微处理器直接用于数控机床，进一步促进了数控机床的普及应用和飞速发展。

由于微电子和计算机技术的不断发展，数控系统也一直在不断更新，主要分为两个阶段：第一阶段，数控系统主要是由硬件联结构成，称为硬件数控，主要从电子管、晶体管发展到小、中规模集成电路的硬件数控系统；第二阶段称为计算机数控，其功能主要由软件完成，也就是计算机数控系统。

但随着科学技术的发展，先进制造技术的兴起和不断成熟，对数控技术提出了更高的要求。目前数控技术朝以下方向发展：①高速度、高精度方向；②柔性化、功能集成化方向；③智能化方向；④高可靠性方向；⑤网络化方向。

二、数控机床的加工特点

（1）加工高精度和高速化

通过减少数控系统的误差和采用补差技术使数控加工精度得到提高的同时，提高了数控系统的分辨率，以微小程序段实现连续进给，以及在位置系统中采用反馈控制与非线性控制等方法，使数控机床具备高进给速度和高精度的加工。

（2）加工复合化

复合化包括工序复合化和功能复合化。例如，工件在一台设备上一次装夹后，可以通过自动换刀等各种措施来完成多工序和多表面的加工，这样既能减少工件装卸时间和搬运时间，提高每台机床的加工能力，减少半成品的库存；又能保证和提高行位精度，从而打破了传统的工序界限和分散加工的工艺规程。

（3）高柔性化

柔性是指数控机床适应加工对象变化的能力。数控机床发展到今天，已对加工对象变化有很强的适应能力。在提高单机柔性化的同时，也在朝着单元柔性化（柔性制造单元——flexible manufacturing cell，FMC）和系统柔性化（如柔性制造系统——flexible manufacturing system，FMS）的方向发展。

（4）智能化

随着人工智能在计算机领域的不断渗透与发展，数控智能化程度不断提高，如应用自适应控制系统，引入专家指导加工，加强故障自诊断功能等。

习题与思考题

1-1 什么是数控技术？计算机数控技术的工作原理是什么？
1-2 什么是开环控制、闭环控制、半闭环控制？
1-3 简述数控机床的组成及各部分的主要功能。
1-4 数控加工有哪些主要特点？
1-5 数控技术的发展趋势是什么？

第二章 计算机数控系统

第一节 概 述

一、计算机数控系统的组成

计算机数控系统是一种程序控制系统,它能阅读并按逻辑处理输入到系统中的数控加工程序,将其译码,从而控制数控机床运动并加工出零件。

计算机数控系统主要由输入/输出设备、CNC 装置、可编程控制器(Programmable Logic Control,PLC)、主轴调速系统、进给伺服系统以及强电控制部分等组成,简称 CNC 系统,如图 2-1-1 所示。

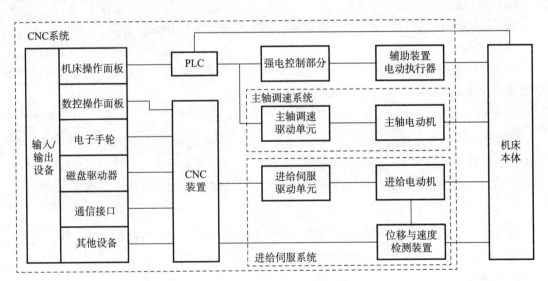

图 2-1-1 CNC 系统的组成

CNC 系统的核心是 CNC 装置。CNC 装置实质上是一种专用计算机,它除了具有一般计算机的结构外,还有和数控机床功能有关的功能模块结构和接口单元。CNC 装置由硬件和软件两大部分组成,硬件是基础,软件是灵魂,两者相辅相成,缺一不可。

二、CNC 装置的功能

数控机床的类型、档次不同,CNC 装置的功能就有很大的不同。其功能通常是指控制、准备、进给、主轴、辅助、刀具等功能。

1. 控制功能

控制功能是指 CNC 装置控制机床各类转轴的功能，控制的轴数以及同时控制的轴数取决于机床功能的强弱。普通数控车床只需同时控制两个轴；数控铣床、镗床以及加工中心等需要有三个、甚至三个以上的控制轴。控制的轴数越多，尤其是联动轴数越多，CNC 装置的功能越强、结构越复杂，编制程序也越困难。

2. 准备功能

准备功能也称 G 功能，用来指定机床的动作方式，包括坐标设定、加工平面的选择、基本移动、程序暂停、刀具补偿、固定循环、公英制转换等指令。准备功能的代号用字母 G 和其后的两位数字表示。ISO 标准中准备功能有 G00 到 G99 共 100 种，数控系统可从中选用。

3. 进给功能

进给功能用 F 指令直接指定各轴的进给速度（进给速度又称为进给量）主要有以下几个功能。

（1）切削进给速度

以每分钟进给距离的形式指定刀具进给速度，用字母 F 和其后的数字指定。字母 F 后的数字代表进给速度。

（2）快速进给速度

快速进给速度由数控系统中的参数设定，用 G00 指令执行快速进给。

（3）进给倍率

机床操作面板上设置了进给倍率开关。在不修改程序的前提下，倍率开关不仅可以改变快速进给速度，也可以改变机床的进给速度。

4. 主轴功能

主轴功能是指指定主轴转速（主轴转速又称为切削速度）的功能，转速用字母 S 和其后的数值表示，单位为 $r \cdot min^{-1}$ 或 mm/min。转向用辅助功能 M03（正转）和 M04（反转）指定，而且机床操作面板上设置了主轴倍率开关，在不修改程序的前提下可改变主轴转速。

5. 辅助功能

辅助功能是用来指定主轴的起停转向、冷却泵的通和断、刀库的起停等的功能，用字母 M 和其后的两位数字表示。ISO 标准中辅助功能有 M00 至 M99，共 100 种。

6. 刀具功能

刀具功能是用来选择刀具的功能，用字母 T 和其后的 2 位或 4 位数字表示。

7. 字符图形显示功能

CNC 装置可配置单色或彩色不同尺寸的 CRT（Cathode Ray Tube）或液晶显示器，通过软件和接口实现字符和图形显示。其可以显示程序、参数、补偿值、坐标位置、故障信息、人机对话编程菜单、零件图形等。

8. 自诊断功能

CNC 装置中设置了故障诊断程序，可以防止故障的发生和扩大。在故障出现后可迅速查明故障类型及部位，减少故障停机时间。不同的 CNC 装置诊断程序的设置不同，可以设置在系统程序中，在系统运行时进行检查和诊断；也可作为服务性程序，在系统运行前或故障停机后诊断故障的部位；还可以进行远程通信完成故障诊断。

三、CNC 系统的特点

与传统的 NC 系统相比，CNC 系统的主要优点如下。

（1）灵活性

这是 CNC 系统的突出优点。对于传统的 NC 系统，一旦提供了某些控制功能，就不能被改变，除非改变相应的硬件。而对于 CNC 系统，只要改变相应的控制程序就可以补充和开发新的功能，而不必制造新的硬件。CNC 系统能够随着计算机技术的发展而发展，也能适应将来改变工艺的要求。在 CNC 设备安装之后，新的技术还可以补充到系统中去，这就延长了系统的使用期限。因此，此系统具有很大的"柔性"——灵活性。

（2）通用性

在 CNC 系统中，硬件系统采用模块化结构，依靠软件变化与之相配合来满足被控设备的各种不同要求；采用标准化接口电路，给机床制造厂和数控用户带来了许多方便。于是，用一种 CNC 系统就可能满足大部分数控机床（包括车床、铣床、加工中心、钻镗床等）的要求，还能满足其他设备的应用需求。当用户需要某些特殊功能时，仅仅需要增加硬件模块以及相应的软件就可以实现。另外，在工厂中使用同一类型的控制系统培训和学习也十分方便。

（3）可靠性

在 CNC 系统中，加工程序常常是一次送入计算机存储器内，避免了在加工过程中由于纸带输入机的故障而产生停机现象（普通数控装置的故障有一半以上发生在逐段光电输入时）。同时，由于许多功能都由软件实现，硬件系统所需元器件数目大为减少，整个系统的可靠性大大改善，特别是随着大规模集成电路和超大规模集成电路的采用，系统可靠性更为提高。据美国第 13 届 NCS 年会统计的世界上数控系统平均无故障时间为：硬线 NC 系统为 136 h，小型计算机 CNC 系统为 984 h，而日本发那科公司（FANUC）宣称微处理机 CNC 系统已达 23 000 h。

（4）易于实现许多复杂的功能

CNC 系统可以利用计算机的高度计算能力，实现一些高级、复杂的数控功能。刀具偏移、英/公制转换、固定循环等都能用软件程序予以实现；复杂的插补功能，例如抛物线插补、螺旋线插补等也能用软件方法来解决；刀具补偿也可在加工过程中进行计算；大量的辅助功能都可以用编程实现。子程序概念的引入，大大简化了程序编制。

（5）使用维修方便

CNC 系统的一个吸引人的特点是有一套诊断程序，当数控系统出现故障时，能显示出故障信息，使操作和维修人员能了解故障部位，减少了维修的停机时间。另外，还可以备有数控软件检查程序，防止输入非法数控程序或语句，这给编程带来许多方便。有的 CNC 系统还有对话编程、蓝图编程，使程序编制简便，不需很高水平的专业编程人员。零件程序编好后，可显示程序，甚至通过空运行，将刀具轨迹显示出来，检验程序是否正确。

第二节 计算机数控装置的硬件结构

一、CNC 系统的硬件构成特点

随着大规模集成电路技术和表面安装技术的发展，CNC 系统硬件模块及安装方式不断改进。从 CNC 系统的总体安装结构看，有整体式结构和分体式结构；按印刷电路板的插接方式可以分为搭伴式结构和功能模块式结构；按微处理器的个数可以分为单微处理器和多微处理器结构；按硬件的制造方式，可以分为专用型结构和个人计算机式结构；按开发程度又可分为封闭式结构、PC 嵌入 NC 式结构、NC 嵌入 PC 式结构和软件型开放式结构。

所谓整体式结构是把 CRT 和 MDI（Manual Date Input）面板、操作面板以及功能模块板组成的电路板等安装在同一机箱内。这种方式的优点是结构紧凑、便于安装，但有时可能造成某些信号连线过长。分体式结构通常把 CRT 和侧面板、操作面板等做成一个部件，而把功能模块组成的电路板安装在另一个机箱内，两者之间用导线或光纤连接。许多 CNC 机床把操作面板也单独作为一个部件，这是由于所控制机床的要求不同，操作面板相应地需要改变，做成分体式结构有利于更换和安装。

CNC 操作面板在机床上的安装形式有吊挂式、床头式、控制柜式、控制台式等多种。从组成 CNC 系统的电路板的结构特点来看，有两种常见的结构，即大板式结构和模块化结构。

大板式结构的特点是，一个系统一般都有一块大板，称为主板。主板上装有主 CPU 和各轴的位置控制电路等。其他相关的子板（完成一定功能的电路板），如 ROM 板、零件程序存储器板和 PLC 板都直接插在主板上面，组成 CNC 系统的核心部分。由此可见，大板式结构紧凑、体积小、可靠性高、价格低，有很高的性价比，也便于机床的一体化设计。大板结构虽有上述优点，但它的硬件功能不易变动，不利于组织生产。

另外一种柔性比较大的结构就是总线模块化的开放式系统结构，其特点是将微处理机存储器、输入/输出控制分别做成插件板（称为硬件模块），甚至将微处理机、存储器、输入/输出控制组成独立微计算机级的硬件模块，相应的软件也以模块结构固化在硬件模块中。硬、软件模块形成一个特定的功能单元，称为功能模块。功能模块间有明确定义的接口，接口是固定的，按照工厂标准或工业标准，彼此可以进行信息交换。这样就形成了 CNC 系统产品系列，用户按需要选用各种控制单元母板及所需功能模板，将各功能模板插入控制单元母板的槽内，就搭成了自己需要的 CNC 系统的控制装置。这种系统结构设计简单，有良好的适应性和扩展性，试制周期短，调整维护方便，效率高。日本发那科公司（FANUC）的 15 系列就采用了功能模块化结构。

从 CNC 系统使用的微机及结构来分，CNC 系统的硬件结构一般分为单微处理机和多微处理机结构两大类。初期的 CNC 系统和现有一些经济型 CNC 系统采用单微处理机结构。而多微处理机结构可以满足数控机床高进给速度、高加工精度和许多复杂功能的要求，也适应于并入 FMS（Flexible Manufacture System）和 CIMS（Computer Integrated Manufacturing System）运行的需要，从而得到了迅速的发展，它反映了当今数控系统的新水平。

二、单微处理机结构

在单微处理机结构中，只有一个微处理机，实行集中控制，并分时处理 CNC 系统的各个任务。其结构特点如下：

①CNC 装置内仅有一个微处理机，由它对存储、插补运算、输入/输出控制、CRT 显示等功能集中控制，分时处理；

②微处理机通过总线与存储器、输入/输出控制等各种接口相连，构成 CNC 装置；

③结构简单，容易实现；

④正是由于只有一个微处理机集中控制，能力和运算速度等因素受限。

图 2-2-1 给出的即是单微处理机的结构框图。

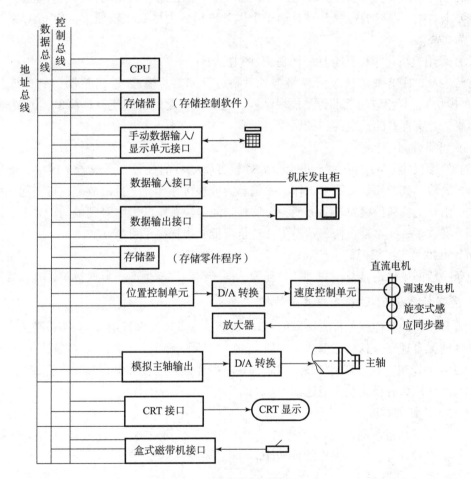

图 2-2-1 单微处理机的结构框图

三、多微处理机结构

多微处理机结构的 CNC 是把机床数字控制这个总任务划分为多个子任务（也称为子功能模块）。在硬件方面，以多个微处理机配以相应的接口形成多个子系统，把划分的子任务分配给不同的子系统承担，由各子系统之间的协调动作完成数控。在多微处理机的结构中，有由两个或两个以上的微处理机构成的子系统,子系统之间采用紧耦合;有集中的操作系统,共享资源;或者有由两个或两个以上的微处理机构成的功能模块,功能模块之间采用松耦合,由多重操作系统有效地实现并行处理。应注意的是,有的 CNC 装置虽然有两个以上的微处理机,但其中只有一个微处理机能够控制系统总线,占有总线资源,而其他微处理机成为专用的智能部件,不能控制系统总线,不能访问存储器,它们组成主从结构,故应归于单微处理机的结构。

1. 多微处理机结构的特点

(1) 性能价格比高

此种结构中的每一个微处理机各完成系统中指定的一部分功能,独立执行程序。它与单微处理机结构相比,提高了计算处理速度,适应了多轴控制、高精度、高进给速度、高效率的数控要求。由于系统的资源共享,而单个微处理机的价格又比较便宜,使 CNC 系统的性价比大为提高。

(2) 采用模块化结构具有良好的适应性和扩展性

前已述及,在这种结构中可以将微处理机、存储器、输入/输出控制分别做成插件板(即硬件模块),其相应的软件也是模块结构,这种模块化的结构使设计简单、试制周期短、结构紧凑,具有良好的适应性和扩展性。

(3) 可靠性高

多微处理机的 CNC 装置由于每个微处理机分管各自的任务,形成若干模块,即使某个模块出了故障,其他模块仍照常工作,不像单微处理机那样,一旦出故障,将引起整个系统的瘫痪。由于更换插件模块较为方便,可使模块故障对系统的影响降到最低。另外,由于资源共享,省去了一些重复机构,这不但使造价降低,也提高了可靠性。

(4) 硬件易于组织规模生产

由于一般的硬件都是通用的,容易配置,便于组织规模生产,形成批量,且保证质量。

2. 多微处理机 CNC 装置的典型结构

只要开发新的软件就可构成不同的 CNC 系统,在多微处理机组成的 CNC 装置中,可以根据具体情况合理划分其功能模块。一般来说,典型的多微处理机 CNC 装置由 CNC 管理模块、CNC 插补模块、位置控制模块、PLC 模块、操作面板监控和显示模块、存储器模块这 6 种功能模块组成。各模块功能简述如下。

(1) CNC 管理模块

该模块管理和组织整个 CNC 系统的工作,包括系统初始化、中断处理、总线冲突裁决、系统出错识别和处理、软硬件诊断等功能。

(2) CNC 插补模块

CNC 插补模块完成零件加工程序的译码、刀具半径的补偿、坐标位移量的计算和进给速度处理等插补前的预处理,以及进行插补计算,确定各坐标轴的位置。

(3) 位置控制模块

位置控制模块对插补后的坐标位置给定值与位置检测装置测得的位置实际值进行比较,进行自动加减速、回基准点、伺服系统滞后量的监视和漂移补偿,最后得到速度控制的模拟电压去驱动进给电机。

(4) 存储器模块

存储器模块主要用于存放程序和数据，也可以是各功能模块间进行数据传送的共享存储器。

(5) 操作面板监控和显示模块

该模块包括零件的数控程序、参数、各种操作命令和数据的输入/输出、显示所需要的各种接口电路。

(6) PLC 模块

零件程序中的开关功能和从机床来的信号在这个模块中作逻辑处理，实现各开关功能和机床操作方式之间的对应关系，如机床主轴的启停、冷却液的开关、刀具交换、回转工作台的分度、工件数量和运转时间的计数等。

根据 CNC 装置的需要，还可再增加相应的模块实现某些扩展功能。这些模块之间互连与通信是在机柜内耦合，典型的有共享总线和共享存储器两类结构。

(1) 共享总线结构

以系统总线为中心的多微处理机 CNC 装置，其各个功能模块可划分为带有 CPU 或 DMA 器件的各种主模块和不带 CPU 和 DMA 器件的各种 RAM/ROM 或 I/O 从模块两大类。所有主、从模块都插在配有总线插座的机柜内，共享严格设计定义的标准系统总线。系统总线的作用是把各个模块有效地连接在一起，按照要求交换各种数据和控制信息，构成一个完整的系统，实现各种预定的功能。

在共享总线结构的 CNC 系统中只有主模块有权控制、使用系统总线。由于某一时刻只能由一个主模块占有总线，必须要有仲裁电路来裁决多个主模块同时请求使用系统总线的竞争，每个主模块按其担负任务的重要程度已预先安排好优先级别的顺序。总线仲裁的目的，也就是在它们争用总线时判别出各模块优先权的高低。支持多微处理机系统的总线都设计有总线仲裁机构，通常有两种总线仲裁方式，即串行方式和并行方式。

串行总线仲裁方式中，优先权的排列是按连接位置决定的（见图 2-2-2）。某个主模块只有在前面优先权更高的主模块不占用总线时才可使用总线，同时通知它后面优先权较低的主模块不得使用总线。

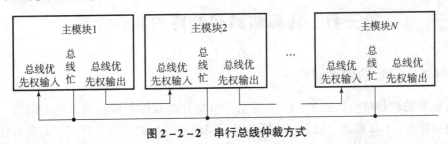

图 2-2-2　串行总线仲裁方式

并行总线仲裁方式中，要配置专用逻辑电路来解决主模块的判优问题，通常采用优先权编码方案（见图 2-2-3）。

这种结构的模块之间的通信主要依靠存储器来实现，大部分系统采用公共存储器方式。公共存储器直接插在系统总线上，有总线使用权的主模块都能访问。使用公共存储器的通信双方都要占用系统总线，以供任意两个主模块交换信息。

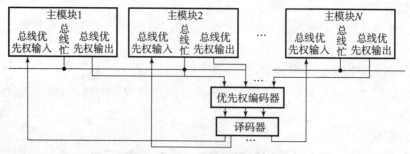

图 2-2-3 并行总线仲裁方式

（2）共享存储器结构

这种多微处理机结构采用多端口存储器来实现各微处理机之间的互联和通信，由多端口控制逻辑电路解决访问冲突。由于同一时刻只能有一个微处理机对多端口存储器读或写，所以功能复杂而要求微处理机数量增多时，会因争用共享而造成信息传输的阻塞，降低系统效率，因此扩展功能很困难。

四、PC 数控系统

数控系统的核心是计算机，采用通用计算机还是采用专用计算机，是两条不同的技术路线。专用型 CNC 装置的硬件由各制造厂专门设计和制造，布局合理，结构紧凑，专用性强，但硬件之间彼此不能交换和替代，没有通用性。由于国外电子工业及其他配套工业基础好，所以尽管资金投入大，回收期长，国外企业仍采用专用计算机作为控制单元。我国采用了一条与国外不同的技术路线，即采用以通用微机或工业控制通用微机为硬件平台，以 Windows 及其丰富的支撑软件为软件平台，再由各数控机床制造厂根据数控的需要，插入自己的控制卡和数控软件构成开放体系结构的数控系统。这种系统模块化、层次化程度高，具有良好的可扩展性和伸缩性，可根据需要对系统进行升级或简化。同时，因为以通用微机作为硬件平台，系统可靠性大大提高，生产成本则显著降低。美国 ANILAM 公司和 AI 公司生产的 CNC 装置均属这种类型。

第三节 计算机数控装置的软件结构

一、CNC 装置的软件组成

CNC 装置的软件结构如图 2-3-1 所示，包括管理软件和控制软件两大部分。管理软件主要包括输入、I/O 处理、通信、诊断和显示模块；控制软件包括译码、刀具补偿、速度控制、插补控制、位置控制及开关量控制等模块。

二、CNC 系统软件的工作过程

CNC 系统的工作过程是在硬件的支持下执行软件程序的工作过程。下面从输入、译码、数据处理、插补、位置控制、诊断程序方面来简要说明 CNC 系统的工作情况。

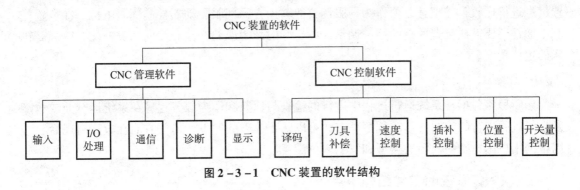

图 2-3-1　CNC 装置的软件结构

1. 输入

CNC 系统的输入内容包括零件数控加工程序、控制参数和补偿数据，一般通过键盘、RS232C 接口等方式输入，这些输入方式采用中断服务来实现，且每一种输入方式均有一个相对应的中断服务程序。其工作过程是先输入零件加工程序，然后将程序存放到缓冲器中，再经缓冲器将程序存储在零件程序存储器单元内。对于控制参数和补偿数据等可通过键盘输入存放在相应的数据寄存器内。

2. 译码

译码处理是以一个程序段为单位对零件数控加工程序进行处理。在译码过程中，首先对程序段的语法进行检查，若发现错误，立即报警；若没有错误，则把程序段中的零件轮廓信息（如起点、终点、直线或圆弧等）、加工速度信息（F 代码）和其他辅助信息（M、S、T 代码等）按照一定的语法规则解释成微处理机能够识别的数据形式，并以一定的数据格式存放在指定存储器的内存单元。

3. 数据处理

数据处理通常包括刀具长度补偿、刀具半径补偿、反向间隙补偿、丝杠螺距补偿、过象限及进给方向判断、进给速度换算、加/减速控制及机床辅助功能处理等。刀具补偿的作用是把零件轮廓轨迹转换成刀具中心轨迹，一些较好的 CNC 装置中，还能实现 C 刀具补偿，即程序段之间的自动转接和过切判别等。进给速度处理是根据程序中所给的刀具移动速度计算各运动在坐标方向的分速度，对机床允许的最低速度和最高速度的限制也要处理。

4. 插补

插补是在一条给定了起点、终点和形状的曲线上进行"数据点的密化"，根据给定的进给速度和曲线形状，计算一个插补周期内各坐标轴进给的长度。插补精度直接影响零件的加工精度，而插补速度决定了零件的表面粗糙度和加工速度。通常插补分为粗插补和精插补，精插补的插补周期一般取伺服系统的采样周期，而粗插补的插补周期是精插补的插补周期的若干倍。一般的 CNC 装置能对直线、圆弧和螺旋线进行插补。一些较专用或高级的 CNC 装置还能完成椭圆、抛物线、正弦线的插补工作。

5. 位置控制

位置控制是在伺服系统的每个采样周期内，将精插补计算出的理论位置与实际反馈的位置信息进行比较,并把其差值作为伺服调节的输入,经伺服驱动器控制伺服电机。在位置控制中通常还要完成位置回路的增益调整、各坐标的螺距误差补偿和反向间隙补偿,以提高机床的定位精度。

6. 诊断

诊断程序包括在系统运行过程中进行的检查与诊断和作为服务程序在系统运行前或故障发生停机后进行的诊断。诊断程序一方面可以防止故障的发生,另一方面在故障出现后,可以帮助用户迅速查明故障的类型和发生部位。

三、CNC 系统的软件结构特点

CNC 系统是一个实时多任务系统,由于 CNC 装置本身就是一台计算机,所以在 CNC 系统的控制软件设计中,采用了许多计算机软件结构设计的思想和技术。这里主要介绍多任务并行处理、前后台型软件结构和中断型软件结构。

1. 多任务并行处理

在多数情况下,CNC 装置进行数控加工时,要完成多种任务,其管理软件和控制软件的某些工作必须同时进行。例如,为使操作人员能及时了解 CNC 装置的工作状态,管理软件中的显示模块必须与控制软件中其他模块同时运行;当在插补加工运行时,管理软件中的零件程序输入模块必须与控制软件中的相关模块同时运行。而当控制软件运行时,其本身的一些处理模块也必须同时运行。又如,为了保证加工过程的连续性,即刀具在各程序段之间不停刀,译码、刀具补偿和速度控制模块必须与插补模块同时运行,而插补控制模块又必须与位置控制模块同时进行。为此,数控加工的多任务常采用并行处理的方式来实现,即计算机在同一时刻或同一时间间隔内完成两种或两种以上性质相同或不相同的工作。

并行处理方法可分为资源共享和时间重叠两种方法。资源共享是根据"分时共享"的原则,使多个用户按时间顺序使用同一套设备。时间重叠是根据流水线处理技术,使多个处理过程在时间上相互错开,轮流使用同一套设备的几个部分。

图 2-3-2 所示为各模块间多任务的并行处理。图中双箭头表示两个模块之间存在并行处理关系。

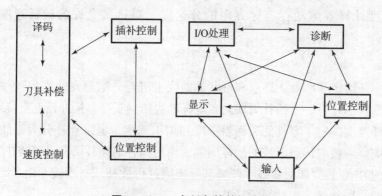

图 2-3-2 多任务的并行处理

2. 前后台型软件结构

前后台型软件结构适用于单微处理机 CNC 装置。前台程序是一个实时中断服务程序，承担了几乎全部的实时功能，实现与机床动作直接相关的功能，如插补、位置控制、机床相关逻辑和监控等。后台程序是一个循环执行程序，承担一些实时性要求不高的功能，如输入、译码、数据处理等插补准备工作，管理程序一般也在后台运行。在后台程序循环运行的过程中，前台的实时中断程序不断地定时插入，二者密切配合，共同完成零件的加工任务。如图 2-3-3 所示，程序一经启动，经过一段初始化程序后便进入后台程序循环，同时开放定时中断，每隔一定时间间隔发生一次中断，执行一次实时中断服务程序，执行完毕后返回后台程序。如此循环往复，完成数控加工的全部功能。

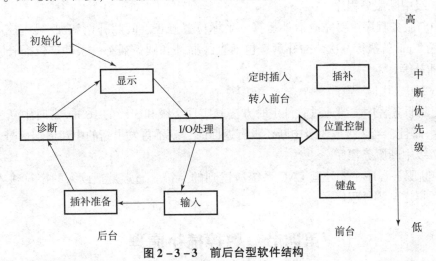

图 2-3-3　前后台型软件结构

3. 中断型软件结构

中断型软件结构是一个统筹全系统的中断系统。在执行完初始化程序之后，整个系统软件的各种任务模块分别安排在不同级别的中断程序中，系统通过响应不同的中断来执行相应的中断处理程序，完成数控加工的各种功能。其管理功能主要通过各级中断服务程序之间的相互通信来解决。

中断优先级分为 0~7 共 8 级，0 级最低，7 级最高，除了第 4 级为硬件中断完成报警功能外，其余均为软件中断。

(1) 0 级中断程序

0 级中断程序即为初始化程序。电源接通后，初始化程序就开始工作，对 RAM（随机存储器）中作为工作寄存器的单元设置初始状态，并为数控加工正常运行而设置一些所需的初始状态。

(2) 1 级中断程序

1 级中断程序是主控程序。当没有其他中断时，1 级程序始终循环运行。其主要完成 CRT 的显示控制和 ROM（只读存储器）的奇偶校验。

(3) 2 级中断程序

2 级中断程序主要是对系统各种不同的工作方式的处理。数控系统的工作方式有自动方式（AUTO）、手动方式（MDI）、点动方式（STEP）、手轮方式（JOG）等。系统在 AUTO 方式下可以连续控制刀具进行零件轮廓加工和进行译码与插补准备处理；在 MDI 方式下除了可以手动输入各种参数和偏移数据外，还可以手动输入一个程序段的零件程序，并单段执行它。

（4）3 级中断服务程序

3 级中断服务程序主要完成 CNC 装置的输入/输出处理，控制那些用于 PLC 的开关量信号，如对键盘的扫描处理。将机床的辅助功能，如主轴正/反转（M03、M04）、切削液的开/关（M08/M09）、主轴转速（S 指令）、换刀（M06 及 T 指令）等控制信号输出给 PLC，而后由 PLC 处理后控制机床的动作。

（5）4 级中断优先级

4 级为硬件中断，完成报警功能。

（6）5 级中断服务程序

5 级中断服务程序主要完成插补运算、坐标位置修正、间隙补偿和加/减速控制，该中断程序每隔 8 ms 就执行一次。插补运算包括直线插补和圆弧插补、手动定位插补、自动定位和暂停插补等。

（7）6 级中断服务程序

6 级中断服务程序主要通过软件定时方法来实现 2 级和 3 级的 16 ms 定时中断，并使其相隔 8 ms。而且，当 2 级或 3 级中断还没有返回时，就不再发出新的中断请求信号。

（8）7 级中断服务程序

7 级中断服务程序主要处理 CNC 系统所读到的字符。通常是把读入的字符输入缓冲存储区，然后再送到零件程序区。

第四节　数控插补原理

一、插补的基本概念

在数控加工中，一般已知运动轨迹的起点坐标、终点坐标和曲线方程，但是刀具移动的轨迹并不是起点与终点的连线或者光滑的曲线。刀具的最小移动单位是一个脉冲当量，所以刀具的运动轨迹为折线，只能用折线轨迹逼近所要求的运动轨迹。数控系统依照一定的方法确定刀具实时运动轨迹的过程称作插补。实质上，插补就是数据密化的过程。插补的任务是根据进给速度的要求，在轮廓起点和终点之间计算出若干个中间点的坐标值。每个中间点计算所需时间直接影响系统的控制速度，而插补中间点坐标值的计算精度又影响到数控系统的控制精度。因此，插补算法是整个数控系统控制的核心。

为了满足数控机床在实时控制中的快速性和精确性，采用一种既简单又精确的插补算法是十分重要的。目前常用的插补算法有两类：以脉冲形式输出的脉冲增量插补和以数字量形式输出的数据采样插补。

二、脉冲增量插补

脉冲增量插补又称基准脉冲插补或行程标量插补，其主要特点是在顺序循环计算运动轨迹中间点的过程中，每次插补循环的输出是下一中间点相对于当前中间点的坐标位移增量，并以指令脉冲形式输出来驱动各坐标轴的进给，同时控制每次插补输出的坐标位移增量不大于系统的脉冲当量,即每次插补输出的指令脉冲要么是一个,要么没有。因此,在运动轨迹的起点和终点之间,中间点个数是已知的,插补循环次数也是已知的,通过控制每次插补循环的时间,就可控制总插补时间,从而控制运动速度。

脉冲增量插补主要用于步进电动机驱动的开环系统,也用于数据采样插补中的精插补。实现脉冲增量插补的较为成熟并广泛应用的方法有逐点比较法和数字积分法。下面仅对逐点比较法加以介绍。

(一) 逐点比较法插补原理

逐点比较法既能实现直线插补和圆弧插补,又能实现非圆二次曲线插补。其基本思想是被控制对象在按要求的轨迹运动时,每走一步都要将瞬时坐标和规定的轨迹比较一下,根据偏差决定下一步移动的方向。逐点比较法的特点是运算直观、插补误差不大于一个脉冲当量、输出脉冲均匀、调节方便,因此在用步进电动机作为驱动的简易两坐标数控机床中应用较为普遍。

在逐点比较法中,每进一步都得要4个节拍,即有以下。

①偏差判别。判别偏差函数的正、负,以确定工作点相对于规定曲线的位置。

②坐标进给。根据偏差情况,控制坐标 x 或 y 进给一步,使工作点向规定的曲线靠拢。

③偏差计算。进给一步后,计算新工作点与规定曲线的新偏差,作为下一步偏差判别的依据。

④终点判断。判断终点是否到达,如果终点已到,就停止插补;如果未到终点,再回到第①拍重复上述循环过程,如图2-4-1所示。

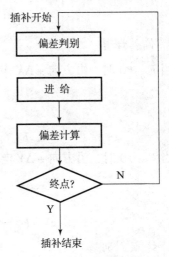

图2-4-1 逐点比较法工作流程

(二) 逐点比较法直线插补

1. 偏差判别

直线插补时,插补坐标系原点选在直线起点上,插补坐标系与机床坐标系平行。所以对于刀具轨迹终点在第一象限内,过坐标点 $A(X_e, Y_e)$ 的直线,如图2-4-2所示,可以建立直线方程如下

$$\frac{X}{Y} = \frac{X_e}{Y_e}$$

或

$$X_e Y - Y_e X = 0$$

设加工时刀具位置为 $P(X_i, Y_j)$,取偏差函数为

$$F_{i,j} = X_e Y_j - Y_e X_i \tag{2-4-1}$$

2. 坐标进给

当点 P 在直线上方时,$F_{i,j} > 0$,应向方向 $+\Delta X$ 移动,动点才能靠近直线;当点 P 在直线下方时,$F_{i,j} < 0$,应向方向 $+\Delta Y$ 移动,动点才能靠近直线;当点 P 在直线上时,$F_{i,j} = 0$,归入 $F_{i,j} > 0$ 的情况,即向方向 $+\Delta X$ 移动。

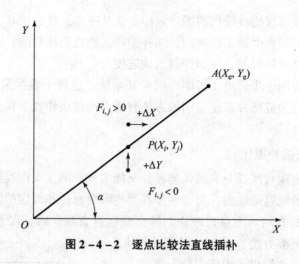

图 2-4-2 逐点比较法直线插补

3. 偏差计算

当 $F_{i,j} \geq 0$ 时,沿方向 $+\Delta X$ 走一步,则点 P 新的位置坐标及偏差为

$$X_{i+1} = X_i + 1$$
$$Y_{j+1} = Y_j$$
$$F_{i+1,j} = X_e Y_j - Y_e(X_i + 1) = F_{i,j} - Y_e$$

当 $F_{i,j} < 0$ 时,沿方向 $+\Delta Y$ 走一步,则点 P 新的位置坐标及偏差为

$$X_{i+1} = X_i$$
$$Y_{j+1} = Y_j + 1$$
$$F_{i,j+1} = X_e(Y_j + 1) - Y_e X_i = F_{i,j} + X_e$$

4. 终点判别

一般常采用进给的总步数来判断是否到达终点。设插补循环或进给的总步数为 N,显然有

$$N = X_e + Y_e$$

最简单的方法是每进行一次插补循环,就对 N 进行一次减 1 运算,当 N 等于 0 时,表明到达终点,插补结束。

5. 举例

设第一象限直线 OA,起点为坐标原点,终点为 (5,3),试用逐点比较法计算其刀具运动轨迹。其插补计算过程如表 2-4-1 所示,刀具运动轨迹如图 2-4-3 所示。由此可推导出四个象限中直线插补步进方向如图 2-4-4 所示。在此不做详细叙述,请读者自行推导。

表 2-4-1 直线插补过程

序号	工作节拍			
	偏差判别	坐标进给	偏差计算	终点判断
起点			$F_{0,0} = 0$	$N_0 = 8$
1	$F_{0,0} = 0$	$+\Delta X$	$F_{1,0} = F_{0,0} - Y_e = 0 - 3 = -3$	$N_1 = N_0 - 1 = 8 - 1 = 7$

续表

序号	工作节拍			
	偏差判别	坐标进给	偏差计算	终点判断
2	$F_{1,0} = -3 < 0$	$+\Delta Y$	$F_{1,1} = F_{1,0} + X_e = -3 + 5 = 2$	$N_2 = N_1 - 1 = 7 - 1 = 6$
3	$F_{1,1} = 2 > 0$	$+\Delta X$	$F_{2,1} = F_{1,1} - Y_e = 2 - 3 = -1$	$N_3 = N_2 - 1 = 6 - 1 = 5$
4	$F_{2,1} = -1 < 0$	$+\Delta Y$	$F_{2,2} = F_{2,1} + X_e = -1 + 5 = 4$	$N_4 = N_3 - 1 = 5 - 1 = 4$
5	$F_{2,2} = 4 > 0$	$+\Delta X$	$F_{3,2} = F_{2,2} - Y_e = 4 - 3 = 1$	$N_5 = N_4 - 1 = 4 - 1 = 3$
6	$F_{3,2} = 1 > 0$	$+\Delta X$	$F_{4,2} = F_{3,2} - Y_e = 1 - 3 = -2$	$N_6 = N_5 - 1 = 3 - 1 = 2$
7	$F_{4,2} = -2 < 0$	$+\Delta Y$	$F_{4,3} = F_{4,2} + X_e = -2 + 5 = 3$	$N_7 = N_6 - 1 = 2 - 1 = 1$
8	$F_{4,3} = 3 > 0$	$+\Delta X$	$F_{5,3} = F_{4,3} - Y_e = 3 - 3 = 0$	$N_8 = N_7 - 1 = 1 - 1 = 0$

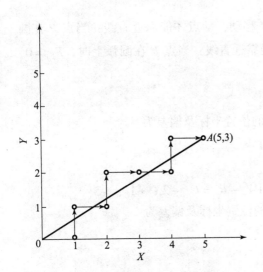

图 2-4-3 直线插补刀具运动轨迹

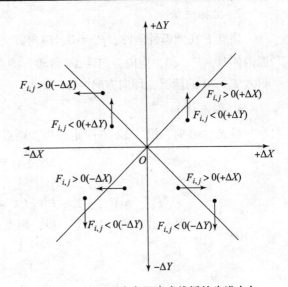

图 2-4-4 四个象限中直线插补步进方向

(三) 逐点比较法圆弧插补

1. 偏差判别

圆弧插补时，圆弧的圆心作为插补坐标系的原点，插补坐标系与机床坐标系平行。所以对于起点坐标为 $A(X_0, Y_0)$，终点坐标为 $B(X_e, Y_e)$，半径为 R 的逆圆弧，如图 2-4-5 所示，可以建立圆弧方程如下

$$X^2 + Y^2 = R^2$$

设工作点为 $P(X_i, Y_j)$，可将偏差函数记为

$$F_{i,j} = X_i^2 + Y_j^2 - R^2 \tag{2-4-2}$$

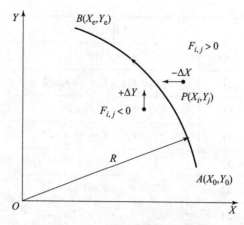

图 2-4-5 逐点比较法圆弧插补

2. 坐标进给

当点 P 在圆弧外侧时,$F_{i,j}>0$,应向方向 $-\Delta X$ 移动,动点才能靠近直线;当点 P 在圆弧内侧时,$F_{i,j}<0$,应向方向 $+\Delta Y$ 移动,动点才能靠近直线;当点 P 在圆弧上时,$F_{i,j}=0$,归入 $F_{i,j}>0$ 的情况,即向方向 $-\Delta X$ 移动。

3. 偏差计算

当 $F_{i,j} \geqslant 0$ 时,沿 $-\Delta X$ 方向走一步,则点 P 新的位置坐标及偏差为

$$X_{i+1} = X_i - 1$$
$$Y_{j+1} = Y_j$$
$$F_{i+1,j} = X_{i+1}^2 + Y_j^2 - R^2 = (X_i - 1)^2 + Y_j^2 - R^2 = F_{i,j} - 2X_i + 1$$

当 $F_{i,j} < 0$ 时,沿方向 $+\Delta Y$ 走一步,则点 P 新的位置坐标及偏差为

$$X_{i+1} = X_i$$
$$Y_{j+1} = Y_j + 1$$
$$F_{i,j+1} = X_i^2 + Y_{j+1}^2 - R^2 = X_i^2 + (Y_j + 1)^2 - R^2 = F_{i,j} + 2Y_j + 1$$

4. 终点判别

一般常采用进给的总步数来判断是否到达终点。设插补循环或进给的总步数为 N,显然有

$$N = |X_e - X_0| + |Y_e - Y_0|$$

最简单的方法是每进行一次插补循环,就对 N 进行一次减 1 运算,当 N 等于 0 时,表明到达终点,插补结束。

5. 举例

设第一象限圆弧 $\overset{\frown}{AB}$,起点 A 的坐标为 (10,0),终点 B 的坐标为 (6,8),试用逐点比较法计算其刀具运动轨迹。其插补计算过程如表 2-4-2 所示,刀具运动轨迹如图 2-4-6 所示。由此可推导出四个象限中圆弧(顺圆和逆圆)插补步进方向如图 2-4-7 所示。在此不做详细叙述,请读者自行推导。

表 2 - 4 - 2 圆弧插补过程

序号	工作节拍			
	偏差判别	坐标进给	偏差计算	终点判断
起点			$F_{10,0}=0$	$N_0=12$
1	$F_{10,0}=0$	$-\Delta X$	$F_{9,0}=F_{10,0}-2\times 10+1=-19$	$N_1=N_0-1=12-1=11$
2	$F_{9,0}=-19<0$	$+\Delta Y$	$F_{9,1}=F_{9,0}+2\times 0+1=-18$	$N_2=N_1-1=11-1=10$
3	$F_{9,1}=-18<0$	$+\Delta Y$	$F_{9,2}=F_{9,1}+2\times 1+1=-15$	$N_3=N_2-1=10-1=9$
4	$F_{9,2}=-15<0$	$+\Delta Y$	$F_{9,3}=F_{9,2}+2\times 2+1=-10$	$N_4=N_3-1=9-1=8$
5	$F_{9,3}=-10<0$	$+\Delta Y$	$F_{9,4}=F_{9,3}+2\times 3+1=-3$	$N_5=N_4-1=8-1=7$
6	$F_{9,4}=-3<0$	$+\Delta Y$	$F_{9,5}=F_{9,4}+2\times 4+1=6$	$N_6=N_5-1=7-1=6$
7	$F_{9,5}=6>0$	$-\Delta X$	$F_{8,5}=F_{9,5}-2\times 9+1=-11$	$N_7=N_6-1=6-1=5$
8	$F_{8,5}=-11<0$	$+\Delta Y$	$F_{8,6}=F_{8,5}+2\times 5+1=0$	$N_8=N_7-1=5-1=4$
9	$F_{8,6}=0$	$-\Delta X$	$F_{7,6}=F_{8,6}-2\times 8+1=-15$	$N_9=N_8-1=4-1=3$
10	$F_{7,6}=-15<0$	$+\Delta Y$	$F_{7,7}=F_{7,6}+2\times 6+1=-2$	$N_{10}=N_9-1=3-1=2$
11	$F_{7,7}=-2<0$	$+\Delta Y$	$F_{7,8}=F_{7,7}+2\times 7+1=13$	$N_{11}=N_{10}-1=2-1=1$
12	$F_{7,8}=13>0$	$-\Delta X$	$F_{6,8}=F_{7,8}-2\times 7+1=0$	$N_{12}=N_{11}-1=1-1=0$

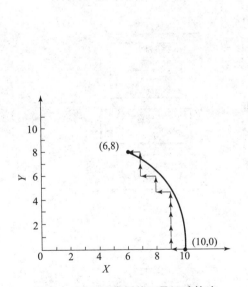

图 2 - 4 - 6 圆弧插补刀具运动轨迹

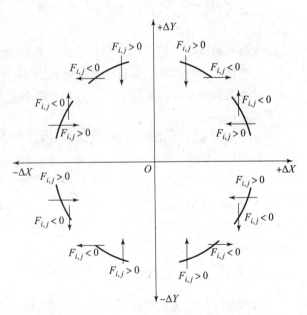

图 2 - 4 - 7 四个象限中圆弧插补步进方向

三、数据采样插补

数据采样插补,又称为时间分割法插补,是用一系列首尾相连的按插补周期和进给速度进行分割的微小直线段来逼近给定曲线。假设微小直线段的长度为 ΔL,进给速度为 F,插

补周期为 T，那么 $\Delta L = FT$。可见，数字采样插补着重解决两个问题：一是如何选择插补周期，因为插补周期与插补精度、速度有关；二是如何计算在一个周期内各坐标值的增量值，因为有了前一个插补周期计算的动点位置值和本次插补周期内坐标轴的增量值，就很容易计算出本插补周期内的动点坐标值。

（一）数据采样插补法直线插补

对于刀具轨迹终点在第一象限内，坐标为 $E(X_e, Y_e)$ 的直线轮廓，如图 2-4-8 所示，编程进给速度为 F，插补周期为 T，则每个插补周期的步长为

$$\Delta L = FT$$

方向 X、Y 的位移增量分别为 ΔX、ΔY，直线长度为

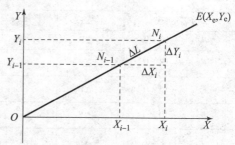

图 2-4-8　数据采样插补法直线插补

$$L = (X_e^2 + Y_e^2)^{1/2}$$

因为

$$\Delta L / L = \Delta X / X_e = \Delta Y / Y_e$$

令 $\Delta L / L = K$，那么

$$\Delta X = K X_e, \Delta Y = K Y_e$$

即

$$X_i = X_{i-1} + \Delta X = X_{i-1} + K X_e$$
$$Y_i = Y_{i-1} + \Delta Y = Y_{i-1} + K Y_e$$

上述过程的软件流程图如图 2-4-9 所示。其说明如下。

① 插补过程中使用的起点坐标、终点坐标及插补所得的动点坐标都是代数值，而且这些坐标值也不一定能转换成以脉冲当量为单位的整数值。但这些坐标均为带正负号的真实坐标。

② 上述求取坐标增量值和动点坐标的算法并非唯一，如也可利用轮廓的切线与轴 X 夹角的三角函数关系来求。

③ 终点判别的方法有：由于插补点坐标和位置坐标增量均采用带符号的代数值进行运算，所以利用当前插补点 (X_i, Y_i) 与该零件轮廓的终点 (X_e, Y_e) 之间的距离 S_i 来进行终点判别最简单，即判断条件为

$$S_i = (X_i - X_e)^2 + (Y_i - Y_e)^2 \leq \left(\frac{FT}{2}\right)^2$$

当动点一旦到达轮廓曲线终点时，就设置相应标志，并取出下一段轮廓曲线进行处理。另外，如果在程序段中还要减速，则还需检查当前插补点是否已经到达减速区域，如果到达还需进行减速处理。

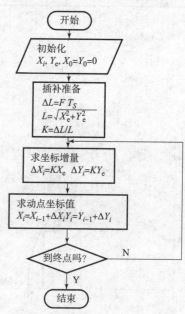

图 2-4-9　数据采样插补法直线插补软件流程

（二）数据采样插补法圆弧插补

圆弧插补的基本思想是采用直线逼近圆弧，计算较为复杂，并且有多种方法，下面仅介

绍一种方法。

以第一象限顺圆弧 $\overset{\frown}{AB}$ 为例，瞬时插补点 P 的坐标为 (X_i, Y_i)，Q 为下一个插补点 (X_{i+1}, Y_{i+1})，那么假设进给速度为 F，插补周期为 T，$\overline{PQ} = \Delta L = FT$，如图 2-4-10 所示。$\overline{PQ}$ 与轴 X 的夹角为 γ，那么 $\Delta X_i = \Delta L \cos \gamma$。因为 $\gamma = \angle GPQ = \angle GPM + \angle MPQ$，$\angle GPM = \angle POE = \alpha_i$，$\angle MPQ = \angle POC = \Delta \alpha_i / 2$，所以 $\gamma = \alpha_i + \Delta \alpha_i / 2$。

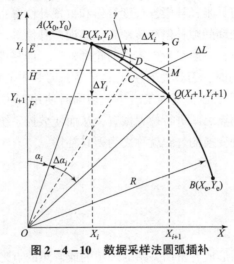

图 2-4-10 数据采样法圆弧插补

因为 $\overline{CD}$ 是用直线段 $\overline{PQ}$ 代替圆弧 $\overset{\frown}{PQ}$ 产生的误差 δ，因此在 $\triangle HOC$ 中，可得

$$\cos(\alpha_i + \Delta \alpha_i / 2) = \frac{\overline{OH}}{\overline{OC}} = \frac{\overline{OE} - \overline{EH}}{\overline{OD} - \overline{CD}} = \frac{Y_i - \frac{1}{2}\Delta Y_i}{R - \delta}$$

一般合成进给量 ΔL 相对圆弧半径足够小，δ 是 ΔL 的高阶无穷小，可从上式中舍去。用上一步插补运算结果 ΔY_{i+1} 近似代替 ΔY_i，得

$$\cos(\alpha_i + \Delta \alpha_i / 2) = \frac{Y_i - \frac{1}{2}\Delta Y_{i+1}}{R}$$

在开始第一步插补时，可取 ΔY_0 为

$$\Delta Y_0 = \Delta L \sin \alpha_0 = \frac{\Delta L X_0}{R} = \frac{FT X_0}{R}$$

式中，α_0 是圆弧起点 A 与圆心的连线与轴 Y 的夹角。

最后，可得 ΔX_i、ΔY_i、X_{i+1}、Y_{i+1} 的计算式为

$$\begin{cases} \Delta X_i = \Delta L \cos(\alpha_i + \Delta \alpha_i / 2) = \dfrac{FT}{R}\left(Y_i - \dfrac{\Delta Y_{i+1}}{2}\right) \\ X_{i+1} = X_i + \Delta X_i \\ \Delta Y_i = Y_i - \sqrt{R^2 - X_{i+1}^2} \\ Y_{i+1} = Y_i + \Delta Y_i \end{cases}$$

用这种算法算出的 ΔX_i 和 ΔY_i 与理论值虽有偏差，但可以保证每个瞬时点都位于圆弧上，只对进给速度有很小的影响，几乎不会影响加工轨迹精度。

第五节　数控补偿原理

补偿是数控技术中常用的处理问题的方法，主要应用在两个方面：一方面是轨迹控制中有关刀具情况的补偿，如刀具半径补偿、长度补偿和位置补偿等；另一方面是进给运动中对机械传动情况的补偿，如传动间隙补偿和传动副传动误差补偿等。本文仅介绍刀具补偿。

在编制零件加工程序时，一般只考虑零件的轮廓外形，即零件程序段中的尺寸信息取自零件轮廓线，但是实际切削时，刀具总有一定的半径，刀具中心轨迹并不等于零件轮廓轨迹。CNC系统通过控制刀具中心实现加工轨迹，切削时使用刀尖或刀刃边缘完成，这样就需要在刀具中心与刀具切削点之间进行位置偏置，从而使数控系统的控制对象由刀具中心变换到刀尖或刀刃边缘。这种变换的过程就称之为刀具补偿。

一、刀具补偿

1. 基本概念

（1）刀位点

用刀具体上与零件表面形成有密切关系的理想的或假想的点来描述刀具位置，这个点称为刀具的刀位点。编制零件数控加工程序时，把刀具当成刀位点处理，这样在确定刀具运动轨迹线形和给出所需参数时，仅仅与零件轮廓形状有关。常用刀具的刀位点选择情况见图2-5-1。

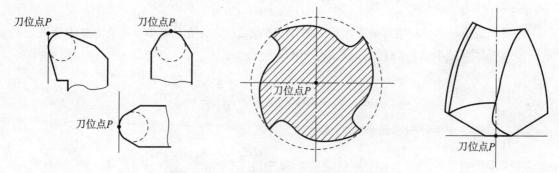

图2-5-1　常见零件加工中刀具的刀位点

（2）刀补

刀具补偿，简称为刀补。在编制加工程序时，使用零件本身轮廓作为编程轨迹，程序执行结果是刀位点按编程轨迹运动。这样带来两个问题：①较多时候刀具起切削作用的是一段切削刃，对形成零件表面轮廓的影响不能简化为一个点，即形成的零件表面轮廓与切削刃的形状和尺寸有关；②刀具重磨或更换其他刀具后再次安装，必然造成刀位点的变化，如继续使用已编制好的程序来加工，必然造成零件尺寸和位置偏差。为解决上述问题，CNC装置提供了刀具补偿功能。在编程时，将刀具简化为刀位点，用零件本身轮廓进行编程，但要将实际刀具的参数（如刀具位置、长度和圆弧切削刃半径等）测量出来并输入给CNC装置，输入的参数统称为刀具补偿值，简称刀补值。在程序中适当的位置调用刀具补偿指令，CNC装置就会根据程序指定的刀补值自动调整刀位点的运动轨迹，使刀位点的运动轨迹相对编程轨迹产生偏移，这个偏移恰好能加工出要求的零件轮廓。

（3）刀号和刀补号

对加工中使用的每一把刀具按机床规定的编号方式进行编号，得到刀具号（简称刀号），为每个刀号分配一组刀具补偿号（简称刀补号），每个刀补号对应该刀具的刀补值（包括位置补偿值、半径补偿值、长度补偿值）。刀补值存储在CNC装置指定的存储单元中，这些存储单元称刀具补偿寄存器（简称刀补寄存器），可通过刀补号来寻址。刀补号0对应的一组刀补值永远都是0，主要用于撤销刀补。

2. 刀补指令及其应用

用于回转类零件表面加工的数控机床，其CNC装置一般都具有刀具位置补偿和半径补偿功能。在数控车床加工程序编制中，常使用刀具功能字指定刀具位置补偿和半径补偿。常用的刀具功能字格式为Txxxx（"x"表示一位十进制数），其中前两位表示刀号，后两位表示刀补号。如T0103表示换01号刀，并使用刀补号03对应的刀补值进行刀具补偿。也有的数控车床使用Dxx（单独给出刀补号，并与Txx一起用于刀具位置补偿，而对刀具半径补偿则使用G41或G42指令另外指定。

数控铣床、数控镗铣床、加工中心等机床的CNC装置中，一般都具有刀具半径补偿和刀具长度补偿功能，而数控钻床一般只有刀具长度补偿功能。对这些机床进行编程时，一般使用G41和G42指令进行刀具半径补偿，并使用Dxx给出刀补号；使用G43和G44指令进行刀具长度补偿，并使用Hxx给出刀补号。

3. 刀补的全过程

刀补使用的过程包括三个阶段。

①刀补建立。在首次出现有刀补指令的插补程序段，将刀补号对应的刀补值按指令要求补偿到刀具的位移中，使刀位点相对编程轨迹产生一个偏置。

②刀补进行。刀补指令是模态指令，在没出现刀补撤销指令时一直有效，即在刀补指令和刀补撤销指令所在的两个程序段之间的程序段中，刀补指令一直有效，刀位点始终保持相应于刀补值的偏置。

③刀补撤销。若在某程序段出现刀补撤销指令，则取消刀位点产生的偏置，使刀位点回复到编程轨迹上。刀补撤销的过程是刀补建立的逆过程。

在使用刀具功能字Txxxx指定刀具位置补偿和刀具半径补偿的机床上，当给出刀补号为0时，即指定刀补撤销。如T0100表示撤销01号刀具的位置补偿和半径补偿。

在使用G41或G42指令指定刀具半径补偿，或使用G43或G44指令指定刀具长度补偿的机床上，可以使用刀具补偿号0或G40指令撤销刀补。

4. 使用要点

使用刀补时应注意以下几点。

①在G00和G01插补指令段建立和撤销刀补。

②在建立新的刀补时，应先撤销已建立的刀补，然后再建立新的刀补。

③将刀补建立和撤销指令安排在零件加工的辅助空行程程序段中，使刀补建立和撤销过

程中不进行切削加工。

二、钻削加工中的刀具补偿

数控钻床主要应用刀具长度补偿。因刀具磨损、重磨等而使长度改变时，不必修改程序中的坐标值，可通过刀具长度补偿伸长或缩短一个偏置量来补偿其尺寸的变化，以保证加工精度。刀具长度补偿原理比较简单，由 G43、G44 及 H（D）代码指定。如图 2-5-2 所示，钻头因磨损而使其长度变短，实际位置偏离编程位置 d。应用刀具长度补偿功能 G43 将偏移值 d 存入代码为 H01 的存储器内，按下面程序段加工可保证孔深尺寸。

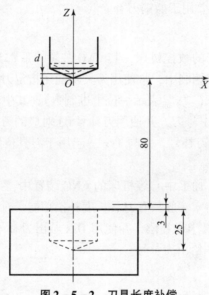

图 2-5-2 刀具长度补偿

N005 G91 G00 G43 Z-77.0 H01；
N010 S500 M03；
N015 G01 Z-28.0 F100；
N020 G04 P2000；
N025 G00 Z105.0 H00；

执行 N005 程序段，刀具实际移动距离为编程值加上偏移值，补偿了刀具的磨损量，加工结束后，取消刀补。由于实际加工所使用的刀具长度与编程时设定的刀具长度不同，将偏差设定在补偿存储器内，无须变更程序，就可以使用不同长度的刀具进行加工。

三、车削加工中的刀具补偿

对于车刀需要两个坐标上的刀具长度补偿和刀具半径补偿。

1. 刀具长度补偿

数控车床中机床坐标系如图 2-5-3 所示，可控制的两个坐标轴定义为轴 X 和轴 Z。

数控系统控制的是刀架基准点 Q 的位置，实际切削时是利用刀尖来完成，刀具长度补偿是用来实现刀尖轨迹与刀架基准点之间的转换。如图 2-5-4 所示，P 为刀尖，Q 为刀架基准点，这里假设刀尖圆弧半径为 0。利用刀具长度测量装置测出刀尖点相对于刀架基准点的坐标(X_{PQ}, Z_{PQ})，存入刀补存储器中。

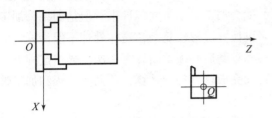

图 2-5-3　数控车床中机床坐标系

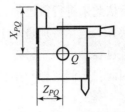

图 2-5-4　车刀长度补偿

因为零件轮廓轨迹是由刀尖切出的，所以编程时以刀尖点 P 来编程，设刀尖点 P 的坐标为 (X_P, Z_P)，刀架基准点坐标 $Q(X_Q, Z_Q)$ 可由下式求出

$$\begin{cases} X_Q = X_P - X_{PQ} \\ Z_Q = Z_P - Z_{PQ} \end{cases}$$

这样，零件轮廓轨迹通过上式补偿后，点 $P(X_P, Z_P)$ 就能通过控制刀架基准点 Q 来实现。

2. 刀具半径补偿

对于数控车床加工，编程时按假想刀尖轨迹编程，即工件轮廓与假想刀尖重合。实际应用中为了提高刀具寿命和工件表面质量，车刀刀尖常磨成一个小半径圆弧（见图 2-5-5），而车削时实际起作用的切削刃是刀尖圆弧上的各切点，这样会引起加工表面的形状误差。车内外圆柱、端面时并无误差产生，因为实际切削刃的轨迹与工件轮廓一致；车锥面、倒角或圆弧时，则会造成欠切削或过切削的现象。为此，当编制数控车削程序时，需要对刀具半径进行补偿。

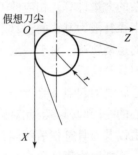

图 2-5-5　车刀假想刀尖

由于大多数数控车床都具有刀具半径补偿功能（G41、G42），因此可直接按工件轮廓尺寸编程。加工前将刀尖圆弧半径值输入数控系统，程序执行时数控系统会根据输入的补偿值对刀具实际运动轨迹进行补偿。即执行刀具半径补偿后，刀具会自动偏离工件轮廓一个刀尖圆弧半径值，使刀刃与工件轮廓相切，从而加工出所要求的工件轮廓。

四、轮廓铣削加工中的刀具补偿

在连续轮廓加工过程中，由于刀具总有一定的半径，例如铣刀的半径或线切割机的钼丝半径等。所以，刀具中心运动轨迹并不等于加工零件的轮廓，如图 2-5-6 所示，在进行内轮廓加工时，应使刀具中心偏移零件的内轮廓表面一个刀具半径值；在进行外轮廓加工时，应使刀具中心偏移零件的外轮廓表面一个刀具半径值。这种偏移就称之为刀具半径补偿。刀具半径补偿方法主要分为 B 刀具半径补偿和 C 刀具半径补偿。

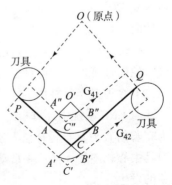

图 2-5-6　刀具半径补偿

在图 2-5-6 中粗实线为所需加工零件的轮廓，虚线为刀具中心轨迹。显然，从原理上讲，也可以针对每一个零件采用人工方法根据零件图纸尺寸和刀具半径推算出虚线所示的轨迹来，然后依此来进行数控加工程序编制，就会加工出期望的零件来。但是如果每加工一个零件都去换算一遍，特别是对于复杂零件来讲换算过程较复杂，这样处理不但计算量大、效率低，而且也容易出错。另外，当刀具磨损和重磨后必须重新计算一次，显然这种方法是不现实的。因此，人们就想利用数控系统来自动完成这种补偿计算，从而为编程和加工带来很大方便。

为了分析问题方便起见，ISO 标准规定，沿刀具前进方向当刀具中心轨迹在编程轨迹（零件轮廓）的左边时，称为左刀补，用 G41 表示，如图 2-5-6 所示轮廓内部虚线轨迹。反之，当刀具处于编程轨迹的右边时，称为右刀补，用 G42 表示，如图 2-5-6 所示轮廓外部虚线轨迹。当不需要进行刀具补偿时，用 G40 表示。另外，还要说明的是 G40、G41 和 G42 均属于模态代码，也就是它们一旦被执行，则一直有效，直到同组其他代码出现后才被取消。

(1) B 刀具半径补偿

在早期的硬件数控系统中，由于其内存容量和计算处理能力都相当有限，不可能完成较复杂的大量计算，相应的刀具半径补偿功能较为简单，一般采用 B 刀具半径补偿方法。B 刀具半径补偿为基本的刀具半径补偿，它根据程序段中零件轮廓尺寸和刀具半径计算出刀具中心的运动轨迹。对于一般的 CNC 装置，所能实现的轮廓控制仅限于直线和圆弧。对直线而言刀具补偿后的刀具中心轨迹是与原直线相平行的直线，因此刀具补偿计算只要计算出刀具中心轨迹的起点和终点坐标值。对于圆弧而言，刀具补偿后的刀具中心轨迹是一个与原圆弧同心的一段圆弧，因此对圆弧的刀具补偿计算只需要计算出刀具补偿后圆弧的起点和终点坐标值以及刀具补偿后的圆弧半径值。这种方法仅根据本段程序的轮廓尺寸进行刀具半径补偿，不能解决程序段之间的过渡问题，因此编程人员必须事先估计出刀补后可能出现的间断点和交叉点的情况，并进行人为处理，将工件轮廓转接处处理成圆弧过渡形式。如图 2-5-6 所示，G42 刀补后出现间断点时，可以在两个间断点之间增加一个半径为刀具半径的过渡圆弧 $\stackrel{\frown}{A'B'}$。而在 G41 刀补后出现交叉点时，可事先在两个程序段之间增加一个过渡圆弧 $\stackrel{\frown}{A''B''}$。显然，这种 B 功能刀补对于编程员来讲是很不方便的。

而且如果采用圆弧过渡，则当刀具加工到这些圆弧段时，虽然刀具中心在运动，但其切削边缘相对零件来讲是没有运动的，而这种停顿现象会造成工艺性变差，特别在加工尖角轮廓零件时显得尤其突出，所以更理想的应是直线过渡形式，具体如图 2-5-6 所示，对于 G42 刀补时，在间断点处用两段直线 $\overline{A'C'}$ 和 $\overline{C'B'}$ 来过渡连接。对于 G41 刀补时，在交叉点 C″处进行轮廓过渡连接。可见，这种刀补方法就避免了刀具在尖角处的停顿现象。

(2) C 刀具半径补偿

随着 CNC 系统中计算机的引入，使其计算处理能力大为增强，这时人们开始采用一种更为完善的 C 刀具半径补偿方法。这种方法能够根据相邻轮廓段的信息自动处理两个程序段刀具中心轨迹的转换，并自动在转接点处插入过渡圆弧或过渡直线，从而避免了刀具干涉现象的发生。

在硬件数控系统中的 B 刀具半径补偿一般采用读一段，算一段，再走一段的数据流控制方式，根本无法考虑到两个轮廓段之间刀具中心轨迹的转换问题，而这些都要依靠编程员来解决。为了彻底解决这个问题，在 CNC 系统的 C 刀具半径补偿处理过程中，增设了两组刀具半径补偿缓冲器，共 3 组寄存器用于进行 C 刀具半径补偿处理，保证三个程序段的信息能够同时在 CNC 系统内部被处理。因此，数控系统在工作时，总是同时存储有连续三个程序段的信息。

三组寄存器分别为工作寄存器 AS、刀具补偿寄存器 CS 和缓冲寄存器 DS。其中 AS 存放正在加工的程序段信息；CS 存放下一个加工程序段信息；DS 存放着再下一个加工程序段的信息；输出寄存器 OS 存放运算结果，作为伺服系统的控制信号。具体工作过程如图 2－5－7 所示。

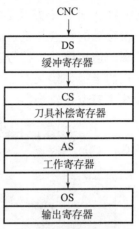

当 CNC 系统启动后，第一段程序首先被读入 DS，在 DS 中算得的第一段编程轨迹被送到 CS 暂存，又将第二段程序读入 DS，算出第二段的编程轨迹。接着，对第一、二段编程轨迹的连接方式进行判别，根据判别结果再对 CS 中的第一段编程轨迹做相应的修正，修正结束后，按顺序将修正后的第一段编程轨迹由 CS 送到 AS，第二段编程轨迹由 DS 送入 CS。随后，由 CPU 将 AS 中的内容送到 OS 进行插补运算，运算结果送往伺服机构以完成驱动动作。当经过修正的第一段编程轨迹开始被执行后，利用插补

图 2－5－7　C 刀具半径补偿工作过程

间隙，CPU 又命令第三段程序读入 DS，随后又对 CS、DS 中的第二、第三段编程轨迹的连接方式进行判别，对 CS 中的第二段编程轨迹进行修正，如此往复。由此可见，在 C 刀具半径补偿工作状态，CNC 装置内总是同时存有三个程序段的信息，以保证刀补的实现。

刀具半径补偿仅在指定的二维坐标平面内进行，而平面的指定是由 G 代码 G17（平面 XY）、G18（平面 XZ）和 G19（平面 YZ）来给定。为习惯起见，下面的分析均假设在平面 XY 内进行。

(3) 刀具半径补偿类型

由于一般 CNC 系统所处理的基本轮廓线形是直线和圆弧，因而根据它们的相互连接关系可组成四种连接形式，即直线与直线相接、直线与圆弧相接、圆弧与直线相接、圆弧与圆弧相接。

首先定义转接角 α 为两个相邻零件轮廓段交点处在工件侧的夹角，如图 2－5－8 所示，其变化范围为 $0° \leq \alpha < 360°$。图中所示为直线与直线相接的情形，而对于轮廓段为圆弧时，只要用其在交点处的切线作为角度定义的对应直线即可。

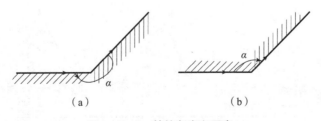

(a)　　　　　　　　(b)

图 2－5－8　转接角定义示意

(a) G41 情况；(b) G42 情况

现根据转接角α的不同,可以将 C 刀具半径补偿的各种转接形式划分为如下三类:

①当 180°<α<360°时,属缩短型;

②当 90°≤α<180°时,属伸长型;

③当 0°<α<90°时,属插入型。

在刀具半径补偿执行的三个步骤中,均会有上述三种转接类型。表 2-5-1 列出了在 G41 刀补指令方式下各种直线和圆弧轮廓的刀位点轨迹转接方式。其中角 α 是从前一段轮廓的终点矢量逆时针转到后一段轮廓的起点矢量的角度,反映了零件前后两段轮廓的连接情况。符号 L 表示轮廓线形为直线;C 表示轮廓线形为圆弧;r 表示轮廓上该点的半径补偿矢量;i 表示转接矢量;I 表示转接矢量终点;实线为零件轮廓轨迹,虚线为刀位点轨迹。

表 2-5-1 C 刀具半径补偿刀位点轨迹转接方式

转接方式	α	直线→直线	直线→圆弧	圆弧→直线	圆弧→圆弧
缩短型转接	>180°并且<360°	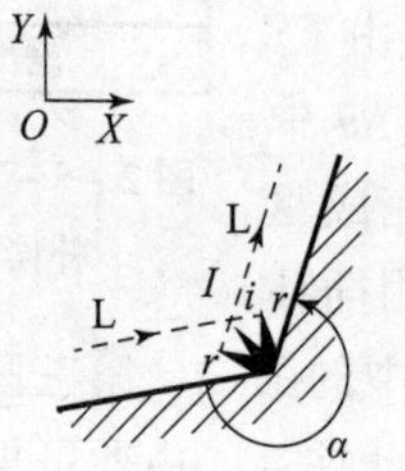	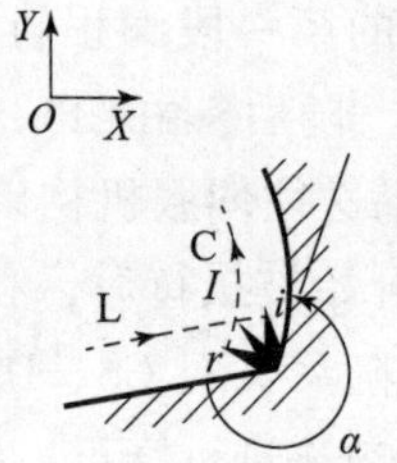	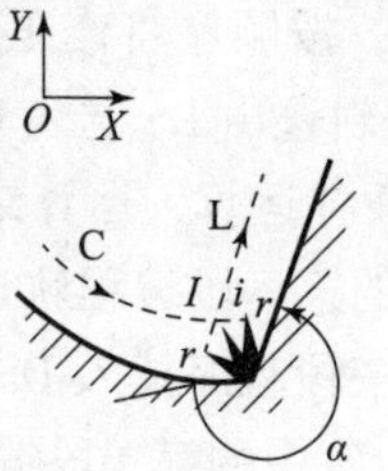	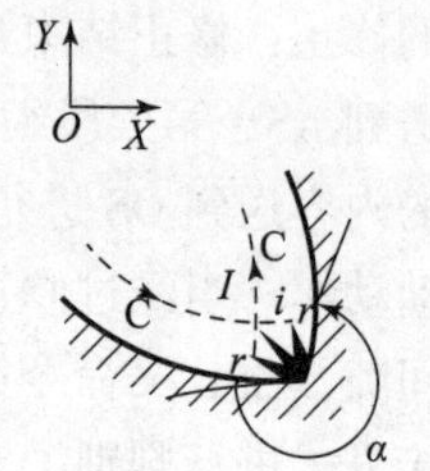
伸长型转接	≥90°并且<180°	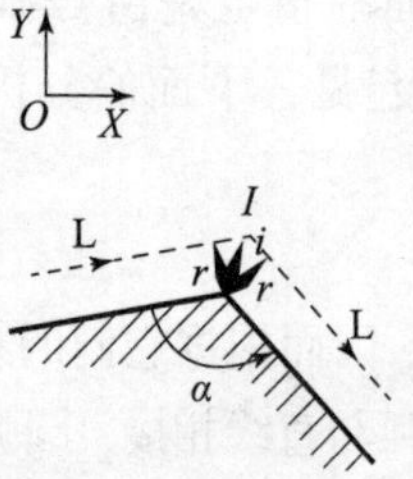	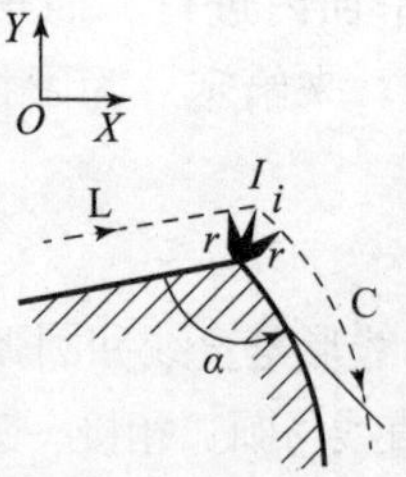	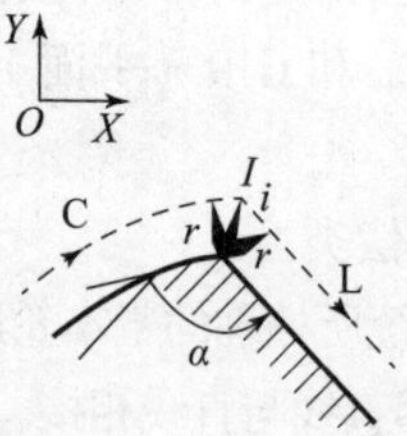	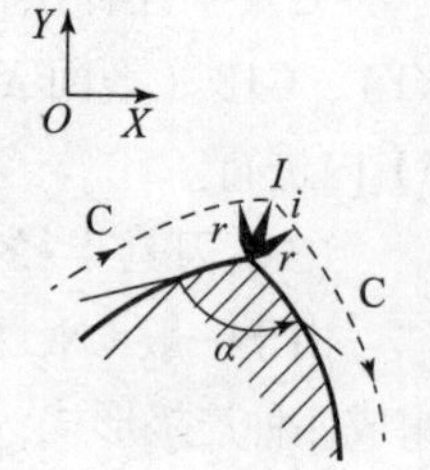
插入型转接	>0°并且<90°	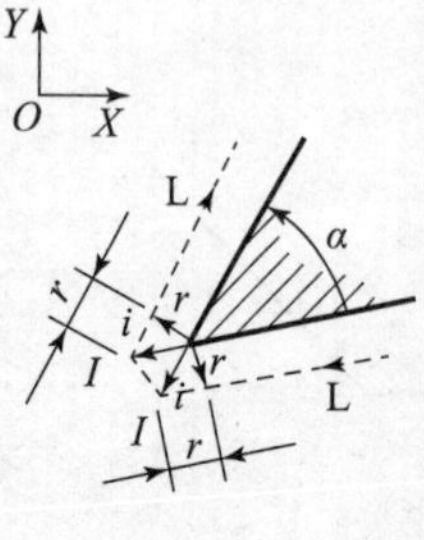	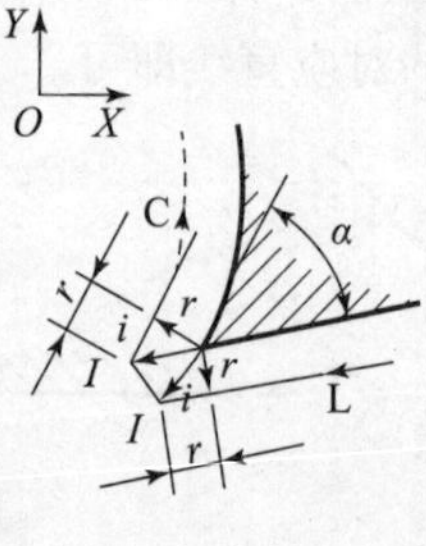	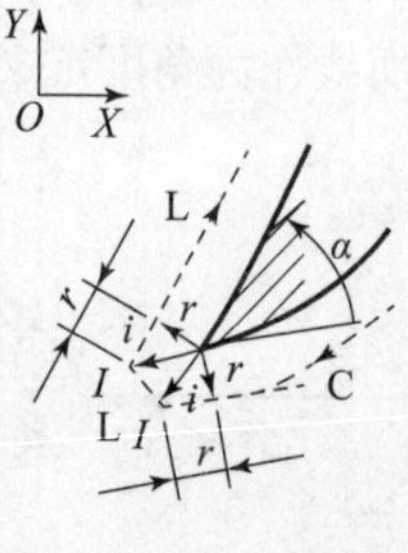	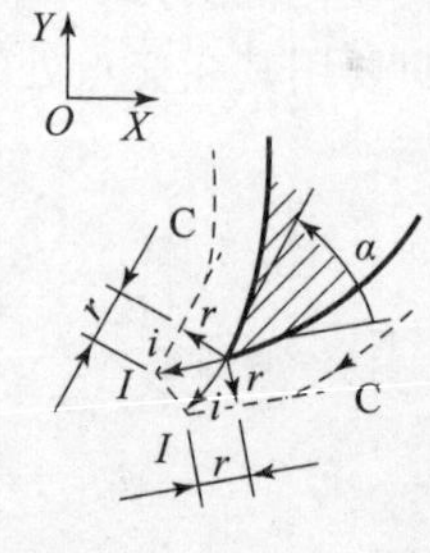

在这里需要说明的是,在圆弧轮廓上一般不允许进行刀补的建立与撤销。另外,对于 α=0°和 α=180°的特殊转接情况最好不归入上述三种转接类型中,而是单独进行针对性的

处理，计算也很简单，下面章节也不做讨论，如图2-5-9所示。

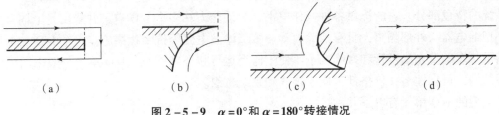

图 2-5-9 $\alpha=0°$ 和 $\alpha=180°$ 转接情况

(a) $\alpha=0°$；(b) $\alpha=0°$；(c) $\alpha=0°$；(d) $\alpha=180°$

第六节 计算数控系统的可编程控制器

一、可编程控制器（PLC）简介

1. PLC 的概念

可编程逻辑控制器（Programmable Logic Controller，PLC）是20世纪60年代末发展起来的一种新型自动控制装置，早期主要用于替代传统的继电器——接触器顺序逻辑控制装置，功能上只有逻辑运算、定时、计数以及顺序控制等，而且只能进行开关量控制。随着技术的进步，PLC 的控制功能已远远超出逻辑控制的范畴，发展成为一种功能强大的工业控制计算机，并被正式命名为"Programmable Controller"，简称 PC。但为了与个人计算机（Personal Computer）相区别，所以仍沿用原先的简称，即 PLC。

对于微型和小型 PLC（I/O 点数小于128点），一般将基本的功能电路部分制成可单独安装的主机，而扩展功能电路制成单独安装的模块，通过线缆与主机连接。中型以上 PLC（I/O 点数大于或等于129点）的功能电路制成具有统一插槽和尺寸的标准模块，并提供具有不同数量插槽的安装底板，在插槽中可插接不同功能的模块。

2. PLC 的硬件

PLC 实质上是一种工业控制计算机应用系统。在硬件上，PLC 由 CPU、存储器、输入/输出单元、电源、编程器等组成，一般采用总线结构。

(1) CPU

CPU 是系统的核心，完成全部运算和控制任务。PLC 常用的 CPU 为通用微处理器、单片机或位片式微处理器。

(2) 存储器

存储器主要用于存放系统程序、用户程序和工作数据。系统程序由生产厂家固化到 ROM 中，用户程序存放在特定的 RAM 中，这些 RAM 用备用锂电池进行掉电保护。对于不经常变动的用户程序，可固化在 PLC 提供的 EPROM 模块（盒）中。PLC 还设有随机存储的 RAM，称工作数据存储区，用于 PLC 工作时临时的数据存储。在工作数据存储区有输入/输出（I/O）数据映像区，有定时器和计数器的设定值和当前值存放区等。

(3) I/O 单元

I/O 单元是 CPU 与被控对象或其他外部设备的连接部件，是 PLC 有别于其他计算机应用系统的特色部分。它能提供各种操作电平、驱动能力和多个 I/O 点，并采用光电耦合器件和小型继电器与外部隔离，具有消除抖动、多级滤波电路等抗干扰措施。每个 I/O 点上均装有指示状态的发光二极管和接线端子，便于监视运行状态和配线。I/O 单元一般采用模块或插板结构，可靠性高，价格低，便于维修和系统重组。

典型的 I/O 单元有以下几种。

① 直流开关量输入单元。输入器件的类型可为接近开关、按钮、选择开关、继电器等。输入单元的电源由 PLC 内部提供，典型值为 DC 24 V。

② 直流开关量输出单元。直流开关量输出单元由大功率晶体管作为输出驱动级，具有无触点、响应速度快（ns 级）、寿命长、输出可调等特点，特别适用于高频电路。

③ 交流开关量输入单元。输入器件的类型同直流开关量输入单元，但需由外部提供供电电源，典型值为 AC 115 V 或者 AC 230 V。

④ 交流开关量输出单元。交流开关量输出单元采用双向晶闸管作为输出驱动级，负载的供电电源由外部供给，正常值为 AC 115～230 V，具有耐压高、负载电流大、响应速度快（μs 级）等特点。

⑤ 继电器输出单元。继电器输出单元采用微型继电器作为输出驱动级，输出形式是继电器的触点，既可驱动直流负载，也可驱动交流负载，负载电压范围大，响应速度为 ms 级。

⑥ 模拟量输入单元（A/D 单元）。模拟量输入单元用于将输入的模拟量信号转换成 PLC 所能处理的数字量信号。按输入模拟量的形式可将输入单元分成电压型和电流型两类，输入信号范围有 ±50 mV、±1 V、±10 V、0～5 V、±20 mA、4～20 mA 等多种。

⑦ 模拟量输出单元（D/A 单元）。模拟量输入单元用于将 PLC 的数字信号转换成模拟信号输出。按输出模拟量的形式可分成电压型和电流型两类，输出信号范围有 ±10 V、0～5 V、±20 mA、4～20 mA 等多种。

另外，还有各种协议（RS-232、RS-485、RS-422 等）的通信单元可供选用。

(4) 扩展接口

扩展接口用于 PLC 主机与扩展单元模块之间的连接。

(5) 智能 I/O 单元

智能 I/O 单元自身有单独的 CPU，能够通过驻留在单元上的程序完成某种专用功能。它和主 CPU 并行运行，大大提高了 PLC 的运行速度和效率。智能 I/O 单元一般做成扩展模块，通过扩展接口与 PLC 主机连接。

(6) 电源

电源单元负责提供 PLC 内部以及输入单元所需要的直流电源。

(7) 编程器

编程器用于用户程序的编制、编辑、调试和运行监视，还可用于调用和显示 PLC 的一些内部状态和系统参数。编程器有手持式和高功能两种，通过专用接口与 PLC 相连。

3. PLC 的软件

PLC 的软件包括系统程序和用户程序。

(1) 系统程序

系统程序决定 PLC 的功能。系统程序主要包括监控程序、编译程序及诊断程序等。监控程序又称管理程序,主要用于整个 PLC 系统管理;编译程序用来把程序语言翻译成机器语言;诊断程序用来诊断机器故障。系统程序由生产厂家提供,并固化到 ROM 中,对用户是不透明的,不能由用户存取,也不需要用户干预。

(2) 用户程序

用户程序是用户针对要解决的控制问题用 PLC 编程语言编制的应用程序。

4. PLC 的用户程序执行过程

PLC 的用户程序执行过程实际上是一种按用户程序的顺序进行扫描处理、周期循环执行的过程,该过程可分为三个阶段,即输入采样、程序执行和输出刷新,如图 2-6-1 所示。

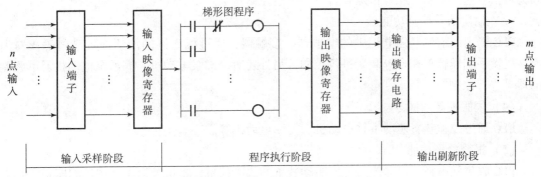

图 2-6-1　PLC 的用户程序执行过程

(1) 输入采样

在输入采样阶段,PLC 以扫描方式将所有输入端子的输入信号状态(ON 或 OFF)读入到输入映像寄存器中寄存起来,称为对输入信号的采样。不在输入采样阶段时,即使输入状态变化,输入映像寄存器的内容也不会改变。

(2) 程序执行

在程序执行阶段,PLC 对用户程序按顺序进行扫描。每扫描到一条指令时,就将所需要的输入点状态或其他元件的状态分别从输入映像寄存器或其他元件对应的内部寄存器中读出,然后进行相应的逻辑或算术运算,再将运算结果存入专用寄存器。在扫描程序输出指令时,则将相应的运算结果存入输出映像寄存器。

(3) 输出刷新

在输出刷新阶段,将输出映像寄存器中的状态转存到输出锁存电路,再经输出端子输出信号去驱动被控对象,这就是 PLC 的实际输出。

PLC 重复地执行上述三个阶段,每重复一次就是一个工作周期,工作周期的长短与程序的长短、执行每条指令所需时间和执行其他任务(包括输入采样、输出刷新、硬件自检等)所用时间有关。

二、数控机床中 PLC 实现的功能

在数控机床中,利用 PLC 的逻辑运算功能可实现各种开关量的控制,对于专门用于数控机床的 PLC 又称为 PMC。现代数控机床通常采用 PLC 完成如下功能。

(1) M、S、T 功能

M、S、T 功能可以由数控加工程序来指定，也可以在机床的操作面板上进行控制。PLC 根据不同的 M 功能，可控制主轴的正/反转和停止、主轴准停、冷却液的开/关、卡盘的夹紧/松开及换刀机械手的取刀/归刀等动作。S 功能在 PLC 中可以容易地用四位代码直接指定转速。CNC 送出 S 代码值到 PLC，PLC 将十进制数转换为二进制数后送到 D/A 转换器，转换成相对应的输出电压，作为转速指令来控制主轴的转速。数控机床通过 PLC 可管理刀库，进行刀具的自动交换。处理的信息包括刀库选刀方式、刀具累计使用次数、刀具剩余寿命和刀具刃磨次数等。

(2) 机床外部开关量信号控制功能

机床外部开关量有各类控制开关、行程开关、接近开关、压力开关和温控开关等，将各开关量信号送入 PLC，经逻辑运算后，输出给控制对象。

(3) 输出信号控制功能

PLC 输出的信号经强电柜中的继电器、接触器，通过机床侧的液压或气动电磁阀对刀库、机械手和回转工作台等装置进行控制，另外还对冷却泵电动机、润滑泵电动机及电磁制动器等进行控制。

(4) 伺服控制功能

PLC 通过驱动装置驱动主轴电动机、刀库电动机等。

(5) 报警处理功能

PLC 收集强电柜、机床侧和伺服驱动装置的故障信号，将报警标志区中的相应报警标志置位，数控系统便发出报警信号或显示报警文本以方便故障诊断。

(6) 其他介质输入装置互联控制

有些数控机床用计算机软盘读入数控加工程序，通过控制软盘驱动装置实现与数控系统进行零件程序、机床参数和刀具补偿等数据的传输。

三、PLC、CNC 与数控机床的关系

根据 PLC、CNC 和数控机床的关系，可将 PLC 分为内装型 PLC 和独立型 PLC 两类。

1. 内装型 PLC

内装型 PLC 从属于 CNC 装置，PLC 与 CNC 间的信号传送在 CNC 装置内部实现。PLC 与数控机床之间的信号传送则通过 CNC 输入/输出接口电路实现，如图 2-6-2 所示。

内装型 PLC 具有以下特点。

①内装型 PLC 实际上是 CNC 装置带有的 PLC 功能。

②内装型 PLC 的性能指标（如输入/输出点数、程序最大步数、每步执行时间、程序扫描时间、功能指令数目等）是根据所属的 CNC 系统的规格、性能、适用机床的类型等来确定的，其硬件和软件部分是与 CNC 系统统一设计制造的。内装型 PLC 所具有的功能针对性强、技术指标较合理、实用，适用于单台数控机床及加工中心等场合。

③内装型 PLC 可与 CNC 共用 CPU，也可单独使用一个 CPU。内装型 PLC 一般单独制成一块板，插装到 CNC 主机中。不单独配备 I/O 接口，而是使用 CNC 系统本身的 I/O 接口；PLC 控制部分及部分 I/O 电路所用电源由 CNC 装置提供，不另备电源。

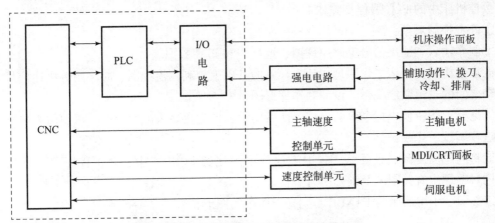

图 2-6-2　内装型 PLC 与数控机床的关系

④采用内装型 PLC 结构的 CNC 系统可以具有某些高级的控制功能，如梯形图编辑和传送功能等。

2. 独立型 PLC

独立型 PLC 独立于 CNC 装置，具有完备的硬件和软件功能，能够独立完成规定控制任务。独立型 PLC 与数控机床的关系如图 2-6-3 所示。

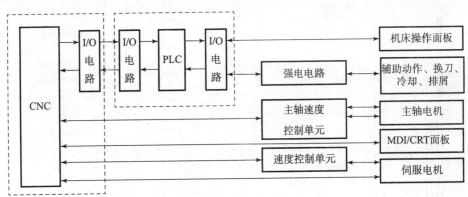

图 2-6-3　独立型 PLC 与数控机床的关系

独立型 PLC 具有以下特点。
①独立型 PLC 本身具有 CPU、程序存储器、I/O 接口、通讯接口及电源等。
②独立型 PLC 多采用积木式模块化结构，具有安装方便、功能易于扩展和变更等优点。
③输入/输出点数可以通过输入/输出模块的增减灵活配置，有的还可通过网络实现大范围的集中控制。

四、PLC 在数控机床上的应用举例

数控机床的 PLC 提供了完整的编程语言，可利用编程语言按不同的控制要求编制不同的控制程序。PLC 主要使用两种编程语言，即梯形图和语句表。采用梯形图编程语言的方法是现在使用最广泛的编程方法，有时又称继电器梯形理想图编程，它在形式上类似于继电器控制电路图，简单、直观、易读好懂。

数控机床中的 PLC 编程步骤如下：

①确定控制对象；

②制作输入和输出信号电路原理图、地址表和 PLC 数据表；

③在分析数控机床工作原理或动作顺序的基础上，利用流程图、时序图等描述信号与机床运动之间的逻辑顺序关系，设计制作梯形图；

④把梯形图转换成指令表的格式，然后用编程器键盘写入顺序程序，再用仿真装置或模拟台进行调试、修改；

⑤将经过反复调试且确认无误的顺序程序固化到 EPROM 中，并将程序存入软盘或光盘，同时整理出有关图纸及维修所需资料。

表 2-6-1 中所示为 FANUC 系列梯形图中的图形符号。

表 2-6-1 梯形图中的图形符号

符号		说明	符号	说明
A	─┤├─	PLC 中的继电器触点，A 为常开，B 为常闭	A ─△─ B ─△─	PLC 中的定时器触点，A 为常开，B 为常闭
B	─┤/├─			
A	─┤▮├─	从 CNC 侧输入的信号，A 为常开，B 为常闭	○	PLC 中的继电器线圈
B	─┤▮/├─		○	输出到 CNC 侧的继电器线圈
A	─┤‖├─	从机床侧（包括机床操作面板）输入的信号，A 为常开，B 为常闭	□	输出到机床侧的继电器线圈
B	─┤‖/├─		◎	PLC 中的定向继电器线圈

下面以数控机床主轴定向控制为例说明 PLC 在数控机床上的应用。

在数控机床进行加工时，自动交换刀具或精镗孔都要用到主轴定向控制功能。图 2-6-4 所示为数控机床主轴定向控制梯形图。

梯形图 2-6-4 中 AUTO 为自动工作状态信号，手动时 AUTO 为 "0"，自动时为 "1"。M06 是换刀指令，M19 是主轴定向指令，这两个信号并联作为主轴定向控制的控制信号。RST 为 CNC 系统的复位信号。ORCM 为主轴定向继电器。ORAR 为从机床输入的定向到位信号。另外，这里还设置了定时器 TMR 功能，来检测主轴定向是否在规定时间内完成。通过手动数据输入（MDI）面板在监视器上设定 4.5 s 的延时数据，并存储在第 203 号数据存储单元中。当在 4.5 s 内不能完成定向控制时，系统将发出报警信号，R1 为报警继电器。图 2-6-4 中的梯形图符号边的数据表示 PLC 内部存储器的单元地址，如 200.7 表示数据存储器中第 200 号存储单元的第 7 位，这些地址可由 PLC 程序编制人员根据需要来指定。

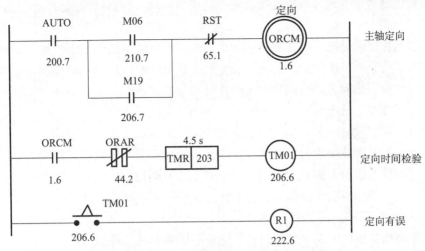

图 2-6-4 数控机床主轴定向控制梯形图

第七节 数控机床伺服系统

数控机床伺服系统是以机床移动部件的位置和速度为控制量的自动控制系统，又称随动系统、拖动系统或伺服机构。在数控机床上，伺服系统接收来自 CNC 装置（插补装置或插补软件）的进给指令脉冲，经过一定的信号变换及电压、功率放大，再驱动各加工坐标轴按指令脉冲运动，这些轴有的带动工作台，有的带动刀架，通过几个坐标轴的综合联动，使刀具相对于工件产生各种复杂的机械运动，加工出所要求的复杂形状零件。

数控机床运行中，主轴驱动和伺服进给驱动是机床的基本成形运动。主轴驱动控制一般只要满足主轴调速和正/反转即可，但当要求机床有螺纹加工、准停和恒线加工等功能时，就对主轴提出了相应的位置控制要求。此时，主轴驱动控制系统可称为主轴伺服系统，只不过控制较为简单。

伺服进给驱动系统又称进给伺服系统，是数控装置和机床机械传动部件间的联系环节，是数控机床的重要组成部分。它包含机械、电子、电动机（后文中简称电机），早期产品还包含液压等各种部件，并涉及强电与弱电控制，是一个比较复杂的控制系统，要使它成为一个既能使各部件互相配合协调工作、又能满足相当高的技术性能指标的控制系统是一个相当复杂的任务。在现有技术条件下，CNC 装置的性能已相当优异，并正在迅速向更高水平发展，而数控机床的最高运动速度、跟踪及定位精度、加工表面质量、生产率及工作可靠性等技术指标，往往又主要取决于伺服系统的动态和静态性能，数控机床的故障也主要出现在伺服系统上。可见，提高伺服系统的技术性能和可靠性，对于数控机床具有重大意义，研究与开发高性能的伺服系统一直是现代数控机床的关键技术之一。

本节主要讨论进给伺服系统，数控机床对伺服系统的要求如下。

(1) 高精度

数控机床伺服系统的精度是指机床工作的实际位置复现插补器指令信号的精确程度。在数控加工过程中，对机床的定位精度和轮廓加工精度要求都比较高，一般定位精度要达到 0.010~0.001 mm，有的要求达到 0.1 μm。而轮廓加工与速度控制、联动坐标的协调控制有关，这种协调控制对速度调节系统的抗负载干扰能力和静/动态性能指标都有较高的要求。

（2）稳定性好

伺服系统的稳定性是指系统在突变的指令信号或外界扰动的作用下，能够以最大的速度达到新的或恢复到原有平衡位置的能力。稳定性是直接影响数控加工精度和表面粗糙度的重要指标。较强的抗干扰能力是获得均匀进给速度的重要保证。

（3）响应速度快，无超调

快速响应是伺服系统动态品质的一项重要指标，它反映了系统对插补指令的跟踪精度。在加工过程中，为了保证轮廓的加工精度，降低表面粗糙度，要求系统跟踪指令信号的速度要快，过渡时间尽可能短，而且无超调，一般应在 200 ms 以内，甚至几十毫秒。这两项指标往往相互矛盾，实际应用时应采取一定的措施，按工艺要求加以选择。

（4）电机调速范围宽

调速范围是指数控机床要求电机能提供的最高转速和最低转速之比。此处的最高转速和最低转速一般是指额定负载时的转速，对于少数负载很轻的数控机床也可以是实际负载时的转速。

在数控加工过程中，切削速度因加工刀具、被加工材料以及零件加工要求的不同而不同。为保证在任何条件下都能获得最佳的切削速度，因此进给系统必须提供较大的调速范围，一般要求调速范围应达到 1∶1 000，而性能较高的数控系统调速范围应能达到 1∶10 000，而且是无级调速。

主轴伺服系统主要是速度控制，它要求低速（额定转速以下）恒转短调速具有 1∶100 ~ 1∶1 000 的调速范围，高速（额定转速以上）恒功率调速具有 1∶10 以上的调速范围。

（5）低速大转矩

机床加工的特点是低速时进行重切削，这就要求伺服系统在低速时提供较大的输出转矩。

（6）可靠性高

数控机床要求伺服系统对环境（如温度、湿度、粉尘、油污、振动、电磁干扰等）的适应性强，性能稳定，使用寿命长，平均无故障时间间隔长。

对主轴伺服系统除上述要求外，还应满足以下要求。

①主轴与进给驱动的同步控制。为使数控机床具有螺纹和螺旋槽加工的能力，因此主轴驱动与进给驱动应实现同步控制。

②准停控制。在加工中心上，为了实现自动换刀，这要求主轴能进行高精确位置的停止。

③角度分度控制。角度分度控制有两种类型：一是固定的等分角度控制；二是连续的任意角度控制。任意角度控制是带有角位移反馈的位置伺服系统，这种主轴坐标具有进给坐标的功能，称为"C"轴控制。"C"轴控制可以用一般主轴控制与"C"控制切换的方法实现，也可以用大功率的进给伺服系统代替主轴系统。

按伺服控制系统的不同，数控机床主要分为开环控制系统、闭环控制系统和半闭环控制系统。其中开环控制系统主要采用步进电机，闭环、半闭环系统主要采用直流或交流伺服电动机。而位置控制是伺服系统位置环的任务，从功能上讲是伺服系统重要组成部分，是保证执行件位置精度的关键环节。本节主要介绍三种电机的控制系统及位置控制系统。

一、步进电机及其驱动系统

步进电机是开环伺服系统（亦叫步进式伺服系统）的驱动元件。功率步进电机盛行于20世纪70年代，且其控制系统的结构简单、控制容易、维修方便，控制为全数字化（即数字化的输入指令脉冲对应着数字化的位置输出）。随着计算机技术的发展，除功率驱动电路之外，其他硬件电路均可由软件实现，从而简化了系统结构，降低了成本，提高了系统的可靠性。

步进电机是一种用电脉冲信号进行控制、并将电脉冲信号转换成相应的角位移的执行器，也称脉冲电机。每给步进电机输入一个电脉冲信号，其转轴就转过一个角度，这个角度称为步距角。步进电机的角位移量与电脉冲数成正比，其转速与电脉冲信号输入的频率成正比，通过改变频率就可以调节步进电机的转速。如果步进电机的各相绕组保持某种通电状态，则其具有自锁能力。步进电机每转一周都有固定的步数，从理论上说其步距误差不会累积。步进电机的最大缺点在于其容易失步，特别是在大负载和速度较高的情况下失步更容易发生。此外，步进电机的耗能太多，速度也不高。目前的步进电机在脉冲当量为1 μm时，最高移动速度仅有2 mm/min，且功率越大，移动速度越低，故主要用于速度与精度要求不高的经济型数控机床及旧机床设备的改造。但是，近年来发展起来的恒流斩波驱动、PWM（Pulse Width Modulation）驱动、细分驱动及它们的综合运用，使得步进电机的高频出力得到很大提高，低频振荡得到显著改善，特别是随着智能超微步驱动技术的发展，步进电机的性能将提高到一个新的水平，将以极高的性价比获得更为广泛的应用。

1. 步进电机的工作原理

步进电机是按电磁吸引的原理来工作的，现以反应式步进电机为例说明其工作原理。反应式步进电机的定子上有磁极，每个磁极上有励磁绕组，转子上虽无绕组，但有周向均布的齿，依靠磁极对齿的吸合来工作。图2-7-1为三相步进电机，定子上有三对磁极，分成A、B、C三相。为简化分析，假设转子只有4个齿。

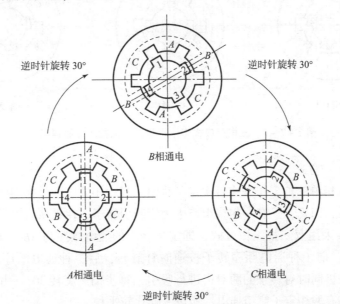

图2-7-1 三相反应式步进电机三相三拍工作原理示意

(1) 三相三拍工作方式

在图2-7-1中，设A相通电，A相绕组的磁力线为保持磁阻最小，给转子施加电磁转矩，使磁极A与相邻的转子的1、3齿对齐；接下来若B相通电，A相断电，磁极B又将距它最近的2、4齿吸引过来与之对齐，使转子按逆时针方向旋转30°；下一步C相通电，B相断电，磁极C又将吸引转子的1、3齿与之对齐，使转子又按逆时针方向旋转30°，依此类推。若定子绕组按$A \to B \to C \to A \to \cdots$的顺序通电，转子就一步步地按逆时针方向转动，每步30°。若定子绕组按$A \to C \to B \to A \to \cdots$的顺序通电，则转子就一步步地按顺时针方向转动，每步仍然30°。这种控制方式叫三相三拍方式，又称三相单三拍方式。

(2) 三相六拍工作方式

如果定子绕组按$A \to AB \to B \to BC \to C \to CA \to A \cdots$（逆时针转动）或$A \to AC \to C \to BC \to B \to CA \to A \cdots$（顺时针转动）的顺序通电，步进电机就工作在三相六拍工作方式，每步转过15°，其步距角是三相三拍工作方式步距角的一半，如图2-7-2所示。因为电机运转中始终有一相定子绕组通电，故电机运转比较平稳。

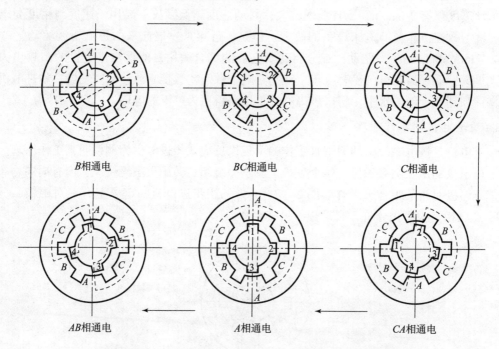

图2-7-2　三相反应式步进电机三相六拍工作原理示意

(3) 双三拍工作方式

由于前述的三相单三拍工作方式每次定子绕组只有一相通电，且在切换瞬间失去自锁转矩，容易产生失步，而且，只有一相绕组产生力矩吸引转子，在平衡位置易产生振荡，故在实际工作过程中多采用双三拍工作方式，即定子绕组的通电顺序为$AB \to BC \to CA \to AB \cdots$或$AC \to BC \to CA \to \cdots$，前一种通电顺序转子按逆时针旋转，后一种通电顺序转子按顺时针旋转，此时有两对磁极同时对转子的两对齿进行吸引，每步仍然旋转30°。由于在步进电机工作过程中始终保持有两相定子绕组通电，所以工作比较平稳。

实际上步进电机转子的齿数很多，齿数越多步距角越小。为了改善运行性能，定子磁极上也有齿,这些齿的齿距与转子的齿距相同,但各极的齿依次与转子的齿错开齿距的 $1/m$ (m 为电机定子相数)。这样,每次定子绕组通电状态改变时,转子只转过齿距的 $1/m$(如三相三拍)或 $1/(2m)$(如三相六拍)即达到新的平衡位置。

如图 2-7-3 所示,转子有 40 个齿,则齿距为 $360°/40 = 9°$,若通电为三相三拍,当转子齿与 A 相定子齿对齐时,转子齿与 B 相定子齿相差 1/3 齿距,即 $3°$,与 C 相定子齿相差 2/3 齿距,即 $6°$。

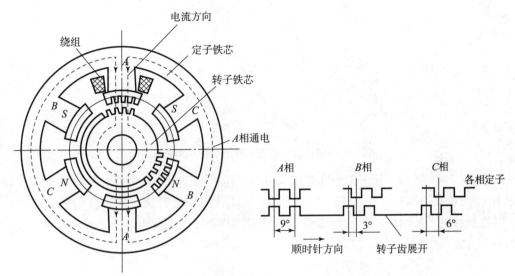

图 2-7-3 三相反应式步进电机的结构示意和展开后的步进电机齿距

2. 步进电机的主要特性

(1) 步距角 α

步距角指每给一个脉冲信号,电机转子应转过角度的理论值。它取决于电机结构和控制方式。步距角可按下式计算

$$\alpha = \frac{360°}{mzk}$$

式中:m 为电机定子相数;

z 为转子齿数;

k 为通电系数,若连续两次通电相数相同为 1,若不同则为 2。

数控机床所采用步进电机的步距角一般都很小,如 $3°/1.5°$,$1.5°/0.75°$,$0.72°/0.36°$ 等,是步进电机的重要指标。步进电机空载且单脉冲输入时,其实际步距角与理论步距角之差称为静态步距角误差,一般控制在 $\pm(10'\sim30')$ 的范围内。

(2) 矩角特性、最大静态转矩 M_{jmax} 和启动转矩 M_q

当步进电机处于通电状态时,转子处在不动状态,即静态。如果在电机轴上施加一个负载转矩 M,转子会在载荷方向上转过一个角度 θ,转子因而受到一个电磁转矩 M_j 的作用与负载平衡,该电磁转矩 M_j 称为静态转矩,该角度 θ 称为失调角。步进电机单相通电的静态转矩 M_j 随失调角 θ 的变化曲线称为矩角特性,如图 2-7-4 所示为三相步进电机按 $A \to B \to C \to A \to \cdots$ 方式通电时 A、B、C 各相的矩角特性。各相矩角特性差异不宜过大，否则会影响步距精度，引起低频振荡。当外加负载转矩取消后，转子在电磁转矩作用下仍能回到稳定平衡点（$\theta=0$）。矩角特性曲线上的电磁转矩的最大值称为最大静转矩 $M_{j\max}$，$M_{j\max}$ 是代表电机承载能力的重要指标，$M_{j\max}$ 越大，电机带负载的能力越强，运行的快速性和稳定性越好。

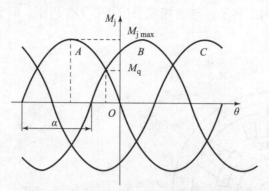

图 2-7-4　三相步进电机的各相矩角特性

由图 2-7-4 可见，相邻两条曲线的交点所对应的静态转矩是电机运行状态的最大启动转矩 M_q，当负载力矩小于 M_q 时，步进电机才能正常启动运行，否则将会造成失步。一般地，电机相数的增加会使矩角特性曲线变密，相邻两条曲线的交点上移，使 M_q 加大；采用多相通电方式，即变 m 相 m 拍通电方式为 m 相 $2m$ 拍通电方式，也会使 M_q 加大。

（3）启动频率 f_q 和启动时的惯频特性

空载时，步进电机由静止突然启动、并进入不丢步的正常运行状态所允许的最高频率，称为启动频率或突跳频率 f_q，是反映步进电机快速性能的重要指标。空载启动时，步进电机定子绕组通电状态变化的频率不能高于该启动频率。原因是频率越高，电机绕组的感抗（$X_L=2\pi fL$）越大，而感抗会使绕组中的电流脉冲变尖，幅值下降，从而造成电机输出力矩下降。

启动时的惯频特性是指电机带动纯惯性负载时启动频率和负载转动惯量之间的关系。一般来说，随着负载惯量的增加，启动频率会下降。如果除了惯性负载外还有转矩负载，则启动频率将进一步下降。

（4）运行矩频特性

步进电机启动后，其运行速度能跟踪指令脉冲频率连续上升而不丢步的最高工作频率，称为连续运行频率，其值远大于启动频率。运行矩频特性是描述步进电机在连续运行时，输出转矩与连续运行频率之间的关系，它是衡量步进电机运转时承载能力的动态指标，如图 2-7-5 所示，图中每一频率所对应的转矩称为动态转矩。从图 2-7-5 中可以看出，随着运行频率的上升，输出转矩下降，承载能力下降。当运行频率超过最高频率时，步进电机便无法工作。

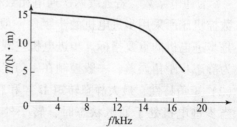

图 2-7-5　步进电机的运行矩频特性

(5) 加、减速特性

步进电机的加、减速特性是描述步进电机由静止到工作频率和由工作频率到静止的加、减速过程中，定子绕组通电状态的变化频率与时间的关系。当要求步进电机启动到大于启动频率的工作频率时，变化速度必须逐渐上升；同样，从最高工作频率或高于启动频率的工作频率停止时，变化速度必须逐渐下降。逐渐上升和逐渐下降的加速时间、减速时间不能过小，否则会出现失步或超步。目前，主要通过软件实现步进电机的加/减速控制。常用的加/减速控制实现方法有指数规律和直线规律加/减速控制，其中，指数规律加/减速控制一般适用跟踪响应要求较高的切削加工中；直线规律加/减速控制一般适用速度变化范围较大的快速定位方式中。

3. 步进电机的分类

为了提高步进电机的性能和结构工艺性，步进电机有许多的结构类型，主要是根据相数、产生力矩的原理、输出力矩的大小和结构进行分类。

(1) 根据相数分类

我国数控机床中采用的步进电机有三、四、五、六相等几种，因为相数越多，步距角越小，而且还可采用多相通电，提高步进电机的输出转矩。根据前面分析，步进电机的通电方式一般采用 m 相 m 拍、双 m 拍和 m 相 $2m$ 拍通电方式，在 m 相 m 拍和 m 相 $2m$ 拍通电方式中，除采用一/二相转换通电外，还可采用二/三相转换通电，如五相步进电机，各相用 A、B、C、D、E 表示，其五相十拍的二/三相转换通电方式为：$AB \rightarrow ABC \rightarrow BC \rightarrow BCD \rightarrow CD \rightarrow CDE \rightarrow DE \rightarrow DEA \rightarrow EA \rightarrow EAB$。

(2) 根据产生力矩的原理分类

步进电机是采用定子与转子间电磁吸合原理工作，根据磁场建立方式主要可分为反应式和永磁反应式（也称混合式）两类。

反应式步进电机的定子有多相磁极，其上有励磁绕组，而转子无绕组，用软磁材料制成，由被励磁的定子绕组产生反应力矩实现步进运行。永磁反应式步进电机的定子结构与反应式相似，但转子用永磁材料制成或有励磁绕组、由电磁转矩实现步进运行。这样可提高电机的输出转矩，减少定子绕组的电流。我国的永磁反应式步进电机多为五相，具有输出转矩大、步距角小、额定电流小等优点，缺点是转子容易失磁，导致电磁转矩下降。

(3) 根据输出力矩的大小分类

根据输出力矩的大小可将步进电机分为两类：伺服步进电机和功率步进电机。伺服步进电机又称为快速步进电机，输出力矩在几十到数百 N·m，只能带动小负载，加上液压扭矩放大器可驱动工作台。功率步进电机输出力矩在 5~50 N·m 以上，能直接驱动工作台。

(4) 根据结构分类

步进电机可制成轴向分相式和径向分相式，轴向分相式又称多段式，径向分相式又称为单段式。前面介绍的反应式步进电机是按径向分相的，也称为单段反应式步进电机，它是目前步进电机中使用最多的一种结构形式。除此之外，还有一种反应式步进电机是按轴向分相的，这种步进电机也称为多段反应式步进电机。多段反应式步进电机沿着它的轴向长度分成磁性能上独立的几段，每一段都用一组绕组励磁，形成一相，因此，三相电机有三段。电机的每一段都有一个定子,它们固定在外壳上。转子制成一体,由电机两端的轴承支承。每段定子上都有许多磁极,绕组绕在这些磁极上。沿电机的轴向长度看,转子齿与每段定子齿之间有不同的相对位置。如图2-7-6所示,设某三相多段反应式步进电机的三相分别为A、B、C,则A段里的定子齿和转子齿是对齐的,B段和C段里的定子齿和转子齿则不对齐,一般错开齿距的l/m(m为定子相数),齿距为360°/转子齿数。若从A相通电变化到B相通电,则使B段里的定子齿和转子齿对齐,转子转动一步;使B相断电,C相通电,则电机以同一方向再走一步;再使A相单独通电,则再走一步,A段里的定子齿和转子齿再一次完全对齐。不断按顺序改变通电状态,电机就可连续旋转。若通电方式为$A \to B \to C \to A \to \cdots$,则通电状态的三次变化使转子转动一个齿距;若通电方式为$A \to AB \to B \to BC \to C \to CA \to A \cdots$,则通电状态的六次变化使转子转动一个齿距。

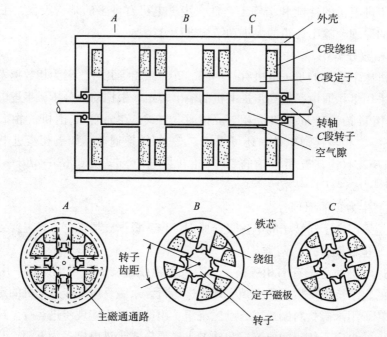

图2-7-6 三段反应式步进电机结构示意

4. 步进电机的环形分配器

步进电机的驱动控制由环形分配器和功率放大器组成。环形分配器的主要功能是将数控装置送来的一串指令脉冲,按步进电机所要求的通电顺序分配给步进电机的驱动电源的各相输入端,以控制励磁绕组的通断,实现步进电机的运行及换向。当步进电机在一个方向上连续运行时,其各相通/断的脉冲分配是一个循环,因此称为环形分配器。环形分配器的输出不仅是周期性的,又是可逆的。

环形分配的功能可由硬件或软件的方法来实现,分别称为硬件环形分配器和软件环形分配器。

(1) 硬件环形分配器

硬件环形分配器的种类很多,它可由D触发器或J-K触发器构成,亦可采用专用集成芯片或通用可编程逻辑器件。目前市场上有许多专用的集成电路环形分配器出售,集成度高、可靠性好，有的还有可编程功能。如国产的 PM 系列步进电机专用集成电路有 PM03、PM04、PM05 和 PM06，分别用于三相、四相、五相和六相步进电机的控制。进口的步进电机专用集成芯片 PMM8713、PM8714 可分别用于四相（或三相）、五相步进电机的控制。而 PPM101B 则是可编程的专用步进电机控制芯片，通过编程可用于三相、四相、五相步进电机的控制。

以三相步进电机为例，硬件环形分配器与数控装置的连接如图 2-7-7 所示，环形分配器的输入/输出信号一般均为 TTL 电平信号，输出信号 A、B、C 变为高电平信号则表示相应的绕组通电，低电平信号则表示相应的绕组失电。CLK 为数控装置所发脉冲信号，每一个脉冲信号的上升或下降沿到来时，环形分配器的输出则改变一次绕组的通电状态。DIR 为数控装置所发的方向信号，其电平信号的高低对应电机绕组通电顺序的改变，即步进电机的正、反转，FULL/HALF 电平信号用于控制电机的整步（对三相步进电机即为三拍运行）或半步（对三相步进电机即为六拍运行），一般情况下，根据需要将其接在固定的电平信号上即可。

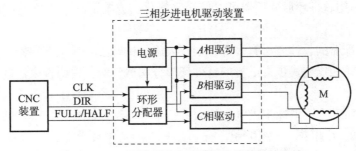

图 2-7-7 硬件环形分配器与数控装置的连接

CH250 是国产的三相反应式步进电机环形分配器的专用集成电路芯片，通过其控制端的不同接法可以组成三相双三拍和三相六拍的工作方式，CH250 的外形和三相六拍接线图如图 2-7-8 所示。

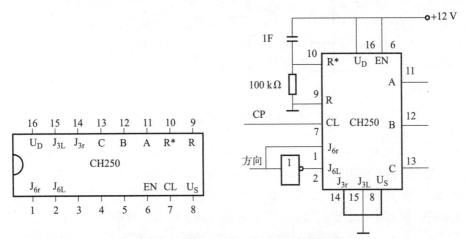

图 2-7-8 CH250 的外形和三相六拍接线图

CH250 主要管脚的作用如下。

A、B、C——环形分配器三个输出端，经功率放大后接到电机的三相绕组上。

R、R* ——复位端，R 为三相双三拍复位端，R* 为三相六拍复位端，先将对应的复位端接入高电平信号，使其进入工作状态，若为 "10"，则为三相双三拍工作方式；若为 "01"，则为三相六拍工作方式（图 2-7-8）。

CL、EN ——进给脉冲输入端和允许端；进给脉冲由 CL 输入，只有当 EN = "1" 时，脉冲信号上升沿使环形分配器工作；CH250 也允许以 EN 端作脉冲输入端，此时，只有当 CL = "0" 时，脉冲信号下降沿使环形分配器工作。不符合上述规定则为环形分配器状态锁定（保持）。

J_{3r}、J_{3L}、J_{6r}、J_{6L} ——分别为三相双三拍、三相六拍工作方式时步进电机正、反转的控制端。

U_D、U_S ——电源端。

(2) 软件环形分配器

软件环形分配指由数控装置中的计算机软件完成环形分配的任务，直接驱动步进电机各绕组的通、断电。用软件环形分配器只需编制不同的环形分配程序，将其存入数控装置的 EPROM 中即可。用软件环形分配器可以使线路简化、成本下降，并可灵活地改变步进电机的控制方案。

软件环形分配器的设计方法有多种，如查表法、比较法、移位寄存器法等，最常用的是查表法。下面以三相反应式步进电机的软件环形分配器为例，说明查表法软件环形分配器的工作原理。

图 2-7-9 所示为两坐标步进电机伺服进给系统框图。X 轴方向和 Z 轴方向的三相定子绕组分别为 A、B、C 相和 a、b、c 相，分别经各自的功率放大器、光电耦合器与计算机的 PIO（并行输入/输出接口）的 $PA_0 \sim PA_5$ 相连。首先结合驱动电源线路，根据 PIO 接口的接线方式，按步进电机运转时绕组励磁状态转换方式得出环形分配器。

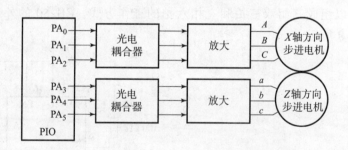

图 2-7-9 两坐标步进电机伺服进给系统框图

输出状态表如表 2-7-1 所示。将表示 X 轴方向、Z 轴方向步进电机各个绕组励磁状态的二进制数分别存入存储单元地址 2A00H~2A05H、2A10H~2A15H（存储单元地址由用户设定）中。然后编写 X 轴方向和 Z 轴方向正、反方向进给的子程序，步进电机运行时，都要调用该子程序。根据步进电机的运转方向按表地址的正向或反向顺序依次取出存储单元地址的内容并输出，即依次输出表示步进电机各个绕组励磁状态的二进制数，则电机就正转或反转运行。

表2-7-1 步进电机环形分配器的输出状态表

	X轴方向步进电机						Z轴方向步进电机					
节拍	C	B	A	存储单元		方向	节拍	c	b	a	存储单元		方向
	PA_2	PA_1	PA_0	地址	内容			PA_5	PA_4	PA_3	地址	内容	
1	0	0	1	2A00H	01H	正转	1	0	0	1	2A10H	08H	正转
2	0	1	1	2A01H	03H		2	0	1	1	2A11H	18H	
3	0	1	0	2A02H	02H		3	0	1	0	2A12H	10H	
4	1	1	0	2A03H	06H		4	1	1	0	2A13H	30H	
5	1	0	0	2A04H	04H		5	1	0	0	2A14H	20H	
6	1	0	1	2A05H	05H	反转	6	1	0	1	2A15H	28H	反转

5. 功率放大电路

从环形分配器输出的进给控制信号的电流只有几毫安,而步进电机的定子绕组需要几安培的电流,功率放大电路的作用就是对从环形分配器输出的信号进行功率放大并送至步进电机的各绕组。功率放大电路的控制方式很多,最早采用单电压驱动电路,后来出现了高低电压切换驱动电路、恒流斩波电路、调频调压和细分电路等。图2-7-10所示为一种采用脉冲变压器T1组成的高低压功率放大器电路。当输入端信号为低电平信号时,晶体管VT_1、VT_2、VT_3、VT_4均截止,电动机绕组W无电流通过。输入脉冲到来时,输入端变为高电平,晶体管VT_1、VT_2、VT_3、VT_4饱和导通。在VT_2由截止到饱和导通期间,其集电极电流,即脉冲变压器T1的一次电流急剧增加,在变压器T1二次侧感生一个电压,使VT_3饱和导通,80 V的高压经晶体管VT_3加到绕组W上,使流过绕组W的电流迅速上升。当VT_2进入稳定状态后,变压器T1一次侧电流恒定,无磁通量变化,二次侧的感应电压为0,VT_3截止,12 V低压电源经VD_1加到绕组W上,并维持绕组W中的电流。输入脉冲结束后,晶体管VT_1、

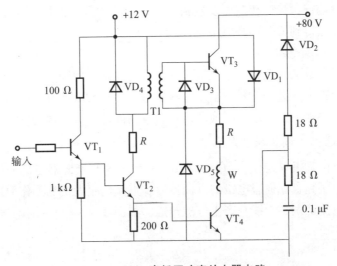

图2-7-10 高低压功率放大器电路

VT_2、VT_3、VT_4 又都截止,储存在 W 中的能量通过 18 Ω 的电阻和 VD_2 放电,18 Ω 电阻的作用是减小放电回路的时间常数,改善电流波形的后沿。该电路由于采用高压驱动,电流增长加快,脉冲电流的前沿变陡,电动机的动态转矩和运行频率都得到了提高。

二、直流伺服电机及其速度控制

以直流伺服电机作为驱动元件的伺服系统称为直流伺服系统,因为直流伺服电机实现调速比较容易,为一般交流电机所不及,尤其是他励和永磁直流伺服电机,其机械特性比较硬,所以直流电机自 20 世纪 70 年代以来,在数控机床上得到了广泛的应用。

1. 直流伺服电机的结构与分类

直流伺服电机的品种很多,根据磁场产生的方式可分为他励式、永磁式、并励式、串励式和复励式五种,其中,永磁式用氧化体、铝镍钴、稀土钴等软磁性材料建立励磁磁场;在结构上,直流伺服电机有一般电枢式、无槽电枢式、印刷电枢式、绕线盘式和空心杯电枢式等,为避免电刷换向器的接触,还有无刷直流伺服电机;根据控制方式,直流伺服电机可分为磁场控制方式和电枢控制方式,永磁直流伺服电机只能采用电枢控制方式,一般电磁式直流伺服电机大多也用电枢控制方式。

在数控机床中,进给系统常用的直流伺服电机主要有以下几种。

(1) 小惯性直流伺服电机

小惯性直流伺服电机因转动惯量小而得名。这类电机一般为永磁式,电枢绕组有无槽电枢式、印刷电枢式和空心杯电枢式三种。因为小惯量直流电机可最大限度地减小电枢的转动惯量,所以能获得最快的响应速度。在早期的数控机床上,这类伺服电机应用得比较多。

(2) 大惯量宽调速直流伺服电机

大惯量宽调速直流伺服电机又称直流力矩电机。一方面,由于它的转子直径较大,线圈绕组匝数增加,力矩大,转动惯量比其他类型电机大,且能够在承受较大过载转矩时长时间地工作,因此可以直接与丝杠相连,不需要中间传动装置。另一方面,由于它没有励磁回路的损耗,它的外形尺寸比类似的其他直流伺服电机小。它还有一个突出的特点,是能够在较低转速下实现平稳运行,最低转速可以达到 $1\ \text{r}\cdot\text{min}^{-1}$,甚至 $0.1\ \text{r}\cdot\text{min}^{-1}$。因此,这种伺服电机在数控机床上得到了广泛的应用。

(3) 无刷直流伺服电机

无刷直流伺服电机又叫无整流子电机。它没有换向器,由同步电机和变频器组成,变频器由装在转子上的转子位置传感器控制。它实质是一种交流调速电机,由于其调速性能可达到直流伺服发电机的水平,又取消了换向装置和电刷部件,大大地提高了电机的使用寿命。

2. 直流伺服电机的调速原理与方法

直流伺服电机由磁极(定子)、电枢(转子)和电刷与换向器三部分组成。以他励式直流伺服电机为例,研究直流伺服电机的机械特性。直流伺服电机的工作原理是建立在电磁定律的基础上,即电流切割磁力线,产生电磁转矩,如图 2-7-11 所示。电磁电枢回路的电压平衡方程式为

$$U_a = E_a + I_a R_a \tag{2-7-1}$$

式中:R_a 为电机电枢回路的总电阻;

U_a 为电机电枢的端电压；

I_a 为电机电枢的电流；

E_a 为电枢绕组的感应电动势。

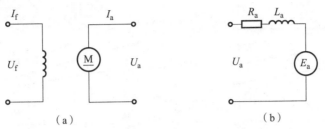

图 2-7-11　他励直流伺服电机工作原理和等效电路

(a) 工作原理；(b) 等效电路

当励磁磁通 Φ 恒定时，电枢绕组的感应电动势与转速成正比，则

$$E_a = C_E \Phi n \tag{2-7-2}$$

式中：C_E 为电动势常数，表示单位转速时所产生的电动势；

n 为电机转速。

电机的电磁转矩为

$$T_m = C_T \Phi I_a \tag{2-7-3}$$

式中：T_m 为电机电磁转矩；

C_T 为转矩常数，表示单位电流所产生的转矩。

将式（2-7-1）~（2-7-3）联立求解，即可得出他励式直流伺服电机的转速公式

$$n = \frac{U_a}{C_E \Phi} - \frac{R_a}{C_E C_T \Phi^2} T_m = n_0 - \frac{R_a}{C_E C_T \Phi^2} T_m \tag{2-7-4}$$

式中，n_0 为电机理想空载转速。

直流电机的转速与转矩的关系称为机械特性。机械特性是电机的静态特性，是稳定运行时带动负载的性能，此时，电磁转矩与外负载相等。当电机带动负载时，电机转速与理想转速产生转速差 Δn，它反映了电机机械特性的硬度，Δn 越小，表明机械特性越硬。由直流伺服电机的转速公式（2-7-4）可知，直流电机的基本调速方式有三种，即调节电阻 R_a、调节电枢电压 U_a 和调节磁通 Φ 的值，又称电阻调速、调压调速和调磁调速。但电枢电阻调速不经济，而且调速范围有限，很少采用。在调节电枢电压时，若保持电枢电流 I_a 不变，则磁场磁通 Φ 保持不变，由式（2-7-3）可知，电机电磁转矩 T_m 保持不变，为恒定值，因此称调压调速为恒转矩调速。调磁调速时，通常保持电枢电压 U_a 为额定电压，由于励磁回路的电流不能超过额定值，因此励磁电流总是向减小的趋势调整，使磁通下降，称为弱磁调速，此时转矩 T_m 也下降，则转速上升。调速过程中，电枢电压 U_a 不变，若保持电枢电流 I_a 也不变，则输出功率维持不变，故调磁调速又称为恒功率调速。

直流伺服电机在调节电枢电压和调节磁通调速方式的机械特性曲线如图 2-7-12 所示。图中，n_N 为额定转矩 T_N 时的额定转速，Δn_N 为额定转速差。由图 2-7-12（a）可见，当调节电枢电压时，直流伺服电机的机械特性为一组平行线，即机械特性曲线的斜率不变，而只改变电机的理想转速，保持了原有较硬的机械特性，所以数控机床伺服进给系统的调速采

用调节电枢电压调速方式。由图 2-7-12（b）可见，调磁调速不但改变了电机的理想转速，而且使直流伺服电机机械特性变软，所以调磁调速主要用于机床主轴电机调速。

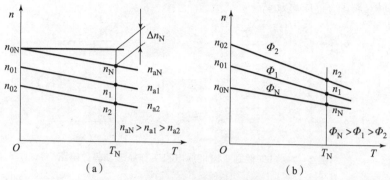

图 2-7-12　直流伺服电机的机械特性
(a) 改变电枢电压；(b) 改变磁通

Δn 的大小与电机的调速范围密切相关。如果 Δn 值比较大，不可能实现宽范围的调速。而永磁式直流伺服电机的机械特性的 Δn 值比较小，满足于这一要求，因此，进给系统常采用永磁式直流伺服电机。

3. 直流伺服电机速度控制单元的调速控制方式

直流伺服电机速度控制单元的作用是将转速指令信号转换成电枢的电压值，达到速度调节的目的。现代直流伺服电机速度控制单元常采用的调速方法有晶闸管（Semiconductor Control Rectifier，SCR）调速系统和晶体管脉宽调制（Pulse Width Modulation，PWM）调速系统。

（1）晶闸管调速系统

在大功率及要求不很高的直流伺服电机调速控制中，晶闸管调速控制方式仍占主流。图 2-7-13 所示为晶闸管直流调速基本原理框图。由晶闸管组成的主电路在交流电源电压不变的情况下，通过控制电路可方便地改变直流输出电压的大小，该电压作为直流伺服电机的电枢电压 U_d，即可成为直流伺服电机的调压调速方式。图 2-7-13 中，改变速度控制电压 U_n^* 即可改变电枢电压 U_d，从而得到速度控制电压所要求的电机转速。由测速发电机获得的电机实际转速电压 U_n 作为速度反馈与速度控制电压 U_n^* 进行比较，形成速度环的目的是改善电机运行的机械特性。

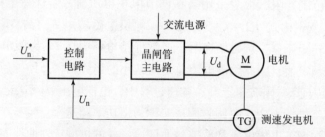

图 2-7-13　晶闸管直流调速原理框图

晶闸管调速系统采用的是大功率晶闸管，它的作用有两个，一是用作整流，将电网交流电变为直流，并将调节回路的控制功率放大，得到较高电压与较大电流以驱动电机；二是在可逆控制电路中，电机制动时把电机运转的惯性能转变为电能，并回馈给交流电网，实现逆变。为了对晶闸管进行控制，必须设有触发脉冲发生器，以产生合适的触发脉冲。该脉冲必须与供电电源频率及相位同步，保证晶闸管的正确触发。

在数控机床中，直流主轴电机或进给直流伺服电机的转速控制是典型的正/反转速度控制系统，既可使电机正转，又可使电机反转，俗称四象限运行。晶闸管调速系统的主电路普遍采用三相桥式反并联可逆电路，如图 2-7-14 所示。它由 12 个可控硅大功率晶闸管组成，晶闸管分两组，每组按三相桥式连接，两组反并联，分别实现正转和反转。反并联是指两组交流桥反极性并联，由一个交流电源供电。每组晶闸管都有两种工作状态：整流和逆变。一组处于整流工作时，另一组处于待逆变状态。在电机降速时，逆变组工作。为了保证合闸后两个串联的晶闸管能够同时导通或电流截止后再导通，必须对共阳极组和共阴极组的两个晶闸管同时发出脉冲。

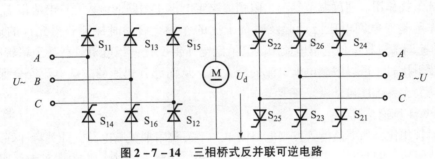

图 2-7-14　三相桥式反并联可逆电路

三相全控桥式电路的电压波形和电流波形如图 2-7-15 所示。图上所标出的晶闸管触发角 $\alpha = \pi/3$。晶闸管以 $\pi/3$ 的间隔按次序开通，每 6 个脉冲电机转 1 转。由于晶闸管以较快的速率被触发，所以流经电机的电流几乎是连续的。

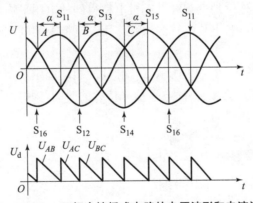

图 2-7-15　三相全控桥式电路的电压波形和电流波形

由波形图可见，只要改变触发角 α 的值，则就可以改变电机电压的输入值，进而调节直流电机电枢的电流值，达到调节直流电机速度的目的，但调速范围比较小，机械特性比较软，是一种开环控制方法。在数控机床的伺服控制系统中，为满足调速范围的要求，引入速度反馈；为增加机械特性硬度，增加一个电流反馈环节，构成闭环控制系统。图 2-7-16 所示为数控机床中较常见的一种晶闸管直流双环调速系统。该系统是典型的串级控制系统，内环为电流环，外环为速度环，驱动控制电源为晶闸管变流器。

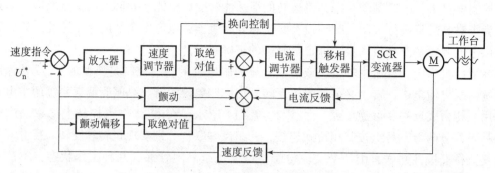

图 2-7-16　直流双环调速系统

速度调节器的作用是使电机转速 n 跟随给定电压 U_n^* 变化,保证转速稳态无静差,对负载变化起抗干扰作用。速度调节器输出限幅值决定电枢主回路的最大允许电流值 I_{dmax}。电流调节器的作用是对电网电压波动起及时抗干扰的作用:启动时保证获得允许的最大电流 I_{dmax};在转速调节过程中使电枢电流跟随其给定电压值变化;当电机过载甚至堵转时,即有很大的负载干扰时,可以限制电枢电流的最大值,从而起到快速的过载电流安全保护作用,如果故障消失,系统能自动恢复正常工作。

(2) PWM 调速系统

与晶闸管相比,功率晶体管控制电路简单,不需要附加关断电路,开关特性好。目前功率晶体管的耐压性能及制造工艺都已大大得到提高,因此,在中、小功率直流伺服系统中,PWM 调速控制系统已得到了广泛应用。

PWM 就是使功率晶体管工作于开关状态,开关频率保持恒定,用改变开关导通时间的方法来调整晶体管的输出,使电机两端得到宽度随时间变化的电压脉冲。当开关在每一周期内的导通时间随时间发生连续地变化时,电机电枢得到的电压平均值也随时间连续地发生变化,而由于内部的续流电路和电枢电感的滤波作用,电枢上的电流则连续地改变,从而达到调节电机转速的目的。

PWM 的基本原理如图 2-7-17 所示,若脉冲的周期固定为 T,在一个周期内高电平信号持续的时间(导通时间)为 T_{on},高电平信号持续的时间与脉冲周期的比值称为占空比 λ,则图中直流电机电压的平均值为

$$\overline{U}_a = \frac{1}{T}\int_0^T E_a = \frac{T_{on}}{T}E_a = \lambda E \qquad (2-7-5)$$

式中:E 为电源电压;

λ 为占空比,其表达式为

$$\lambda = \frac{T_{on}}{T}, \quad 0 < \lambda < 1 \qquad (2-7-6)$$

当电路中开关功率晶体管关断时,由二极管 VD 续流,电机便可以得到连续电流。实际的 PWM 系统先产生微电压脉宽调制信号,再由该脉冲信号去控制功率晶体管的导通与关断。

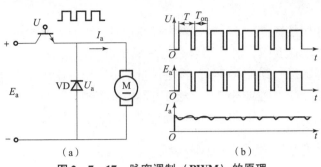

图 2-7-17 脉宽调制（PWM）的原理
(a) 原理图；(b) 控制电压、电枢电压和电流的波形

1) PWM 调速系统的组成原理

图 2-7-18 为 PWM 调速系统组成原理图。该系统由控制部分、功率晶体管放大器和全波整流器三部分组成。控制部分包括速度调节器、电流调节器、固定频率振荡器、三角波发生器、脉宽调制器和基极驱动电路。其中速度调节器和电流调节器与晶闸管调速系统相同，控制方法仍然是采用双环控制。不同部分是脉宽调制器、基极驱动电路和功率放大器。

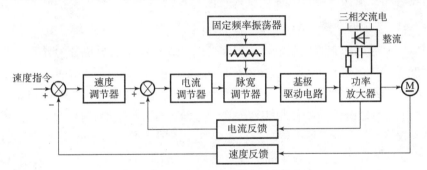

图 2-7-18 PWM 调速系统组成原理

与晶闸管调速系统相比，PWM 调速系统有以下特点。

①频带宽。晶体管的结电容小，截止频率高，比晶闸管高一个数量级，因此 PWM 调速系统的开关工作频率一般为 2 kHz，有的高达 5 kHz，使电流的脉动频率远远超过机械系统的固有频率，避免机械系统由于机电耦合产生共振。另外，晶闸管调速系统开关频率依赖于电源的供电频率，无法提高系统的开关工作频率，因此系统的响应速度受到限制。而 PWM 调速系统在与小惯量电机相匹配时，可充分发挥系统的性能，获得很宽的频带，使整体系统的响应速度增高，能实现极快的定位速度和很高的定位精度，适合启动频繁的工作场合。

②电流脉动小。电机为感性负载，电路的电感值与频率成正比，因而电流的脉动幅值随开关频率的升高而降低。PWM 调速系统的电流脉动系数接近于 1，电机内部发热小，输出转矩平稳，有利于电机低速运行。

③电源功率因数高。在晶闸管调速系统中，随导通角的变化，电源电流发生畸变，在工作过程中，电流为非正弦波，从而降低了功率因数，且给电网造成污染。这种情况导通角越小越严重。而 PWM 调速系统的直流电源相当于晶闸管导通角最大时的工作状态，功率因数可达 90%。

④动态硬度好。PWM 调速系统的频带宽校正伺服系统负载瞬时扰动的能力强，提高了系统的动态硬度，且具有良好的线性，尤其是接近零点处的线性好。

2) 脉宽调制器

脉宽调制器的作用是将电压量转换成可由控制信号调节的矩形脉冲,即为功率晶体管的基极提供一个宽度可由速度指令信号调节且与之成比例的脉宽电压。在 PWM 调速系统中,电压量为电流调节器输出的直流电压量。该电压量是由数控装置插补器输出的速度指令转化而来,经过脉宽调制器变为周期固定、脉宽可变的脉冲信号,脉冲宽度的变化随着速度指令而变化。由于脉冲周期不变,脉冲宽度的改变将使脉冲平均电压改变。

三、交流伺服电机及其速度控制系统

如前所述,由于直流电机具有优良的调速性能,因此长期以来,在调速性能要求较高的场合,直流电机调速一直占据主导地位。但是由于它的电刷和换向器的磨损,有时会产生火花。由于换向器由多种材料制成,制作工艺复杂,限制了电机的最高速度,且直流电机结构复杂,成本较高,所以在使用上受到一定的限制。而近年来交流电机的飞速发展,使它不仅克服了直流电机结构上存在整流子和电刷维护困难、造价高、寿命短、应用环境受限等缺点,同时又充分发挥了交流电机坚固耐用、经济可靠、动态响应好、输出功率大等优点。因此,在某些场合,交流伺服电机已逐渐取代直流伺服电机。

1. 交流伺服电机的分类与特点

在数控机床上应用的交流伺服电机一般都为三相。交流伺服电机分为异步型交流伺服电机(也称为交流异步电机)和同步型交流伺服电机(也称为交流同步电机)。

从建立所需气隙磁场的磁势源来说,同步型交流伺服电机可分为电磁式和非电磁式两大类。在后一类中又有磁滞式、永磁式和反应式多种。其中磁滞式和反应式交流同步电机存在效率低、功率因数差、制造容量不大等缺点。永磁式交流同步电机与电磁式交流同步电机相比,其优点是结构简单、运行可靠、效率高;缺点是体积大、启动特性欠佳。但采用高剩磁感应、高矫顽力的稀土类磁铁材料后,电机在外形尺寸、质量及转子惯量方面都比直流电机大幅度减小。与异步型交流伺服电机相比,由于同步型交流伺服电机采用永磁铁励磁消除了励磁损耗,所以效率高;其体积也比异步型交流伺服电机小。所以在数控机床进给驱动系统中多数采用永磁式交流同步电机。

异步型交流伺服电机相当于交流感应异步电机,它与同容量的直流伺服电机相比,重量轻,价格便宜。它的缺点是其转速受负载的变化影响较大,同时不能经济地实现范围较广的平滑调速,必须从电网吸收滞后的励磁电流,因而会使电网功率因数变坏。所以进给运动一般不用异步型交流伺服电机,而用在主轴驱动系统中。

(1) 永磁式交流同步电机

永磁式交流同步电机由定子、转子和检测元件三部分组成,其工作原理与电磁式交流同步电机的工作原理相同,即定子三相绕组产生的空间旋转磁场和转子磁场相互作用,带动转子一起旋转。所不同的是转子磁极不是由转子的三相绕组产生,而是由永久磁铁产生,其工作过程如图 2-7-19

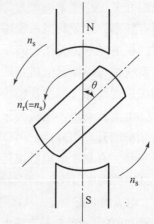

图 2-7-19 永磁式交流同步电机的工作原理

所示,当定子三相绕组通以交流电后产生一旋转磁场,这个旋转磁场以同步转速 n_s 旋转。根据磁极同性相斥、异性相吸的原理,定子旋转磁场与转子永久磁场磁极相互吸引,并带动转子一起旋转,因此转子也将以同步转速 n_s 旋转。当转子轴加上外负载转矩时,转子磁极的轴线将与定子磁极的轴线相差一个 θ 角,若负载越大,θ 也越大。只要外负载不超过一定限度,转子就会与定子旋转磁场一起旋转。若设转子转速为 n_r,则

$$n_r = n_s = \frac{60f_1}{p} \tag{2-7-7}$$

式中:f_1 为交流供电电源频率(定子供电频率),单位为 Hz;

p 为定子和转子的极对数。

永磁式交流同步电机的转速-转矩曲线如图 2-7-20 所示。曲线分为连续工作区和断续工作区两部分。在连续工作区内,速度与转矩的任何组合都可以连续工作。连续工作区的划分有两个条件:一是供给电机的电流是理想的正弦波;二是电机工作在某一特定的温度下。断续工作区的极限一般受到电机的供电限制。交流电机的机械特性一般要比直流电机硬。另外,断续工作区较大时,有利于提高电机的加、减速能力,尤其是在高速区。

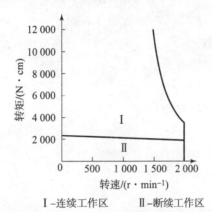

Ⅰ-连续工作区　　Ⅱ-断续工作区

图 2-7-20　永磁式交流同步电机的转速-转矩曲线

永磁式交流同步电机的缺点是启动难。这是由于转子本身的惯量、定子与转子之间的转速差过大,使转子在启动时所受的电磁转矩平均值为 0 所致,因此电机难以启动。解决的办法是在设计时设法减小电机的转动惯量,或在速度控制单元中采取先低速后高速的控制方法。

(2) 交流主轴电机

交流主轴电机是基于感应电机的结构而专门设计的。为增加输出功率、缩小电机体积,其通常采用定子铁芯在空气中直接冷却的方法,没有机壳,且在定子铁芯上做有通风孔。因此电机外形多呈多边形而不是常见的圆形。转子结构与普通感应电机相同。在电机轴尾部安装检测用的码盘。为了满足数控机床切削加工的特殊要求,也出现了一些新型主轴电机,如液体冷却主轴电机和内装主轴电机等。

交流主轴电机与普通感应式伺服电机的工作原理相同。由电工学原理可知,在电机定子的三相绕组通以三相交流电时,就会产生旋转磁场,这个磁场切割转子中的导体,导体感应电流与定子磁场相作用产生电磁转矩,从而推动转子转动,其转速为

$$n_r = n_s(1-s) = \frac{60f_1}{p}(1-s) \qquad (2-7-8)$$

式中：s 为转差率，其表达式为

$$s = (n_s - n_r)/n_s \qquad (2-7-9)$$

同感应式伺服电机一样，交流主轴电机需要转速差才能产生电磁转矩，所以电机的转速低于同步转速，转速差随外负载的增大而增大。

2. 交流电机控制方式

每台电机都有额定转速、额定电压、额定电流和额定频率。国产电机通常的额定电压是 220 V 或 380 V，额定频率为 50 Hz。当电机在额定值运行时，定子铁芯达到或接近磁饱和状态，电机温升在允许的范围内，电机连续运行时间可以很长。在变频调速过程中，电机运行参数发生了变化，这可能破坏电机内部的平衡状态，严重时会损坏电机。由电工学原理可知

$$U_1 \approx E_1 = 4.44 f_1 N_1 K_1 \Phi_m \qquad (2-7-10)$$

$$\Phi_m \approx \frac{1}{4.44 N_1 K_1} \frac{U_1}{f_1} \qquad (2-7-11)$$

$$T_m = C_M \Phi_m I_2 \cos \varphi_2 \qquad (2-7-12)$$

式中：N_1 为定子每相绕组匝数；

K_1 为定子每相绕组等效匝数系数；

U_1 为定子每相相电压；

E_1 为定子每相绕组感应电动势；

Φ_m 为每极气隙磁通量；

T_m 为电机电磁转矩；

C_M 为转矩常数；

I_2 为转子电枢电流；

φ_2 为转子电枢电流的相位角。

由于 N_1、K_1 为常数，Φ_m 与 U_1/f_1 成正比。当电机在额定参数下运行时，Φ_m 达到临界饱和值，即 Φ_m 达到额定值 Φ_{mN}。而在电机工作过程中要求 Φ_m 必须在额定值以内，所以 Φ_m 的额定值为界限，供电频率低于额定值 f_{1N} 时称为基频以下调速，高于额定值 f_{1N} 时称为基频以上调速。

（1）基频以下调速

由式（2-7-11）可知，当 Φ_m 处在临界饱和值不变时，降低 f_1，必须按比例降低 U_1，以保持 U_1/f_1 为常数。若 U_1 不变，则使定子铁芯处于过饱和供电状态，不但不能增加 Φ_m，而且会烧坏电机。

当在基频以下调速时，Φ_m 保持不变，即保持定子绕组电流不变，电机的电磁转矩 T_m 为常数，称为恒转矩调速，满足数控机床主轴恒转矩调速运行的要求。

（2）基频以上调速

在基频以上调速时，频率高于额定值 f_{1N}，受电机耐压的限制，相电压 U_1 不能升高，只能保持额定值 Φ_{mN} 不变。在电机内部，由于供电频率的升高使感抗增加，相电流降低使 Φ_m 减小，由式（2-7-12）可知输出转矩 T_m 减小，但因转速提高使输出功率不变，因此称为

恒功率调速，满足数控机床主轴恒功率调速运行的要求。当频率很低时，定子阻抗压降已不能忽略，必须人为地提高定子电压 U_1，用以补偿定子阻抗压降。图 2 – 7 – 21 为交流电机变频调速的特性曲线。

3. 交流伺服电机的变频调速

由式（2 – 7 – 8）和式（2 – 7 – 9）可见，只要改变交流伺服电机的供电频率，即可改变交流伺服电机的转速，所以交流伺服电机调速应用最多的是变频调速。

变频调速的主要环节是为电机提供频率可变电源的变频器。变频器可分为交 – 交变频器和交 – 直 – 交变频器两种，如图 2 – 7 – 22 所示。交 – 交变频利用可控硅整流器直接将工频交流电（频率 50 Hz）变成频率较低的脉动交流电，正组输出正脉冲，反组输出负脉冲，这个脉动交流电的基波就是所需的变频电压。但这种方法所得到的交流电波动比较大，而且最大频率即为变频器输入的工频电压频率。交 – 直 – 交变频方式是先将交流电整流成直流电，然后将直流电压变成矩形脉冲波电压，这个矩形脉冲波的基波就是所需的变频电压。这种变频方式所得交流电的波动小，变频范围比较宽，调节线性度好。数控机床上常采用交 – 直 – 交变频调速。在交 – 直 – 交变频器中，根据中间直流电压是否可调，可分为中间直流电压可调 PWM 变频器和中间直流电压固定的 PWM 变频器；根据中间直流电路上的储能元件是大电容还是大电感，可分为电压型变频器和电流型变频器。

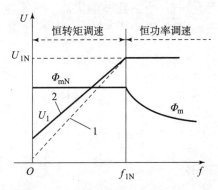

图 2 – 7 – 21　交流电机变频调速的特性曲线
1—不带定子阻抗压降补偿；2—带定子阻抗压降补偿

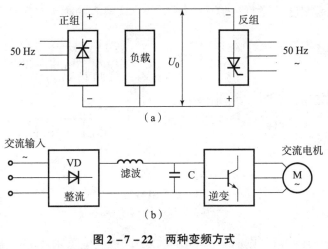

图 2 – 7 – 22　两种变频方式
（a）交 – 交变频；（b）交 – 直 – 交变频

SPWM（Sinusoidal PWM）变频器是目前应用最广、最基本的一种交 – 直 – 交型电压变频器，也称为正弦波 PWM 变频器，具有输入功率因数高和输出波形好等优点，不仅适用于永磁式交流同步电机，也适用于交流感应异步电机，在交流调速系统中获得广泛应用。

SPWM 变频器是用来产生正弦脉宽调制波,如图 2-7-23 所示,正弦脉宽调制波的形成原理是把一个正弦半波分成 N 等份,然后把每一等份的正弦曲线与横坐标所包围的面积都用一个与此面积相等的矩形脉冲来代替,这样可得到 N 个等高而不等宽的脉冲。这 N 个脉冲对应着一个正弦波的半周。对正弦波的负半周也采取同样处理,得到相应的 $2N$ 个脉冲,这就是与正弦波等效的正弦脉宽调制波,即 SPWM 波。

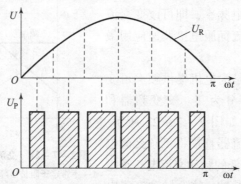

图 2-7-23 与正弦波等效的正弦脉宽调制波

SPWM 波形可采用模拟电路、以"调制"方法实现。SPWM 波是用脉冲宽度不等的一系列矩形脉冲去逼近一个所需要的电压信号,它是利用三角波电压与正弦参考电压相比较,以确定各分段矩形脉冲的宽度。图 2-7-24(a)所示为 SPWM 波的电路原理,在电压比较器 Q 的两输入端分别输入正弦波参考电压 U_R 和频率与幅值固定不变的三角波电压 $U_\triangle$,在 Q 的输出端得到 SPWM 调制电压脉冲。SPWM 脉冲宽度确定可由图 2-7-24(b)看出,当 $U_\triangle < U_R$ 时,Q 输出端为高电平;而 $U_\triangle > U_R$ 时,Q 输出端为低电平。U_R 与 $U_\triangle$ 的交点之间的距离随正弦波的大小而变化,而交点之间的距离决定了比较器 Q 输出脉冲的宽度,因而可以得到幅值相等而宽度不等的 SPWM 信号 U_P,且该信号的频率与三角波电压 $U_\triangle$ 相同。

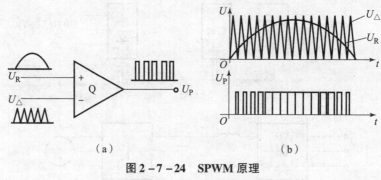

图 2-7-24 SPWM 原理
(a)电路原理;(b)SPWM 脉冲的形成

要获得三相 SPWM 波形,则需要 3 个互成 120°的控制电压 U_A、U_B、U_C 分别与同一三角波比较,获得 3 路互成 120°的 SPWM 波 U_{0A}、U_{0B}、U_{0C},如图 2-7-25 所示为三相 SPWM 控制电路框图,而三相控制电压 U_A、U_B、U_C 的幅值和频率都是可调的。三角波频率为正弦波频率 3 倍的整数倍,保证了三路脉冲调制波形 U_{0A}、U_{0B}、U_{0C} 和时间轴所组成的面积随时间的变化互成 120°相位角。

三相电压型 SPWM 变频器的主回路(又称三相逆变电路)如图 2-7-26 所示。该回路由两部分组成,即左侧的桥式整流电路和右侧的变频器电路,变频器是其核心。桥式整流电路的作用是将三相工频交流电变成直流电;而变频器的作用则是将整流电路输出的直流电压逆变成三相交流电,驱动电机运行。直流电源并联有大容量电容器件 C_d,由于存在这个大电容,直流输出电压具有电压的特性,内阻很小,这使变频器的交流输出电压被钳位为矩形波,与负载性质无关,交流输出电流的波形与相位则由负载功率因数决定。在异步电机变频调速系统中,这个大电容同时又是缓冲负载无功功率的储能元件。直流回路电感 L_d 起限流作用,电感量很小。

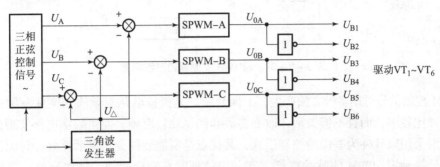

图 2-7-25 三相 SPWM 控制电路框图

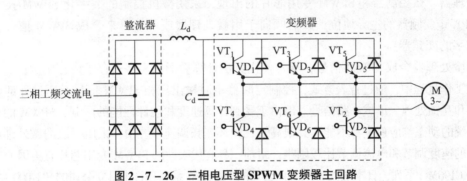

图 2-7-26 三相电压型 SPWM 变频器主回路

三相逆变电路由 6 只具有单向导电性的大功率开关管 $VT_1 \sim VT_6$ 组成。每只功率开关上反并联一只续流二极管,即图中的 $VD_1 \sim VD_6$,为负载的电流滞后提供一条反馈到电源的通路。6 只功率开关管每隔 60°电角度导通一只,相邻两只的功率开关相差 120°导通,一个周期共换向 6 次,对应 6 个不同的工作状态(又称为六拍)。根据功率开关导通持续的时间不同,可以分为 180°导通型和 120°导通型两种工作方式。导通方式不同,输出电压波形也不同。

图 2-7-27 为 SPWM 变频调速系统框图。速度(频率)给定器给定信号,用以控制频率、电压及正/反转;平稳启动回路使启动加/减速时间可随机械负载情况设定达到软启动目的;函数发生器是为了在输出低频信号时保持电机气隙磁通一定,补偿定子电压降的影响而设。电压频率变换器将电压信号转换成具有一定频率的脉冲信号,经分频器、环形计数器产生方波,和经三角波发生器产生的三角波一并送入调制回路;电压调节器和电压检测器构成闭环控制,经电压调节器产生频率与幅值可调的控制正弦波,送入调制回路;在调制回路中进行 SPWM 变换产生三相的脉冲宽度调制信号;在基极回路中输出信号至功率晶体管基极,即对 SPWM 的主回路进行控制,实现对电磁交流伺服电机的变频调速;电流检测器进行过载保护。

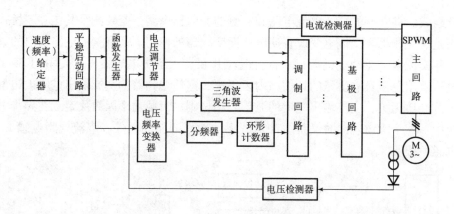

图 2-7-27　SPWM 交频调速系统框图

SPWM 控制信号可用多种方法产生，上面介绍的是模拟电路实现的 SPWM 变频，其缺点是所需硬件比较多，而且不够灵活，改变参数和调试比较麻烦。而由数字电路实现的 SPWM 变频器，则采用以软件为基础的控制模式，其优点是所需硬件少、灵活性好、智能性强，但需要通过计算确定 SPWM 的脉冲宽度，有一定的延时和响应时间。随着高速、高精度多功能微处理器、微控制器和 SPWM 专用芯片的出现，采用微机控制的数字化 SPWM 技术已占当今 SPWM 变频器的主导地位，人们倾向于用微处理器或单片机来合成 SPWM 信号，生产出全数字的变频器。

用微处理器合成 SPWM 信号，通常使用算法计算后形成表格，存于内存中。

在工作过程中，通过查表方式，控制定时器定时输出三相 SPWM 信号，通过外部硬件电路延时和互锁处理，形成 6 路信号。但由于受到计算速度和硬件性能的限制，SPWM 的调制频率及系统的动态响应速度都不能达到很高。在闭环变频调速系统中，采用一般的微处理器实现纯数字的速度调节和电流调节比较困难。目前，具有代表性的 SPWM 专用芯片有美国 INTEL 公司的 8XC196MC 系列、日本电气（NEC）公司的 PD78336 系列和日本日立公司的 SH7000 系列。

四、位置控制

闭环和半闭环伺服系统的位置控制可以由 CNC 装置的软件实现，也可以由 CNC 装置以外的专用装置实现。实现位置控制的专用装置有全硬件伺服系统，也有全数字伺服系统。在全数字伺服系统中，使用一个或多个微处理器为控制核心，通过软件实现伺服系统的所有控制功能。采用全数字伺服系统配合 CNC 装置实现位置控制，是数控机床伺服系统的发展方向，实践中已被广泛采用。

1. 数字脉冲比较伺服系统

目前，数控系统使用的全硬件伺服系统多为数字脉冲比较伺服系统。在数字脉冲比较伺服系统中，指令位移和实际位移均采用数字脉冲或数码表示，采用数字脉冲比较的方法构成位置闭环控制。这种系统的优点是结构比较简单，易于实现数字化控制，其控制性能优于相位和幅值伺服系统。在半闭环控制的数字脉冲比较伺服系统中，多使用脉冲编码器或绝对值编码器作为检测元件；在闭环控制的数字脉冲比较伺服系统中，多使用光栅或绝对值磁尺、绝对值光电编码尺作为检测元件。

下面以采用脉冲编码器作为检测元件的半闭环数字脉冲比较伺服系统为例,说明位置控制工作原理。其系统框图如图2-7-28所示。

脉冲编码器与伺服电动机的转轴(或滚动丝杠、齿轮轴等)连接,随着伺服电动机的转动产生反馈脉冲序列P_F,其脉冲个数与转角位移成正比,脉冲频率与转速成正比。CNC装置插补运算输出的进给指令脉冲序列为P_C。指令脉冲与反馈脉冲分别由各自的数字脉冲与数码转换器转换为数值(如采用可逆计数器对输入脉冲进行计数,并以数值输出),指令脉冲序列对应数值S_C,反馈脉冲序列对应数值S_F。比较器为减法器(全加器),实现偏差运算,得到位移偏差$e = S_C - S_F$。当执行部件处于静止状态时,如果指令脉冲S_C为0,这时反馈脉冲S_F也为0,位移偏差e为0,速度指令为0,工作台保持静止不动。随着指令脉冲的输出,$S_C \neq 0$,在执行部件尚未移动之前,反馈脉冲S_F仍为0,这时比较器输出的位移偏差$e \neq 0$。若指令脉冲为正向进给脉冲$e > 0$,经数/模转换器(D/A)转换后,再经位置调节器、速度控制单元驱动伺服电机正向转动,带动执行部件正向运动。随着伺服电机转动,脉冲编码器产生反馈脉冲,S_F增大,只要$S_F \neq S_C$,就有$e > 0$,伺服电动机继续运转,直到$S_F = S_C$,即反馈脉冲个数等于指令脉冲个数时,即$e = 0$,工作台停在指令规定的位置上。如果插补器继续输出正向运动指令脉冲,执行部件继续正向运动。当指令脉冲为反向运动脉冲时,控制过程与正向进给时基本相同,只是偏差$e < 0$,工作台反向进给。

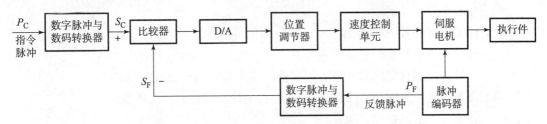

图2-7-28 半闭环数字脉冲比较伺服系统框图

在数字脉冲比较伺服系统中,实现位置比较涉及两个主要器件,即比较器和数字脉冲与数码转换器。数字脉冲比较伺服系统使用的比较器有多种结构,常用的有数值比较器、数字脉冲比较器和数值与数字脉冲比较器。

CNC装置插补运算输出的指令信号和测量装置的反馈信号,可以是脉冲序列的形式,也可以是数码形式。当其信号形式与使用的比较器要求的输入形式一致时,可直接输入;不一致时,应进行信号形式上的转换,使用的器件统称为数字脉冲与数码转换器。数字脉冲与数码转换器有两类,一是数字脉冲-数码转换器,可将数字脉冲转化为数值;二是数码-数字脉冲转换器,可将数值转化为数字脉冲。

2. 全数字伺服系统

全数字伺服系统用计算机软件来实现伺服系统全部信息处理和控制功能,主要包括位置环、速度环和电流环中控制任务的实现。全数字伺服系统可以包括位置环控制,也可以将位置环控制任务交给CNC装置由软件完成。

全数字伺服系统在硬件构成上可以使用一个微处理器完成所有控制任务,也可以使用多个微处理器将控制任务分解为位置控制、速度控制和电流控制、SPWM等几部分,各部分控制功能采用单独的微处理器构成相应的功能模块分别加以实现。

全数字伺服系统的微处理器主要采用 DSP（Digital Signal Processor）或通用的单片机，也可直接采用工业 PC 机作为全数字伺服系统控制器。

全数字伺服系统具有以下特点。

①采用现代控制理论，通过计算机软件实现最优控制。

②是一种离散系统，离散系统的校正环节（如比例、积分、微分控制，即 PID 控制）可由软件实现。由位置、速度和电流构成的三环反馈全部实现数字化，各控制参数可以用数字形式设定，非常灵活方便。尤其是可以利用计算机良好的人机界面进行图形化调试，并将伺服系统调试后的性能结果定量显示出来。

③在检测灵敏度、时间漂移、噪声、温度漂移及抗外部干扰等方面都优于模拟伺服系统和模拟数字混合伺服系统。

④高速度、高性能的微处理器的运用，使运算速度大幅提高，也使得全数字伺服系统具有较高的动、静态精度。

⑤控制技术的软件化和硬件的通用化使伺服控制装置的成本大大降低，互换性提高。

目前，全数字伺服系统已获得广泛应用，将成为伺服系统的主流。

习题与思考题

2-1　CNC 系统由哪几部分组成？各部分功用是什么？

2-2　计算机数控装置一般能实现哪些基本功能？

2-3　单微处理器计算机数控装置的硬件结构由哪几部分组成？

2-4　多微处理器 CNC 装置的两种典型结构是什么？各有什么特点？

2-5　什么是开放式数控系统？

2-6　CNC 系统软件一般由哪些模块组成？简述各模块的工作过程。

2-7　CNC 系统软件的结构特点有哪些？请举例说明。

2-8　数控机床的可编程序控制器（PLC）一般用于控制数控机床的哪些功能？

2-9　何谓插补？有哪两大类插补算法？它们是如何实现的？各有什么特点？

2-10　试画出逐点比较法直线插补和圆弧插补的程序框图。

2-11　试用逐点比较法对下列直线和圆弧进行插补计算，并根据插补计算结果画出实际运动轨迹，其中坐标值为脉冲当量数。

1) 在 XOY 平面内的直线 $\overline{OA}$，坐标为 $O(0,0)$、$A(4,-3)$；

2) 在 XOZ 平面内的圆弧 $\overset{\frown}{AE}$，坐标为 $A(3,0)$、$E(0,3)$，圆心在 $O(0,0)$。

2-12　何谓刀位点？何谓刀补？何谓刀补号？何谓刀补值？

2-13　刀具位置补偿的作用和原理是什么？

2-14　刀具长度补偿的作用和原理是什么？

2-15　刀具半径补偿的作用和原理是什么？

2-16　开环、半闭环、闭环伺服系统的根本区别在哪里？分别说明它们的特点。

2-17　简述反应式步进电机的工作原理。

2-18　指出你知道的实现环形脉冲分配的方法？

2-19 了解驱动步进电机的高低电压功率放大电路的工作原理。
2-20 简述永磁式直流伺服电动机的特点。
2-21 简述 PWM 的基本原理。
2-22 简述永磁式直流伺服电动机的 PWM 调速系统的组成和工作原理。
2-23 简述永磁式同步型交流伺服电动机的结构和工作原理。
2-24 SPWM 调制原理是什么?
2-25 了解全数字伺服系统的原理、特点和发展。

第三章 数控加工与程序编制基础

第一节 概 述

数控机床是一种自动化程度高、结构复杂的加工设备,它严格按照加工程序自动地对被加工工件进行加工。

数控加工(Numerical Control Machining)是指在数控机床上进行零件加工的一种工艺方法,数控机床加工与传统机床加工的工艺规程从总体上说是一致的,但也发生了明显的变化。数控加工由控制系统发出指令使刀具作符合要求的各种运动,以数字和字母形式表示工件的形状和尺寸等技术要求和加工工艺要求。它是解决零件品种多变、批量小、形状复杂、精度高等问题和实现高效化和自动化加工的有效途径。

数控加工的优点有:①大量减少工装数量,加工形状复杂的零件不需要复杂的工装,如要改变零件的形状和尺寸,只需要修改零件加工程序,适用于新产品研制和改型;②加工质量稳定,加工精度高,重复精度高,适应飞行器的加工要求;③多品种、小批量生产情况下生产效率较高,能减少生产准备、机床调整和工序检验的时间,而且由于使用最佳切削量而减少了切削时间;④可加工常规方法难于加工的复杂型面,甚至能加工一些无法观测的加工部位。数控加工的缺点是机床设备费用昂贵,要求维修人员具有较高水平。

数控系统的种类繁多,它们使用的数控程序语言规则和格式也不尽相同,本书以ISO国际标准为主来介绍加工程序的编制方法。当针对某一台数控机床编制加工程序时,应该严格按机床编程手册中的规定进行程序编制。

一、数控程序编制的概念

数控机床按照事先编制好的加工程序,自动对被加工工件进行加工。把工件的加工工艺路线、工艺参数,刀具的运动轨迹、位移量、切削参数(主轴转速、进给量、切削深度等)以及辅助功能(换刀、主轴正反转、切削液开/关等)按照数控机床规定的指令代码及程序格式编写成加工程序单,输入到数控机床的数控装置中,从而控制机床加工工件。从工件图样分析到获得数控机床所需控制介质的全过程称为数控程序编制(简称数控编程)。

二、数控编程的步骤

数控编程是指从工件图样到获得数控加工程序的全部工作过程,其编程步骤为:分析工件图样和制定工艺方案、数值计算、编写工件加工程序、制作控制介质、程序校验与首件试切,如图3-1-1所示。

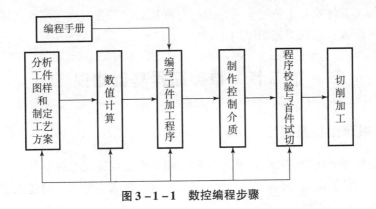

图 3-1-1 数控编程步骤

1. 分析工件图样和制定工艺方案

分析工件图样和制定工艺方案的目的，是确定加工方法、制订加工计划，以及确认与生产组织有关的问题，此步骤的内容包括：

①确定加工所用的机床；

②确定装夹方法；

③确定采用何种刀具或采用多少把刀进行加工；

④确定加工路线，即选择对刀点、程序起点（又称加工起点，加工起点常与对刀点重合）、走刀路线、程序终点（程序终点常与程序起点重合）；

⑤确定切削深度和宽度、进给速度、主轴转速等切削参数；

⑥确定加工过程中是否需要提供冷却液、是否需要换刀、何时换刀等。

2. 数值计算

根据已确定的加工路线和加工误差，计算刀具中心（或刀尖）运行轨迹数据。数值计算的复杂程度取决于工件的复杂程度和数控系统的功能。对于由直线和圆弧组成的简单轮廓，只需计算出几何元素的交点或切点、起点、终点和圆弧的圆心坐标等，这可由人工来完成。对于形状较复杂的工件，如非圆曲线等，就需要用直线段或圆弧段来逼近求节点（逼近线段与非圆曲线的交点）坐标，这需要借助计算机和专门软件来进行计算。

3. 编写工件加工程序

根据工艺过程、数值计算结果以及辅助操作要求，按照数控系统要求的程序格式和代码格式编写出加工程序。

4. 制作控制介质

加工程序编写完成后，编程者或机床操作者可通过 CNC 机床的操作面板，在 EDIT 方式下直接将程序信息键入 CNC 系统程序存储器中；也可以根据 CNC 系统输入/输出装置的不同，先将程序单的程序制作成或转移至某种控制介质，再通过输入/输出装置，将控制介质上的程序信息输入到 CNC 系统程序存储器中。

5. 程序校验与首件试切

为了保证工件加工的正确性，数控程序必须经过校验和试切才能用于正式加工。通常可以采用机床空运行和模拟加工的方法来检查加工程序，但这些方法不能检验被加工工件的精度。要检验被加工工件的加工精度,通常通过首件试切,若发现加工精度达不到要求,应分析其误差产生的原因,采取措施加以纠正。

第二节 数控编程基础知识

一、数控机床坐标系规定

为了准确地描述机床的运动、简化程序的编制方法及保证记录数据的互换性,目前国际上数控机床的坐标轴和运动方向均已实现标准化。掌握机床坐标系是具备人工设置编程坐标系和机床加工坐标系的基础。

我国颁布的行业标准 JB/T 3051—1999 中规定了数控机床坐标和运动方向的命名规则。

1. 坐标和运动方向的命名规则

数控机床的进给运动是相对的,有的是刀具相对于工件运动(如数控车床),有的是工件相对于刀具运动(如数控铣床)。无论机床采用什么形式,都假设工件静止,而刀具是运动的。这样编程人员在不考虑机床上工件与刀具具体运动的情况下,就可以依据工件图样确定机床的加工过程。

2. 标准坐标系(机床坐标系)的规定

在数控机床上加工工件,机床的动作由数控系统的指令来控制。为了确定机床的运动方向和移动距离,必须在机床上建立一个坐标系,这个坐标系称为标准坐标系,也称为机床坐标系。

机床坐标系中 X、Y、Z 坐标轴的相互关系用右手笛卡儿直角坐标系决定,如图 3-2-1 所示。它规定了 X、Y、Z 三个坐标轴的关系:用右手的拇指、食指和中指分别代表 X、Y、Z 三轴,三个手指互相垂直,所指方向分别为 X、Y、Z 轴的正方向。围绕 X、Y、Z 各轴的回转运动分别用 $+A$、$+B$、$+C$ 表示,其正方向用右手螺旋定则确定。

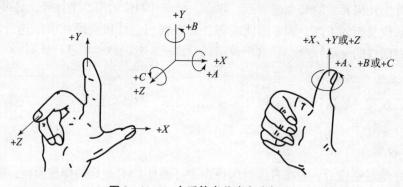

图 3-2-1 右手笛卡儿直角坐标系

3. 运动方向的规定

运动的正方向是使刀具与零件之间距离增大的方向。

二、坐标轴方向的确定

先确定坐标轴 Z,再确定坐标轴 X,然后确定坐标轴 Y,最后确定回转轴 A、B、C。

1. 坐标轴 Z

坐标轴 Z 的运动方向是由传递切削动力的主轴所决定的，即与主轴轴线平行的标准坐标轴为坐标轴 Z（简称 Z 轴），其正向为刀具离开工件的方向。

2. 坐标轴 X

坐标轴 X（简称 X 轴）平行于工件的装夹平面，一般在水平面内，并垂直于 Z 轴。确定 X 轴的方向时需分两种情况考虑。

①如果工件做旋转运动，则刀具离开工件的方向为 X 轴的正方向。

②如果刀具做旋转运动，则分为两种情况：坐标轴 Z 竖直时，观察者面对刀具主轴向立柱看，+X 运动方向指向右方；坐标轴 Z 水平时，观察者沿刀具主轴向工件看，+X 运动方向指向右方。

3. 坐标轴 Y

确定 X、Z 轴的正方向后，按照右手直角坐标系来确定坐标轴 Y（简称 Y 轴）的方向。常用数控车床和数控铣床的坐标系及方向如图 3-2-2 所示（图中 XYZ 为刀具相对于工件运动的坐标系，X'Y'Z' 为工件相对于机床运动的坐标系），常用判断方法如图 3-2-3 所示。

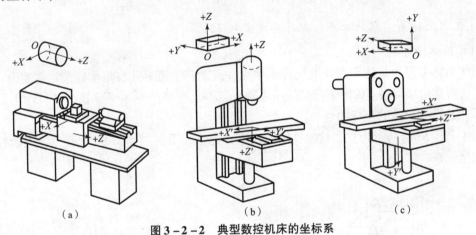

图 3-2-2 典型数控机床的坐标系
(a) 卧式车床；(b) 立式铣床；(c) 卧式铣床

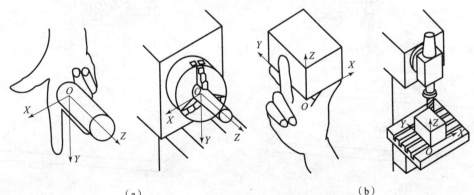

图 3-2-3 典型数控机床的坐标系判断方法
(a) 卧式车床坐标系判断；(b) 立式铣床坐标系判断

4. 回转轴 A、B、C

根据已确定的 X、Y、Z 轴,用右手螺旋定则确定回转轴 A、B、C 的方向。判断方法见图 3-2-4。

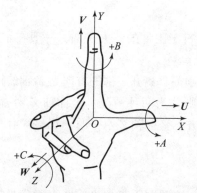

图 3-2-4 数控机床回转轴 A、B、C 方向的判断方法

三、数控机床坐标系

1. 机床坐标系、机床原点、机床参考点

（1）机床坐标系

机床坐标系是以机床原点 O 为坐标系原点并遵循右手笛卡儿直角坐标系建立的由 X、Y、Z 轴组成的直角坐标系。机床坐标系是用来确定工件坐标系的基本坐标系,是机床上固有的坐标系,并设有固定的坐标原点。

图 3-2-5(a) 所示为立式数控铣床的机床坐标系,图 3-2-5(b) 所示为卧式数控铣床的机床坐标系。

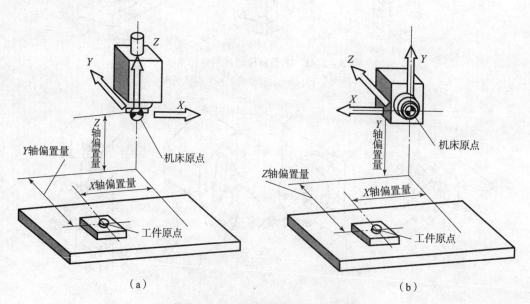

图 3-2-5 数控铣床的机床坐标系
(a) 立式数控铣床的机床坐标系；(b) 卧式数控铣床的机床坐标系

通常数控车床中,根据刀架相对工件的位置,其机床坐标系可分为前置刀架(上位刀架)和后置刀架(下位刀架)两种形式,图3-2-6(a)所示为普通数控车床的机床坐标系(前置刀架式),图3-2-6(b)所示为带卧式刀塔的数控车床的机床坐标系(后置刀架式)。前、后置刀架式数控车床的机床坐标系中,X轴的方向正好相反,而Z轴的方向是相同的。

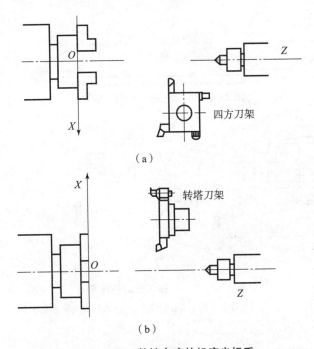

图3-2-6 数控车床的机床坐标系
(a) 前置刀架式;(b) 后置刀架式

(2) 机床原点

数控机床上有一个基准位置称为机床原点或机械原点,机床原点位置由机床设计和制作单位确定,通常不允许用户改变,它是制造和调整机床的基础。

(3) 机床参考点

机床参考点是机床坐标系中一个固定不变的位置点,是用于对机床运动进行检测和控制的点,大多数机床将刀具沿其坐标轴正向运动的极限点作为参考点,其位置用机械行程挡块来确定。参考点位置在机床出厂时已调整好,一般不作变动,必要时可通过设定参数或改变机床上各挡块的位置来调整。机床坐标系是通过回参考点操作来确定的。

数控铣床的机床原点一般都设在机床参考点上,如图3-2-7所示。数控铣床的机床参考点是用于对机床工作台(或滑板)与刀具相对运动的测量系统进行定位与控制的点,一般都是设定在各轴正向行程极限点的位置上。该位置是在每个轴上用挡块和限位开关精确地预先调整好的,它相对于机床原点的坐标是一个已知数,一个固定值。

数控车床的机床原点可以位于卡盘端面与主轴中心线的交点处,即卡盘中心,如图3-2-8(a)所示,也可与机床参考点重合如图3-2-8(b)所示。

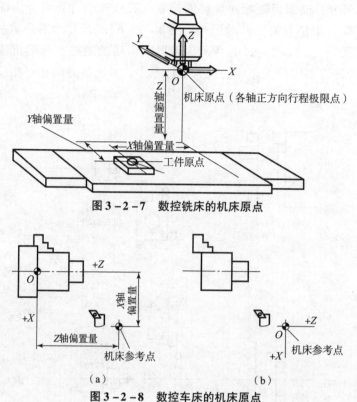

图 3-2-7 数控铣床的机床原点

图 3-2-8 数控车床的机床原点
(a) 机床原点位于卡盘中心；(b) 机床原点与机床参考点重合

（4）机床坐标系的建立

通常在数控机床启动时，要进行机动或手动回参考点操作。对于将机床原点设在机床参考点上的数控机床，机床参考点在机床坐标系中的各坐标值均为 0，由此通常把回参考点的操作称为"机械回零"。回参考点除了用于建立机床坐标系外，还可用于消除漂移、变形等引起的误差，机床使用一段时间后，工作台会造成一些漂移，使加工有误差，进行回参考点操作就可以使机床的工作台回到准确位置，消除误差。所以在机床加工前也需进行回机床参考点的操作。

2. 工件坐标系、编程原点

（1）工件坐标系

编程人员在编程时根据零件图样及加工工艺设定的坐标系称为工件坐标系，也称为编程坐标系。图 3-2-9(a) 所示为数控铣床上的工件坐标系，图 3-2-9(b) 所示为数控车床上的工件坐标系。编程人员根据工件坐标系编程，编程时不必考虑工件在机床中的实际装夹位置，但工件坐标系与机床坐标系的坐标轴方向一致。

（2）编程原点

工件坐标系的原点称为工件原点或编程原点。编程原点由编程人员综合考虑编程计算、机床调整、刀具和毛坯情况来确定，一般为零件图样上最重要的设计基准点，在图中用符号 ⊕ 表示。

编程原点在工件上的位置虽可由编程员任意选择，但一般应遵循下列原则：

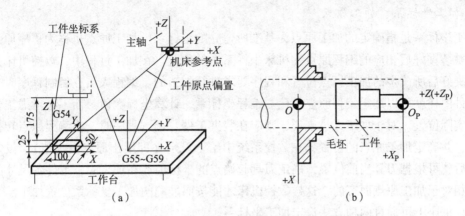

图 3-2-9 工件坐标系与机床坐标系的位置关系
(a) 数控铣床上的工件坐标系；(b) 数控车床上的工件坐标系

① 应尽量选在工件的设计基准或工艺基准上；
② 应尽量选在尺寸精度高、表面粗糙度值小的工件表面上；
③ 要便于测量和检验；
④ 最好选在工件的对称中心上。

车削加工的编程原点一般选在主轴中心线与工件右端面（或左端面）的交点处，如图 3-2-10 所示。铣削加工时，X、Y 轴方向的工件原点一般选在进给方向一侧工件外轮廓表面的某个角上或对称中心上，如图 3-2-11 所示；Z 轴方向的工件原点，一般设在工件顶面。

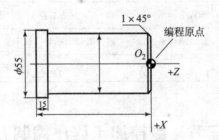

图 3-2-10 车削加工的编程原点

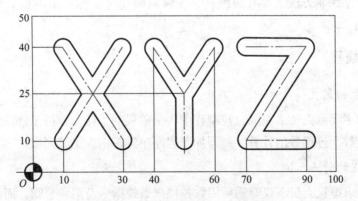

图 3-2-11 铣削加工的编程原点

3. 加工坐标系、加工原点

加工坐标系是指确定的加工原点为基准所建立的坐标系。加工原点也称为程序原点，是指工件被装夹好后相应的编程原点在机床坐标系中的位置。在加工过程中，数控机床是按照工件装夹好后所确定的加工原点位置和程序要求进行加工的。编程人员在编制程序时，只要根据工件图样就可以选定编程原点、建立编程坐标系、计算坐标数值，而不必考虑工件毛坯装夹的实际位置。对于加工人员来说，则应在装夹工件、调试程序时，将编程原点转换为加工原点，并确定加工原点的位置，在数控系统中给予设定（即给出原点设定值），设定加工坐标系后就可根据刀具当前位置，确定刀具起始点的坐标值。在加工时，工件各尺寸的坐标值都是相对于加工原点而言的，这样数控机床才能按照准确的加工坐标系位置加工。

数控机床上可通过两种方法设定加工坐标系。

（1）通过 G54～G59 设定加工坐标系

通过 G54～G59 所设定的坐标系必须在程序中体现。G54 对应一号工件坐标系，其余的以此类推。可在 MDI（Manual Data Input）方式的参数设置页面中设定加工坐标系。

（2）通过 G92 设定加工坐标系

在程序中出现 G92 程序段时，即通过刀具当前所在位置（刀具起始点）来设定加工坐标系。表 3-2-1 为各类原点、坐标系，以及它们的作用。

表 3-2-1 数控机床上各类原点、坐标系及作用

原点	坐标系	作用	建立
机床原点	机床坐标系	制造、安装、调试的基准点	机床厂家
编程原点	编程坐标系	方便编程，简化计算	编程人员
加工原点	加工坐标系	建立编程坐标系和机床坐标系的统一	加工人员
机床参考点		回参考点，建立机床坐标系	机床厂家

第三节 数控加工程序编制方法

数控加工程序编制方法主要有两种：手工编制程序（简称手工编程）和自动编制程序（简称自动编程）。

一、手工编程

1. 手工编程的定义

手工编程指主要由人工来完成数控编程中各个阶段的工作。分析工件图样、制定工艺路线、选用工艺参数、进行数值计算、编写加工程序单等都由人工来完成。

2. 手工编程的特点

手工编程要求编程人员不仅熟悉所用数控机床数控指令及编程规则，而且还要具备一定的数控加工工艺知识和数值计算能力。一般而言，对于形状简单的工件，因其计算量小、程

序短，用手工编程快捷、简便、经济。所以手工编程广泛用于点位加工，或由直线与圆弧组成的平面轮廓。机床现场调试也都是用手工编程的方法进行。

手工编程的缺点是：耗费时间较长、容易出现错误、无法胜任复杂形状零件的编程。据国外资料统计，当采用手工编程时，一段程序的编写时间与其在机床上运行加工的实际时间之比，平均约为30:1，而数控机床不能开动的原因中有20%~30%是由于加工程序编制困难，编程时间较长。

二、自动编程

1. 自动编程的定义

自动编程又称为计算机辅助编程，是指除了分析工件图样和制定工艺方案由人工进行外，其他过程利用计算机（含外围设备）和相应的前置、后置处理程序对工件加工源程序或几何造型进行处理，以得到加工程序和数控工艺文档的一种编程方法。

自动编程时，编程人员只需根据图样的要求，使用数控语言编写出工件加工源程序，送入计算机，由主计算机自动地进行数值计算，前置、后置处理，编写出工件加工程序单，直至自动生成加工代码。

2. 自动编程的方法

自动编程是通过数控自动编程系统实现的。图3-3-1所示为自动编程系统，自动编程系统有硬件及软件两部分。硬件主要有计算机、绘图机、打印机、程序传输设备及其他一些外围设备；软件即计算机编程系统，又称编译软件。常见CAD/CAM软件有MasterCAM、Pro/ENGINEER、UG、CAXA、Cimatron等。自动编程的工作流程如图3-3-2所示。

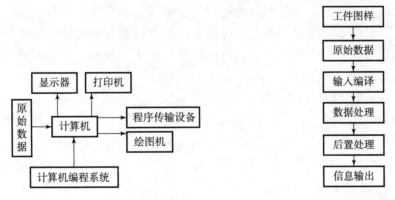

图3-3-1 数控自动编程系统　　图3-3-2 自动编程的工作流程

（1）原始数据

原始数据描述了被加工工件的所有信息，包括工件的形状、尺寸和几何要素之间的相互关系，刀具运动轨迹和工艺参数等。随着自动编程技术的发展，原始数据可以是用数控语言编写的工件加工源程序，也可以是工件的图样信息，还可以是操作者发出的指令、声音等。

（2）输入编译

原始数据以某种方式输入计算机后，计算机并不能立即识别和处理，必须通过一套预先存放在计算机中的编程系统将它编译成计算机能够识别和处理的信息。

(3) 数据处理

数据处理主要是根据已经编译的信息计算出刀具实际的运动轨迹。编译和计算合称为前置处理。

(4) 后置处理

后置处理就是编程系统将前置处理的结果处理成具体的数控机床所需要的输入信息，即形成工件加工的数控程序。

后置处理的目的是形成数控指令文件。由于各种机床所用的系统不一样，所以采用的数控指令文件的代码和格式也有所不同。为解决这一问题，软件中通常设置一个后置处理文件。在进行后置处理前，编程人员需对该文件进行编辑，按文件规定的格式定义数控指令文件所需使用的代码、程序格式、圆整计算方式等内容。软件在执行后置处理命令时将自动按设计文件定义的内容输出所需的数控指令文件。

(5) 信息输出

将后置处理得到的程序信息制成控制介质，用于数控机床的输入。对于有标准通信接口的机床可用通信线与计算机直接相连，实现计算机与机床控制系统的程序相互传输，或边输入边加工，即在线加工；还可利用打印机打印工件加工程序单。

3. 自动编程的主要特点

(1) 数学处理能力强

对轮廓形状不是由简单的直线、圆弧组成的复杂零件，特别是空间曲面零件，以及几何要素虽不复杂但程序量很大的零件，计算工作相当烦琐，采用手工编制程序的方法是难以完成的。例如，对一般二次曲线廓形，手工编程必须采取直线或圆弧逼近的方法算出各节点的坐标值，虽说能借助计算器进行计算，但其中列算式、解方程的工作量之大是难以想象的。而自动编程借助于系统软件强大的数学处理能力，计算机能自动计算出加工该曲线的刀具轨迹，快速而又准确。自动编程系统还能处理手工编程难以胜任的二次曲面和特殊曲面。

(2) 快速、自动生成数控加工程序

对非圆曲线的轮廓加工，手工编程即使解决了节点坐标的计算，也往往因为节点数过多、程序段很大而使编程工作又慢又容易出错。自动编程运用计算机的强大计算功能，在完成计算刀具运动轨迹之后，后置处理程序能在极短的时间内自动生成数控加工程序，且该数控加工程序不会出现语法错误。当然自动生成数控加工程序的速度还取决于计算机硬件的档次，档次越高，速度越快。

(3) 后置处理程序灵活多变

由于数控系统的指令形式不尽相同，机床的辅助功能也不一样，伺服系统的特性也有差别。因此，同一个零件在不同的数控机床上加工，数控加工程序也应该是不一样的。但在前置处理过程中，大量的数学处理、轨迹计算却是一致的。这就是说，前置处理可以通用化，只要稍微改变一下后置处理程序，就能自动生成适用于不同数控机床的数控程序。后置处理相比前置处理，工作量要小得多，程序简单得多，因而它灵活多变。对于不同的数控机床取用不同的后置处理程序，等于完成了一个新的自动编程系统，极大地扩展了自动编程系统的使用范围。

(4) 程序自检、纠错能力强

复杂零件的数控加工程序往往很长,要一次编程成功,不出一点错误是不现实的。手工编程时,可能出现书写有错误、算式有问题,也可能程序格式出错,靠人工检查一个个的错误是困难的,费时又费力。而采用自动编程时,程序有错主要是原始数据不正确而导致刀具运动轨迹有误,或刀具与工件干涉,或刀具与机床相撞等等。自动编程能够通过系统先进的、完善的诊断功能,在计算机屏幕上对数控加工程序进行动态模拟,连续、逼真地显示刀具加工轨迹和零件加工轮廓,发现问题能及时对数控加工程序中产生错误的位置及类型进行修改,快速又方便。现在,往往在前置处理阶段计算出刀具运动轨迹以后立即进行动态模拟检查,确定无误以后再进入后置处理阶段,以便生成正确的数控加工程序。

(5) 便于实现与数控系统的通讯

自动编程系统可以利用计算机和数控系统的通讯接口,实现自动编程系统和数控系统间的通讯。自动编程系统生成的数控加工程序可直接输入数控系统,控制数控机床进行加工。如果数控程序很长,而数控系统的程序存储器容量有限,不足以一次容纳整个数控加工程序,编程系统可以做到边输入,边加工。自动编程系统的通讯功能进一步提高了编程效率,缩短了生产周期。

第四节　数控编程常用的指令代码

一、数控加工程序格式

1. 加工程序的一般格式

(1) 程序开始符、结束符

程序开始符、结束符相同,ISO 代码中是%,EIA 代码中是 EP,书写时要单列一段。

(2) 程序名

程序名有两种形式:一种是由英文字母 O 和 1~4 位正整数组成;另一种是由英文字母开头,字母、数字混合组成的。程序名一般要求单列一段。

(3) 程序主体

程序主体是由若干个程序段组成的。程序段是可作为一个单位来处理的、连续的字组,是数控加工程序中的一条语句。一个数控加工程序是由若干个程序段组成的,每个程序段一般占一行。

(4) 程序结束指令

程序结束指令可以用 M02 或 M30 表示,一般要求单列一段。

例:加工程序的一般格式

% // 开始符

O5000 // 程序名

N10 G00 G54 G17 G40 G80 X50 Y30

N20 M03 S3000

N30 G01 X88.1 Y30.2 F500 T02 M08

N40 X90
…//程序主体
N300 M30 //程序结束

2. 程序段格式

程序段格式是指程序段中的字、字符和数据的安排形式，一般使用字地址可变程序段格式，每个字长不固定，各个程序段中的长度和功能字的个数都是可变的。地址可变程序段格式中，在上一程序段中写明的、本程序段里又不变化的那些字仍然有效，可以不再重写。

例：

N30 G01 X88.1 Y30.2 F500 S3000 T02 M08
N40 X90

二、程序字的功能

组成程序段的每一个字都有特定的含义，此处以 FANUC 0i 数控系统的规范为例做介绍，实际工作中请按照数控机床的说明书来使用各个功能字。

1. 顺序号字 N

顺序号位于程序段之首，由 N 和后续数字组成。顺序号的作用：①对程序的校对和检索修改；②作为条件转向的目标，即作为转向目的程序段的名称。

2. 准备功能字 G

准备功能字的地址符是 G，又称 G 功能或 G 指令，是用于建立机床或控制系统工作方式的一种指令。后续数字一般为 1~3 位正整数，表 3-4-1 所示为 FUNUC 0i 数控系统的 G 代码。

准备功能 G 代码说明如下。

（1）准备功能指令的组

准备功能指令按其功能分为若干组，不同组的指令可以出现在同一程序段中，如果两个或两个以上同组指令出现在同一程序段中，只有最后面的指令有效。

（2）准备功能指令的模态

准备功能指令按其有效性的长短分属于两种模态：00 组的指令为非模态指令；其余组的指令为模态指令。模态指令具有长效性、延续性，即在同组其他指令未出现以前一直有效，不受程序段多少的限制，而非模态指令只在当前程序段有效。

（3）固定循环指令的禁忌

在固定循环指令中，如果使用了 01 组的代码，则固定循环将被自动取消或为 G80 状态（即取消固定循环）；但在 01 组指令中则不受固定循环指令的影响。

（4）默认设置

默认设置是指在机床开机时控制系统的初始状态。

注意：不同的控制系统，准备功能指令 G 代码的定义可能有所差异，在实际加工编程之前，一定要搞清楚所用控制系统每个 G 代码的实际意义。

表 3-4-1 FUNUC 0i 数控系统的 G 代码

G 代码	组	指令功能	指令格式
G00	01	快速定位	G00 X_Y_Z_;
G01		直线插补	G01 X_Y_Z_F_;
G02		顺时针方向圆弧插补	G02 X_Y_R/I_J_F_;
G03		逆时针方向圆弧插补	G03 X_Y_R/I_J_F_;
G04	00	暂停	G04 P_
G10		数据设置	G10
G11		数据设置取消	G11
G15		极坐标指令消除	G15
G16		极坐标指令	G16
G17	02	XY 平面选择	G17
G18		ZX 平面选择	G18
G19		YZ 平面选择	G19
G20	06	英制	G20
G21		米制	G21
G22	04	行程检查开关打开	G22
G23		行程检查开关关闭	G23
G25	08	主轴速度波动检查打开	G25
G26		主轴速度波动检查关闭	G26
G27	00	参考点返回检查	G27 X_Y_Z_;
G28		参考点返回	G28 X_Y_Z_;
G30		第 2 参考点返回	G30 X_Y_Z_;
G31		跳步功能	G31
G32	01	螺纹切削	G32 X(U)_Z(W)_R_E_P_F_;
G34		可变导程螺纹切削	G34 X(U)_Z(W)_R_K_F_;
G36	00	X 轴方向自动刀具补偿	G36
G37		Z 轴方向自动刀具补偿	G37
G40	07	刀具半径补偿取消	G40 G00/G01 X_Y_Z_;
G41		刀具半径左补偿	G41 G00/G01 X_Y_Z_D_;
G42		刀具半径右补偿	G42 G00/G01 X_Y_Z_D_;

续表

G 代码	组	指令功能	指令格式
G43	07	刀具长度正补偿	G43 G00/G01 X_Y_Z_H_;
G44		刀具长度负补偿	G44 G00/G01 X_Y_Z_H_;
G49		刀具长度补偿取消	G49 G00/G01 X_Y_Z_;
G50	00	工件坐标原点，最大主轴速度设置	G50 S
G51		比例缩放	G51
G50.1		可编程镜像取消	G50.1
G51.1		可编程镜像有效	G51.1
G52	00	局部坐标系设置	G52
G53		机床坐标系设置	G53
G54~G59	14	第1~6工件坐标系设置	G54~G59
G60		单方向定位	G60
G65	00	宏程序调用	G65
G66	12	宏程序调用模态	G66
G67		宏程序调用取消	G67
G68	16	双刀架镜像打开	G68
G69		双刀架镜像关闭	G69
G70	01	精车循环	G70 P_Q_;
G71		外圆/内孔粗车循环	G71U_R_; G71 P_Q_U_W_F_S_T_;
G72		复合端面粗车循环	G72U_R_; G72 P_Q_U_W_F_S_T_;
G73		高速深孔钻孔循环	G98/G99 G73 X_Y_Z_R_Q_F_;
G74		左旋攻螺纹循环	G98/G99 G73 X_Y_Z_R_F_;
G75		外径/内径啄式钻孔循环	G75 R_; G75 X_Z_P_Q_R_F_;
G76		螺纹车削多次循环	G76 Pm_r_a_Q_R_; G76 X_Z_R_P_Q_F_;
G80	01	固定循环注销	G80
G81		钻孔循环	G81 X_Y_Z_R_F_L_;
G82		钻孔循环	G82 X_Y_Z_R_P_F_L_;
G83		深孔钻孔循环	G83 X_Y_Z_R_Q_P_F_L_;

续表

G 代码	组	指令功能	指令格式
G84	01	攻螺纹循环	G84 X_Y_Z_R_P_F_L_;
G85		粗镗循环	G85 X_Y_Z_R_P_F_L_;
G86		镗孔循环	G86
G87		背镗孔循环	G87
G88	01	侧面攻螺纹循环	G88
G89		镗孔循坏	G89
G90	01	绝对尺寸	G90
G91		增量尺寸	G91
G92	01	工件坐标原点设置	G92
G94		每分进给	G94
G95		每转进给	G95
G96	02	恒周速控制	G96
G97		恒周速控制取消	G97
G98	05	返回起始点	G98
G99		返回 R 点	G99

3. 尺寸字

尺寸字用于确定机床上刀具运动终点的坐标位置。其中，第一组 X，Y，Z，U，V，W，P，Q，R 用于确定终点的直线坐标尺寸；第二组 A，B，C，D，E 用于确定终点的角度坐标尺寸；第三组 I，J，K 用于确定圆弧轮廓的圆心坐标尺寸。在一些数控系统中，还可以用 P 指令指定暂停时间、用 R 指令指定圆弧的半径等。

多数数控系统可以用准备功能字来选择坐标尺寸的制式，如 FANUC 系统可用 G21/G22 来选择米制单位或英制单位，也有些系统用系统参数来设定尺寸制式。采用米制时，一般单位为 mm，如 X100 指令的坐标单位为 100 mm。当然，一些数控系统可通过参数来选择不同的尺寸单位。

4. 进给功能字 F

进给功能字的地址符是 F，又称 F 功能或 F 指令，用于指定切削的进给速度。对于车床，F 指令可分为每分钟进给和主轴每转进给两种；对于其他数控机床，一般只指定每分钟进给。F 指令在螺纹切削程序段中常用来指定螺纹的导程。

5. 主轴转速功能字 S

主轴转速功能字的地址符是 S，用于指定主轴转速，单位为 $r \cdot min^{-1}$。

6. 刀具功能字 T

刀具功能字的地址符是 T，用于指定加工时所用刀具的编号。

7. 辅助功能字 M

辅助功能字的地址符是 M，用于指定数控机床辅助装置的开关动作，如表 3-4-2 所示。

辅助功能字 M 代码说明如下。

（1）程序暂停指令 M00

程序暂停指令 M00 可使主轴停转、冷却液关闭、刀具进给停止而进入程序停止状态。如果操作者要继续执行下面的程序，就必须按控制面板上的"循环启动"按钮。

（2）计划停止指令 M01

计划停止指令 M01 功能与 M00 相同，但在程序执行前须按下"任选停止"或"计划停止"按钮，否则 M01 功能不起作用，程序将继续执行下去。

（3）程序结束指令 M02

程序结束指令 M02 能使主轴停转、冷却液关闭、刀具进给停止，并将控制部分复位到初始状态。可见，M02 指令比 M00 的功能多了一项"复位"，它编写在程序的最后一条程序段中，用以表示程序的结束。

（4）纸带结束指令 M30

纸带结束指令 M30 能使主轴停转、冷却液关闭、刀具进给停止、将控制部分复位到初始状态并倒带。它比 M02 指令多了一个"倒带"功能。它的位置与 M02 相同，是程序结束的标志，只用于由纸带输入加工程序的方式。

注意：M02 与 M30 不能出现在同一程序中。

表 3-4-2 M 功能字含义表

M 代码	指令功能	附注
M00	程序停止	非模态
M01	计划停止	非模态
M02	程序结束	非模态
M03	主轴顺时针旋转	模态
M04	主轴逆时针旋转	模态
M05	主轴停止	模态
M06	换刀	非模态
M07	冷却液喷雾开	模态
M08	切削液打开	模态
M09	切削液关闭	模态
M13	尾架顶尖套筒进	模态
M14	尾架顶尖套筒退	模态

续表

M 代码	指令功能	附注
M15	压缩空气吹管关闭	模态
M17	转塔向前检索	模态
M18	转塔向后检索	模态
M19	主轴定向	模态
M30	程序结束并返回	非模态
M38	右中心架夹紧	模态
M39	右中心架松开	模态
M50	棒料送料器夹紧并送进	模态
M51	棒料送料器松开并退回	模态
M52	自动门打开	模态
M53	自动门关闭	模态
M58	左中心架夹紧	模态
M59	左中心架松开	模态
M68	液压卡盘夹紧	模态
M69	液压卡盘松开	模态
M74	错误检测功能打开	模态
M75	错误检测功能关闭	模态
M78	尾架套管送进	模态
M79	尾架套管退回	模态
M90	主轴松开	模态
M98	子程序调用	模态
M99	子程序调用返回	模态

第五节 数控编程的相关设定

一、单位的设定

1. 尺寸单位的设定

（1）指令格式

国际标准的尺寸标注有英制和米制两种形式，数控编程时要注意区分尺寸单位。英制输入用指令 G20 设定，最小设定单位为 0.000 1 in（1 in = 0.025 4 m）；米制输入用 G21 设定，最小设定单位为 0.000 1 mm。

(2) 说明

①G20/G21 必须在设定工件坐标系之前指定。

②电源接通时，英制、米制转换的 G 代码与切断电源前相同。

③程序执行过程中不要变更 G20、G21。

④在有些系统中，英制、米制转换采用 G71/G70 代码，如 SIEMENS 系统。

2. 坐标计算单位的设定

数控机床控制系统的脉冲当量一般有 0.01 mm/脉冲、0.005 mm/脉冲、0.001 mm/脉冲等几种类型。坐标计算的最小单位是一个脉冲当量，它标志着数控机床的精度。如果机床的脉冲当量为 0.001 mm/脉冲，则沿坐标轴 X、Y、Z 移动的最小单位为 0.001 mm。如向坐标轴 X 正方向移动 50 mm，则可写成 X50000，"+"号可以省略。此外也可用小数点方式输入，上例也可写为 X50.0。

例如，若脉冲当量为 0.001 mm/脉冲，向坐标轴 X 正方向 12.34 mm、坐标轴 Y 负方向 5.6 mm 移动时，下列几种坐标输入方式都是正确的：

①X12340 Y -5600；

②X12.34 Y -5.6；

③X12.34 Y -5600。

为防止输入错误，提倡使用带小数点的坐标输入方式。这样可以不必考虑机床控制系统的脉冲当量是多少。

3. 坐标点表示方法的设定

数控编程通常都是按照组成图形的线段或圆弧的端点坐标来进行的。当运动轨迹的终点坐标是相对于线段的起点来计量时，称为相对坐标或增量坐标。若按这种方式进行编程，则称为相对坐标编程。当所有坐标点的坐标值均从某一固定的坐标原点计量时，就称为绝对坐标，按这种方式进行编程即为绝对坐标编程。

采用绝对坐标编程时，程序指令中的坐标值随着程序原点的不同而不同；而采用相对坐标编程时，程序指令中的坐标值则与程序原点的位置没有关系。同样的加工轨迹，既可用绝对坐标编程也可用相对坐标编程，但有时候，采用恰当的编程方式，可以大大简化程序的编写。因此，数控编程时应根据实际状况选用合适的编程方式。这可在以后章节的编程训练中体会出来。

4. 进给速度单位的设定

(1) 格式

G94 [F_]；每分进给，单位为 mm/min 或 in/min。

G95 [F_]；每转进给，单位为 mm·r^{-1}或 in/r。

(2) 说明

①G94、G95 是模态指令，彼此可以相互取消。

②数控铣床上通常用 G94 为初始设定；数控车床上通常用 G95 为初始设定。

5. G27、G28、G29 指令的区别

(1) G27 X_Y_Z_

G27 X_Y_Z_指令用于定位校验，其坐标值为参考点在工件坐标系中的坐标值。执行此指令时，刀具快速移动，自动减速并在指定坐标值处作定位校验，当指令轴确实定位在参考点时，该轴参考点信号灯亮，如图 3-5-1 所示。若程序中有刀具偏置或补偿时，应在取消偏置或补偿后再作参考点校验。在连续程序段中，即使未到参考点也要继续执行程序，为了便于校对，可以插入 M00 或 M01 使机床暂停或有计划停止。

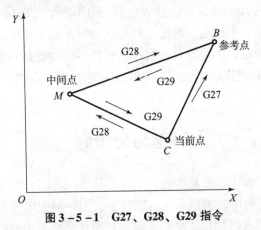

图 3-5-1　G27、G28、G29 指令

（2）G28 X_Y_Z_

G28 X_Y_Z_功能是使刀具经过给定的坐标值快速移动到参考点，与 G27 指令不同的是其坐标值仅是刀具回参考点路径上的一个中间点。执行此指令时，原则上应取消刀具长度补偿或半径偏置。

（3）G29 X_Y_Z_

G29 X_Y_Z_功能是使刀具从参考点返回到指定的坐标处，返回时要经过 G28 所指定的中间点。G28 和 G29 常常成对使用。

二、与坐标有关的指令

1. 机床坐标系指令

（1）指令格式

机床坐标系指令的功能是将刀具快速定位到机床坐标系中的指定位置上。指令格式为：G53 X_Y_Z_，其中 X、Y、Z 为刀具运动的终点坐标。

（2）说明

①G53 指令是非模态指令，只能在绝对坐标（G90）状态下有效。

②在使用 G53 指令前应消除相关的刀具半径、长度或位置补偿，而且必须使机床回参考点以建立起机床坐标系。

2. 工件坐标系的设定指令

工件坐标系可用 G92 指令和零点偏置法（G54～G59 指令）来设定。

（1）G92 指令

G92 指令是基于刀具的当前位置来设置工件坐标系的。指令格式为：G92 X_Y_Z_，其中 X、Y、Z 为刀具当前刀位点在工件坐标系中的绝对坐标值。

（2）零点偏置法（G54~G59 指令）

零点偏置法是基于机床原点来设置工件坐标系的。G54~G59 指令为模态指令，代表了 6 个工件坐标系，可相互注销，其中 G54 为默认值。

（3）说明

①G92 指令是非模态指令，只能在绝对坐标（G90）状态下有效。

②在 G92 指令的程序段中尽管有位置指令值，但不产生刀具与工件的相对运动。

③零点偏置法是基于机床原点，通过工件原点偏置存储页面中设置参数的方式来设定工件坐标系的。因此一旦设定，工件原点在机床坐标系中的位置是不变的，它与刀具当前位置无关，除非再经过 MDI 方式修改。故在自动加工中即使断电，其所建立的工件坐标系也不会丢失。

习题与思考题

3-1 数控机床加工程序的编制步骤？

3-2 数控机床加工程序的编制方法有哪些？它们分别适用什么场合？

3-3 用 G92 程序段设置的加工坐标系原点在机床坐标系中的位置是否不变？

3-4 暂停指令有几种使用格式？G04 X1.5、G04 P2000、G04 U300 F100 各代表什么意义？

3-5 应用刀具半径补偿指令应注意哪些问题？

3-6 如何选择一个合理的编程原点。

第四章 数控车床编程

第一节 数控车床编程特点及坐标系

一、数控车床加工特点

数控车床是使用最广泛的数控机床之一,主要用于加工轴类、盘类等回转体零件。

数控机床能够通过程序控制自动完成内外圆柱面、锥面、圆弧、螺纹等工序的切削加工,并能进行切槽、钻孔、扩孔、铰孔等加工工作。由于数控车床在一次装夹中能完成多个表面的连续加工,因此提高了加工质量和生产效率,特别适用于复杂形状的回转类零件的加工。

现代数控车床具备如下特点。

(1) 节省调整时间
①采用快速夹紧卡盘,从而减少了调整时间。
②采用快速夹紧刀具和快速换刀机构,减少了刀具调整时间。
③具有刀具补偿功能,节省了刀具补偿的计算和调整时间。
④采用工件自动测量系统,节省了测量时间并提高了加工质量。
⑤由程序或操作面板输入指令来控制顶尖架的移动,节省了辅助时间。

(2) 操作方便
①采用倾斜式床身有利于切屑流动和调整夹紧压力、顶尖压力和滑动面润滑油的供给,便于操作者操作机床。
②采用高精度伺服电动机和滚珠丝杠间隙消除装置,使进给机构速度快,并有良好的定位精度。
③采用数控伺服电动机驱动数控刀架,实现换刀自动化。
④具有程序存储功能的现代数控车床控制装置,可根据工件形状把粗加工的加工条件附加在指令中,进行内部运算,自动计算出刀具轨迹。

(3) 效率高
①采用机械手和棒料供给装置既省力又安全,并提高了自动化程度和操作效率。
②具有复合加工能力,加工合理化和工序集中化的数控车床可完成高速度、高精度的加工,达到复合加工的目的。

二、数控车床坐标系

1. 机床坐标系(标准坐标系)

(1) 数控车床机床坐标系中的规定

数控车床的加工动作主要分为刀具的运动和工件的运动两部分，因此，在确定机床坐标系的方向时规定：永远假定刀具相对于静止的工件而运动。对于机床坐标系的方向，统一规定增大工件与刀具间距离的方向为正方向。

（2）数控车床机床坐标系的确定

数控车床的机床坐标系方向如图4-1-1、图4-1-2所示。

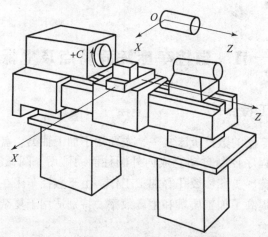

图4-1-1 水平床身前置刀架式数控车床的坐标系

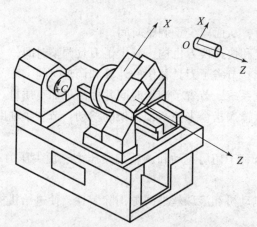

图4-1-2 倾斜床身后置刀架式数控车床的坐标系

按照右手笛卡儿坐标系确定机床坐标系中各坐标轴时，应根据主轴先确定 Z 轴，然后再确定 X 轴，最后确定 Y 轴。

确定 X 轴正方向时，要特别注意前置刀架式数控车床（图4-1-2）与后置刀架式数控车床（图4-1-3）的区别。

回转轴 A、B、C 对应表示其轴线分别平行于 X、Y、Z 轴的旋转坐标。A、B、C 坐标的正方向分别规定沿 X、Y、Z 轴正方向并与右旋螺纹旋进方向一致。

2. 数控车床的机床原点和机床参考点

（1）机床原点

有一些数控车床将机床原点设在卡盘中心处（图4-1-3），还有一些数控车床将机床原点设在刀架正向移动的极限点位置（图4-1-4）。

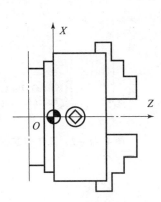
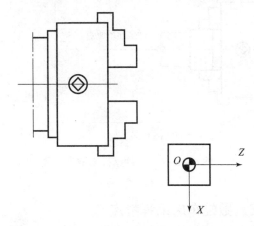

图 4-1-3　机床原点位于卡盘中心　　图 4-1-4　机床原点位于刀架正向移动的极限点

(2) 机床参考点

通常，数控车床的第一参考点一般位于刀架正向移动的极限点位置，并由机械挡块来确定其具体的位置。机床参考点与机床原点的距离由系统参数设定，其值可以是零；如果其值为零则表示机床参考点和机床原点重合。

机床上除设立了参考点外，还可用参数来设定第 2、3、4 参考点，设立这些参考点的目的是建立一个固定的点，在该点处数控机床可执行诸如换刀等一些特殊的动作。

3. 数控车床的工件坐标系

数控车床工件原点选取如图 4-1-5 所示。X 轴工件原点一般选在工件的回转中心，而 Z 轴工件原点一般选在完工工件的右端面中心点（O 点）或左端面中心点（O' 点）。采用左端面作为 Z 轴工件原点有利于保证工件的总长，而采用右端面作为 Z 轴工件原点则有利于对刀。

工件原点通常通过零点偏置的方法来进行设定，零点偏置设定的工件坐标系实质就是在编程与加工之前让数控系统知道工件坐标系在机床坐标系中的具体位置。其设定过程为：选择装夹后工件的编程坐标系原点，找出该点在机床坐标系中的绝对坐标值（图 4-1-6 中的 X 轴、Z 轴偏置量），将这些值通过机床面板操作输入到机床偏置存储器参数（这种参数有 G54～G59 共计 6 个）中，从而将机床坐标系原点偏移至工件坐标系原点。找出工件坐标系在机床坐标系中位置的过程称为对刀。

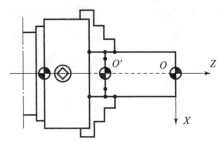

O—机床原点；O'—机床参考点

图 4-1-5　工件坐标系原点的选取

零点偏置的数据，可以设定 G54 等多个，如图 4-1-7 所示。在 FANUC 系统中可设置 G54～G59 共 6 个，且能通过系统参数设定偏置指令，这些指令均为同组的模态指令。

通过这种方法设定的工件坐标系，只要不对其进行修改、删除操作，该工件坐标系将永久保存，即使机床关机，其坐标系也将保留。

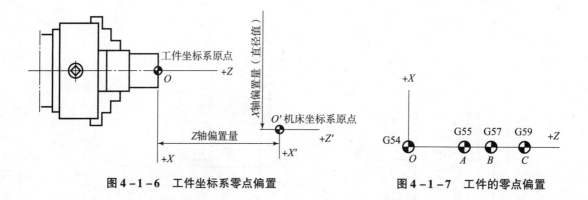

图4-1-6 工件坐标系零点偏置　　　　图4-1-7 工件的零点偏置

三、数控车床编程特点

1. 绝对坐标、增量坐标或混合编程

数控车床的编程允许在同一个程序段中,根据图纸标注尺寸,使用绝对坐标值或增量坐标值编程,或二者的混合编程。绝对坐标编程直接用 X、Z 表示,增量坐标编程直接用 U、W 表示。

2. 直径编程

由于回转体零件图纸尺寸的标注和测量都是直径值,因此,为了提高径向尺寸精度,以便于编程与测量,X 轴方向的脉冲当量取为 Z 轴方向的一半,故数控车床直径方向用绝对值编程时,X 一般以直径值表示。用增量编程时,U 按径向实际位移量的2倍编程,并附上方向符号(正向省略)。

3. 固定循环简化编程

由于车削加工时常用棒料或锻料作为毛坯,加工余量较多,为了简化编程,数控系统采用了不同形式的固定循环,便于进行多次重复循环切削。如后面介绍的 G90、G94、G92、G70~G76 均为 FANUC 0i 系统的车削固定循环指令。

4. 刀尖半径补偿和刀具(尖)位置补偿功能

为了提高刀具的使用寿命和降低表面粗糙度,车刀刀尖常磨成半径较小的圆弧,在数控编程时,常将车刀刀尖看作一个点,而实际的刀尖通常是一个半径不大的圆弧。为了提高工件的加工精度,在编制采用圆弧形车刀的加工程序时,需要对刀具半径进行补偿。对具备 G41、G42 自动补偿功能的车床,可直接按轮廓尺寸进行编程,对不具备补偿功能的车床编程时需要人工计算补偿量。

数控车床中,不同刀的刀尖相对刀架转动中心的位置是不一样的,而换刀后起刀点的位置必须相同,因此,数控车床有刀尖位置补偿功能。

四、FANUC 系统数控车床系统操作界面介绍

FANUC-0i-Mate-Tc 系统数控车床的操作面板主要由 CRT/MDI 操作面板及用户操作面板组成,如图4-1-8所示为 CRT/MDI 操作面板,表4-1-1为其按键功能简介。

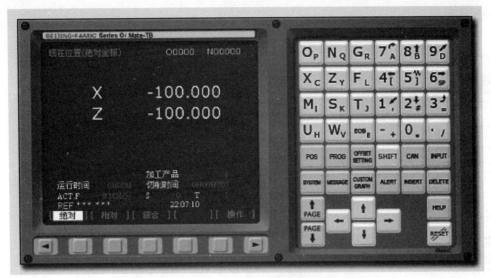

图 4-1-8　CRT/MDI 操作面板

表 4-1-1　FANUC-0i-Mate-Tc 系统车床操作面板按键功能简介

按键	名称	功能简介
0~9	数字/字母键	数字/字母键用于输入数据到输入区域，系统自动判别是字母还是数字
ALTER	替换键	用输入的数据替代光标所在数据
DELETE	删除键	删除光标所在的数据；或者删除一个数控程序或者删除全部数控程序
INSERT	插入键	把输入区域之中的数据插入到当前光标之后的位置
CAN	修改键	消除输入区域内的数据
EOB E	回撤换行键	结束一行程序的输入并且换行
SHIFT	上档键	对键上的两种功能进行转换
PROG	数控程序显示与编辑页面键	
POS	坐标位置显示页面键	位置显示有三种方式，用 PAGE 按键选择
OFF SET SETTING	参数输入页面键	按第一次进入坐标设置页面，按第二次进入刀具补偿参数页面。进入不同的页面以后，用 PAGE 按键切换
HELP	系统帮助页面键	

续表

按键	名称	功能简介
CUSTOM GRAPH	图形参数设置页面键	
MESSAGE	信息页面键	如"报警"
SYSTEM	系统参数页面键	
RESET	复位键	
PAGE ↑	向上翻页键	
PAGE ↓	向下翻页键	
↑	向上移动光标键	
→	向右移动光标键	
↓	向下移动光标键	
←	向左移动光标键	
INPUT	输入键	把输入区域内的数据输入到参数页面或者输入一个外部的数控程序
编辑	编辑方式键	编辑方式键，用于显示当前加工状态（EDIT）
MDI	手动数据输入方式键（MDI）	单程序段执行模式
手动	手动控制（Jog）方式键	该方式下可以手动移动刀具
手摇	手摇脉冲控制方式键	可以通过手轮对刀具进行控制
主轴正转	主轴正转键	按下该键，主轴正转

续表

按键	名称	功能简介
主轴反转	主轴反转键	按下该键，主轴反转
主轴停止	主轴停止键	按下该键，主轴停止
自动	自动运行方式键	该方式下可以自动运行加工程序
单段	自动运行状态控制键——单段运行程序	该方式下运行程序时每次只执行一条数控指令
⋀	快速键	在手动方式下，按下此键后，再按下移动键则可以快速移动机床刀具
跳步	自动运行状态控制键	任选程序段跳过，选定此功能会将程序行前加"/"标记跳过
机床锁定	机床锁定键	
▭	程序启动键	模式选择旋钮在"自动"和"MDI"位置时按下此键有效，其余状态按下无效
▭	程序停止键	在程序运行中，按下此键停止程序运行

第二节　数控车床基本编程指令及用法

项目1　单台阶零件加工

一、任务引入

加工如图4-2-1所示零件，毛坯选用$\phi 40$ mm×60 mm的铝棒，试编写其FANUC系统数控车床加工程序并进行加工。

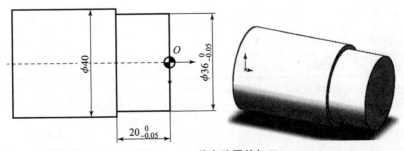

图4-2-1　单台阶零件加工

二、相关知识

1. F、S、T 指令功能

(1) 进给量指令 F

F 指令具有指定刀具相对于工件运动速度的功能,称为进给功能,由地址符 F 及后面的一组数字组成。根据加工的需要,进给功能分为每分钟进给和每转进给两种,并以其对应的功能字进行转换。

①每分钟进给。直线运动的单位为毫米/分钟(mm/min)。数控车床 FANUC 系统每分钟进给通过准备功能字 G98 来指定,其值为大于 0 的常数。

例:G98 G01 X20 F100;　　(进给速度为 100 mm/min)

②每转进给。如在加工米制螺纹过程中,常使用每转进给来指定进给速度(该进给速度即表示螺纹的螺距或导程),其单位为毫米/转($mm \cdot r^{-1}$),通过准备功能字 G99 来指定。

例:G99 G01 Z-50F0.2;　　(进给速度为 $0.2\ mm \cdot r^{-1}$)

在编程时,进给速度不允许用负值来表示,一般也不允许用 F0 来控制进给停止。但在除螺纹加工的实际操作过程中,均可通过操作机床面板上的进给倍率旋钮来对进给速度值进行实时修正。这时,通过倍率开关,可以将其进给速度的值变为 0。

在工厂的实际生产过程中,切削用量一般根据经验并通过查表的方式来进行选取。常用硬质合金或涂镀硬质合金刀具切削不同材料时的切削用量推荐值见表 4-2-1。

表 4-2-1　硬质合金或涂镀硬质合金刀具切削用量的推荐值

刀具材料	工件材料	粗加工			精加工		
		切削速度 /($mm \cdot min^{-1}$)	进给量 /($mm \cdot r^{-1}$)	背吃刀量 /mm	切削速度 /($mm \cdot min^{-1}$)	进给量 /($mm \cdot r^{-1}$)	背吃刀量 /mm
硬质合金或涂镀硬质合金	碳钢	220	0.20	3.0	260	0.10	0.4
	低合金钢	180	0.20	3.0	220	0.10	0.4
	高合金钢	120	0.20	3.0	160	0.10	0.4
	铸铁	80	0.20	3.0	140	0.10	0.4
	不锈钢	80	0.20	2.0	120	0.10	0.4
	钛合金	40	0.20	1.5	60	0.10	0.4
	灰铸铁	120	0.30	2.0	150	0.15	0.5
	球墨铸铁	100	0.30	2.0	120	0.15	0.5
	铝合金	1 600	0.20	1.5	1 600	0.10	0.5

注:当进行切深进给时,进给量取表 4-2-1 中相应取值的一半;
数控车床通常选用每转进给量,而数控铣床、加工中心通常选用每分钟进给量。

(2) 主轴转速指令 S

用 S 指令控制主轴转速的功能称为主轴功能,S 指令由地址符 S 及其后面的一组数字组成。根据加工的需要，主轴的转速分为线速度 v 和转速 n 两种。

转速 n 的单位是转/分钟（r·min^{-1}），用准备功能 G97 来指定，其值为大于 0 的常数。

例：G97 S1000；（主轴转速为 1 000 r·min^{-1}）

在加工中为了保证工件的表面质量，主轴需要满足其线速度恒定不变的要求而自动实时调整转速，这种功能即称为恒线速度。线速度 v 的单位为米/分钟（m/min），用准备功能 G96 来指定。

例：G96 S100；（主轴恒线速度为 100 m/min）

如图 4-2-2 所示，线速度 v 与转速 n 之间可以相互换算，其换算关系为式（4-2-1）。

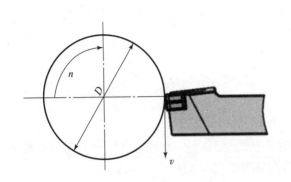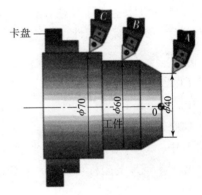

图 4-2-2　线速度与转速的关系

$$v = \frac{\pi D n}{1\ 000} \qquad (4-2-1)$$

式中：v 为线速度，m/min；

　　　D 为刀具直径，mm；

　　　n 为主轴转速，r·min^{-1}。

例：G96 S150；（切削点线速度控制在 150 m/min）

对图 4-2-2 中所示的零件，为保持 A、B、C 各点的线速度在 150 m/min，则各点在加工时的主轴转速分别为：

A：$n_A = 1\ 000 \times 150 \div (\pi \times 40) = 1\ 193$（r·min^{-1}）

B：$n_B = 1\ 000 \times 150 \div (\pi \times 60) = 795$（r·min^{-1}）

C：$n_C = 1\ 000 \times 150 \div (\pi \times 70) = 682$（r·min^{-1}）

在编程时，主轴转速不允许用负值来表示，但允许用 S0 使转动停止。在实际操作过程中，可通过机床操作面板上的主轴倍率旋钮来对主轴转速值进行修正，其调整范围一般为 50% ~ 120%。

(3) 刀具指令 T

T 表示刀具地址符，后跟 4 位数字，前两位数表示刀具号，后两位数表示刀具补偿号，通过刀具补偿号调用刀具数据库内刀具补偿参数。

刀具号与刀具补偿号可以相同，也可以不同，如 T0101 表示选 1 号刀具并执行 1 号刀补；T0102 则表示选 1 号刀具并选 2 号刀具补偿号中的补偿值。FANUC 数控系统及部分国产系统数控车床大多采用Txxxx的指令格式。

2. M指令功能

辅助功能又称M功能或M指令,它由地址符M和后面的两位数字组成,从M00~M99共100种。辅助功能主要控制机床或系统的各种辅助动作,如机床/系统的电源开、关,切削液的开、关,主轴的正、反、停及程序的结束等,在进行数控编程时,一定要严格按照机床说明书的规定进行。

在同一程序段中,既有M指令又有其他指令时,M指令与其他指令执行的先后次序由机床系统参数设定,因此,为保证程序以正确的次序执行,有很多M指令如M30、M02、M98等最好以单独的程序段进行编程。

不同的机床生产厂家对部分M指令定义了不同的功能,但对于多数常用的M指令,在所有机床上都具有通用性,这些常用的M指令可参见上节内容。

3. G指令功能

(1) 快速进给指令G00

1) 指令格式

G00 X_Z_;

其中,X_Z_为刀具目标点坐标,当使用增量方式时,X_Z_为目标点相对于起始点的增量坐标,不运动的坐标可以不写。G00轨迹实例如图4-2-3所示。

例:G00 X30 Z10;

2) 指令说明

G00不用来指定移动速度,其移动速度由机床系统参数设定。在实际操作时,也能通过机床面板上的按钮"F0""F25""F50"和"F100"对G00移动速度进行调节。

快速移动的轨迹通常为折线形轨迹,如图4-2-3所示,图中快速移动轨迹OA和BD的程序段如下所示:

OA:G00 X20 Z30;

BD:G00 X60 Z0;

对于OA程序段,刀具在移动过程中先在X轴和Z轴方向移动相同的增量,即图中的OB轨迹,然后再从B点移动至A点。同样,对于BD程序段,则由轨迹BC和CD组成。

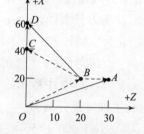

图4-2-3 G00轨迹实例

由于G00的轨迹通常为折线形轨迹,因此,要特别注意采用G00方式进、退刀时刀具相对于工件、夹具所处的位置,以避免在进、退刀过程中刀具与工件、夹具等发生碰撞。

(2) 直线插补指令G01

1) 指令格式

G01 X_Z_F_;

其中,X_Z_为刀具目标点坐标,当使用增量方式时,X_Z_为目标点相对于起始点的增量坐标,不运动的坐标可以不写;F_为刀具切削进给的进给速度。

例:G01 X40 Z0 F0.2;(图4-2-4中切削运动轨迹CD的程序段)

2) 指令说明

G01 指令是直线运动指令,它命令刀具在两坐标轴间以插补联动的方式按指定的进给速度作任意斜率的直线运动。因此,执行 G01 指令的刀具轨迹是直线形轨迹,它是连接起点和终点的一条直线,如图 4-2-4 所示。

在 G01 程序段中必须含有 F 指令。如果在 G01 程序段中没有 F 指令,而在 G01 程序段前也没有指定 F 指令,则机床不运动,有的系统还会出现系统报警。

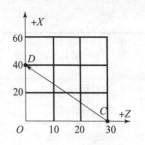

图 4-2-4　G01 轨迹实例

三、任务实施

1. 编程准备

(1) 分析零件图样

本任务加工内容较为简单,主要内容为台阶面的切削加工,加工后零件的尺寸精度为 $0 \sim -0.03$ mm,表面粗糙度达 $Ra3.2$ μm。

本例工件的编程较为简单,只需掌握数控编程规则、常用指令的指令格式等理论知识及简单的 G00 及 G01 指令即可完成编程。

(2) 选择数控机床

本任务选用的机床为 CKA6150 型 FANUC 0i 系统数控车床。

(3) 选择刀具、切削用量及夹具

加工本例工件时,选择如图 4-2-5 所示 95°外圆车刀(又称 95°正偏刀,刀片材料为硬质合金)进行加工,采用三爪自定心卡盘进行装夹。切削用量推荐值如下:切削速度 $n = 750$ r·min^{-1};进给量 $f = 0.1 \sim 0.2$ mm·r^{-1};背吃刀量 $a_p = 1 \sim 3$ mm。

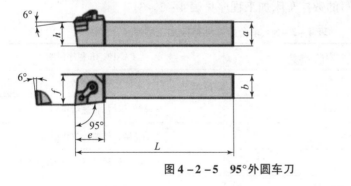
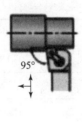

图 4-2-5　95°外圆车刀

2. 编写数控加工工艺

编写数控加工工艺方案,填写数据加工工序卡如表 4-2-2 所示。

3. 编写加工程序

(1) 选择编程原点

如图 4-2-6 所示,选择工件右端面的中心作为工件编程原点。

表4-2-2 单台阶零件数控加工工序卡

工步号	加工内容	刀具号	刀具名称	刀具规格	刀具材料	切削速度/ $(r \cdot min^{-1})$	进给量/ $(mm \cdot r^{-1})$
1	夹持工件伸出卡盘外40 mm 车端面	T01	95°正偏刀	副偏角5°~8°	硬质合金	750	0.15
2	粗车右端外轮廓	T01	95°正偏刀	副偏角5°~8°	硬质合金	750	0.2
3	精车右端外轮廓	T01	95°正偏刀	副偏角5°~8°	硬质合金	750	0.15

(2) 设计加工路线

加工本例工件时，刀具的运动轨迹如图4-2-6所示（$S-A-O-S-B-C-D-S-E-F-D$），S 为起刀点。

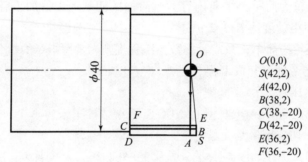

图4-2-6 单台阶零件加工路线

(3) 编制数控加工程序

采用基本编程指令编写的数控车床加工程序见表4-2-3。

表4-2-3 单台阶零件数控加工程序

FANUC 0i 系统程序	FANUC 0i 程序说明
O0001	主程序名
G99	每转进给
M03 S750	主轴正转，转速为700 $r \cdot min^{-1}$
T0101	换1号刀，执行1号刀补
G00 X150 Z150	退刀至安全的换刀点
G01 X42 Z2 F5	进刀至循环起点 S
Z0	点 A
G01 X0 F0.15	点 O
G00 X42 Z2	点 S
X38	点 B
G01 Z-20 F0.2	点 C

续表

FANUC 0i 系统程序	FANUC 0i 程序说明
X42	点 D
G00 Z2	点 S
X36	点 E
G01 Z-20 F0.15	点 F
X42	点 D
G0 X150 Z150	退至安全位置
M05	主轴停止
M30	程序结束并返回到程序开始
%	

注意：

编程完毕后，根据所编写的程序手工绘出刀具在平面 XZ 内的轨迹，以验证程序的正确性。另外，编程时应注意模态代码的合理使用。

①考虑进刀的安全性，起刀点位置在径向比毛坯直径大 1~2 mm、轴向距端面 1~5 mm 处，初学时取较大值。

②为防止过切并减少毛刺及锐边的产生，考虑沿切线方向切入工件，切入点 M 位置取在距右端面 1~2 mm 处。

③考虑退刀的安全性以及减少毛刺及锐边的产生，切出点位置应在径向比毛坯直径略大处。

④加工轨迹中，虚线表示快速移动，用快速点定位指令 G00；实线表示切削进给，用直线插补指令 G01。

4. 程序调试与校验

数控车床操作的加工步骤为开机、安装工件、输入程序、轨迹检查、对刀、参数设置、自动加工、零件尺寸测量。

(1) FANUC 开机操作

①打开机床侧面总电源 ON；

②打开系统面板电源（绿色）；

③旋开急停按钮（顺时针）。

(2) 机床挂挡

①工作方式选择"MDI"；

②输入"M03　S750;"；

③按下"启动"键循环启动；

④按复位键"RESET"停转。

(3) 试运行

①按下"手摇",打开脉冲,用按键转换方向,移动 $-Z$、$+Z$、$-X$、$+X$(注意:X、Z 不要撞及软硬限位);

②按下"手动(Jog)"状态,移动 $-Z$、$+Z$、$-X$、$+X$(同样注意:X、Z 不要撞及软硬限位),在手动方式下按下快速"⌒⌒"键后,再按下移动键则可以快速移动机床刀具。

(4)程序的输入、修改及模拟

1)程序的输入

将编制好的工件加工程序输入到数控系统中去,以实现数控车床对工件的自动加工。程序的输入方法有两种:一种是通过 MDI 键盘手动输入,另一种是自动输入。使用 MDI 键盘输入程序按下面步骤进行:

①工作方式选择"编辑"方式;

②按"PROGRAM"键,用 MDI 键盘上的"地址/数字"键,输入程序号地址 O,再输入程序号数字 xxxx,按"INSERT"键,程序名被输入;

③按"$\substack{EOB\\E}$"键,再按"INSERT"键,则程序结束符号";"被输入;

④用手动数据输入方法依次输入各程序段,每输入一个程序段后,按"$\substack{EOB\\E}$"键,再按"INSERT"键,直到完成全部程序段的输入。自动输入程序的方法,主要是通过车床上的输入/输出通讯接口,操作数控局部网络系统,把计算机中存储的程序自动送入到车床数控系统的存储器中。

2)程序的修改

对程序的输入或检查中发现的错误必须进行修改,具体操作步骤介绍如下:

①工作方式选择"编辑"方式;

②按"PROG"键,用手动数据输入方法输入被修改程序的程序名,按"移动光标"键"↓"后,CRT 屏幕显示存储器中被修改的程序;

③按"移动光标"键"↓"后,在当前的页面移动光标到要编辑的位置,若后面的页面有要修改编辑的地方,可按"翻页"键,再移动光标到要编辑的位置;

④将光标移到要更改的字符下面,使用"地址/数字"键,输入要更正的新字符后,按"ALTER"键即可完成错误字符的修改;若在两个字符之间插入新的字符,则将光标移到第 1 个字符的下面,使用"地址/数字"键,输入要插入的新字符后,按"INSERT"键,即可完成字符的插入;若将光标移到要删除的字符下面,按"DELETE"键即可完成字符的删除。

3)程序的模拟

选择 AUTO 方式,按下"机床锁住""Z 轴锁住"与"空运行"按键,选择加工程序后,光标放在程序名上,按下操作面板上的启动按键(绿色),即可查看图形界面。

(5)对刀参数输入

1)刀具参数清零

对于"OFF SET SETTING"键按第一次进入坐标设置页面,按第二次进入刀具补偿参数页面。进入不同的页面以后,可用"PAGE"按键切换。具体步骤为:"PAGE"按键→坐标系"EXT"等→X、Z 按"0""INPUT"→"形状""磨耗"→X、Z 按"0""INPUT"。

2)Z 轴方向的对刀（车削端面）

①按"MDI"键→M03 S800；T0101；→按"启动"键。

②按"手摇"键→（×10/选择轴）逼近工件端面外 5 mm 处→车刀（×10）Z 轴负方向轻碰端面→选择 X 轴×10→车刀 X 轴正方向退刀。

③"OFF SET SETTING"键→按第一次进入坐标设置页面，按第二次进入刀具补偿参数页面→选择坐标系→工件坐标系设定→光标放在（EXT）Z 处→输入 Z0→测量（扩展键）→判断按"POS"键→Z0。

3)X 轴方向的对刀（车削外圆）

①按"手摇"键→（×10/选择轴）车刀轻碰工件外圆（或者试车一刀）→选择 Z 轴×10；车刀 Z 轴正方向退出 5~10 mm→按"RESET"键复位停车→测量：游标卡尺和千分尺配套使用→细心读出：直径值。

②按系统面板上的"OFF SET SETTING"→补正→形状→番号→G01（当前刀号）X→光标放在此处→输入 X39.85→测量（X39.85 是测量数据）。

4)检验坐标

①手动或手摇→（×100）刀具离开工件至安全位置。

②按"MDI"键→输入当前刀号 T0101→按"启动"键。

③按"手摇"键→（×10）→车刀逼近工件。

④在 MDI 面板上按"POS"键→观察主页面绝对坐标与刀具位置是否一致。

⑤判断对刀是否正确。

(6)运行加工程序

①选择 AUTO 方式，选择加工程序后，按下操作面板上的启动键（ST，绿色）后加工程序即开始运行。

②运行中可按下程序暂停键"SP"使程序暂停运行，按下启动键"ST"后程序继续执行。程序运行过程中如方式选择开关换到其他方式，程序暂停运行，当重新进入自动方式后按启动键"ST"后继续执行暂停运行的程序。

③在程序运行过程中如需中断执行，可按系统面板上的复位键"RESET"，程序中断并返回程序头，主轴和冷却泵也将停止。

④在程序运行过程中如需暂停程序并停止主轴，可先按下暂停键"SP"后，切换方式选择开关到手动方式，按主轴手动操作键停止主轴，完成后可用手动操作键重新启动主轴，切换方式选择开关置于自动 MEM 方式，用启动键"SP"继续执行加工程序。

⑤对新编写的加工程序，可选择"单段"键（SBK）进行逐段执行加工程序，减少并提前发现编程或设定的错误。

(7)关机操作

①选择工作方式为"手动"状态；

②按下 +Z，将刀架运动至导轨尾部，靠近尾座，按下 +X 至床身平齐；

③按下"急停"按键；

④关"系统停止"电源；

⑤关侧面总电源"OFF"。

四、加工练习

加工如图 4-2-7 所示零件,毛坯选用 φ40 mm×60 mm 的 45 钢,试编写其 FANUC 系统数控车床加工程序并进行加工。

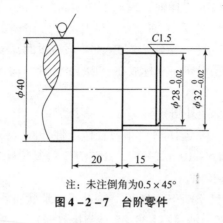

注:未注倒角为 0.5×45°

图 4-2-7 台阶零件

项目 2 圆弧零件加工

一、任务引入

加工如图 4-2-8 所示零件,毛坯选用 φ26 mm×60 mm 的铝棒,试编写其 FANUC 系统数控车床加工程序并进行加工。

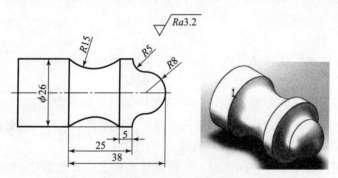

图 4-2-8 圆弧零件加工

二、相关知识

1. 圆弧加工指令

(1) 圆弧指令格式

以 G18 平面的圆弧指令为例,其指令格式如下:

G02/G03 X_Z_R_F_; (半径方式)

G02/G03 X_Z_I_K_F_; (圆心方式)

G02 表示顺时针圆弧插补;G03 表示逆时针圆弧插补。

X_Z_为圆弧的终点坐标值,其值可以是绝对坐标,也可以是增量坐标。在增量方式下,其值为圆弧终点坐标相对于圆弧起点的增量值。R_为圆弧半径。I_K_为圆弧的圆心相对其起点并分别在 X 和 Z 轴上的增量值。

(2) 指令说明

1) 顺逆圆弧判断

圆弧插补的顺逆方向的判断方法是：处在圆弧所在平面（如平面 ZX）的另一根轴（Y 轴）的正方向看该圆弧，顺时针方向圆弧为 G02，逆时针方向圆弧为 G03。在判断圆弧的顺逆方向时，一定要注意刀架的位置及 Y 轴的方向，如图 4-2-9 所示。

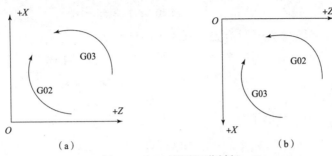

图 4-2-9　圆弧顺逆判断

(a) 后置刀架，+Y 轴朝上；(b) 前置刀架，+Y 轴朝上

2) I、K 值判断

在判断 I、K 值时，一定要注意该值为矢量值。如图 4-2-10 所示，圆弧在编程时的 I、K 值均为负值。

例：如图 4-2-11 所示轨迹 AB，用圆弧指令编写的程序段如下所示：

AB1：G03 X40 Z2.68 R20；
　　　G03 X40 Z2.68 I-10.0 K-17.32；

AB2：G02 X40 Z2.68 R20；
　　　G02 X40 Z2.68 I10.0 K-17.32；

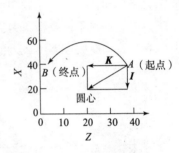

图 4-2-10　圆弧编程中的 I、K 值

3) 圆弧半径确定

圆弧半径 R 有正值与负值之分。当圆弧圆心角小于或等于 180°（如图 4-2-11 中圆弧 $\widehat{AB_1}$）时，程序中的 R 用正值表示。当圆弧圆心角大于 180°并小于 360°（如图 4-2-12 中圆弧 $\widehat{AB_2}$）时，R 用负值表示。需要注意的是，该指令格式不能用于整圆插补的编程，整圆插补需用 I、K 方式编程。

例：如图 4-2-12 中轨迹 AB，用 R 指令格式编写的程序段如下：

AB1：G03 X60 Z40 R50 F100；
AB2：G03 X60 Z40 R-50 F100；

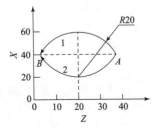

图 4-2-11　R 及 I、K 编程举例

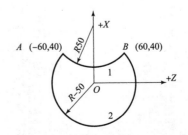

图 4-2-12　圆弧半径正负值的判断

2. 刀尖圆弧半径补偿（G40、G41、G42）

（1）刀尖圆弧半径补偿的定义

在实际加工中，由于刀具产生磨损及精加工的需要，常将车刀的刀尖修磨成半径较小的圆弧，这时的刀位点为刀尖圆弧的圆心。为确保工件轮廓形状，加工时不允许刀具刀尖圆弧的圆心运动轨迹与被加工工件轮廓重合，而应与工件轮廓偏移一个半径值，这种偏移称为刀尖圆弧半径补偿。圆弧形车刀的刀刃半径偏移也与其相同。

目前，较多数控车床系统都具有刀尖圆弧半径补偿功能。在编程时，只要按工件轮廓进行编程，再通过系统补偿一个刀尖圆弧半径即可。但有些数控车床系统却没有刀尖圆弧补偿功能。对于这些系统（机床），如要加工精度较高的圆弧或圆锥表面时，则要通过计算来确定刀尖圆心运动轨迹，再进行编程。

（2）假想刀尖与刀尖圆弧半径

在理想状态下，总是将尖形车刀的刀位点假想成一个点，该点即为假想刀尖（图 4 - 2 - 13 中的 A 点），在对刀时也是以假想刀尖进行对刀。但由于工艺或其他要求，实际加工中的车刀刀尖往往不是一个理想的点，而是一段圆弧（如图 4 - 2 - 13 中的圆弧 $\overset{\frown}{BC}$）。

所谓刀尖圆弧半径是指车刀刀尖圆弧所构成的假想圆半径（图 4 - 2 - 13 中的 r）。实践中，所有车刀均有大小不等或近似的刀尖圆弧，假想刀尖在实际加工中是不存在的。

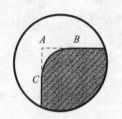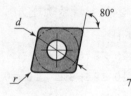

图 4 - 2 - 13 假想刀尖示意

（3）未使用刀尖圆弧半径补偿时的加工误差分析

用圆弧刀尖的外圆车刀切削加工时，圆弧刃车刀（图 4 - 2 - 13）的对刀点分别为点 B 和 C，所形成的假想刀位点为点 A，但在实际加工过程中，刀具切削点在刀尖圆弧上是有变动的，从而在加工过程中可能产生过切或少切现象。因此，采用圆弧刃车刀在不使用刀尖圆弧半径补偿功能的情况下，加工工件会出现以下几种误差情况。

①加工台阶面或端面时，对加工表面的尺寸和形状影响不大，但在端面的中心位置和台阶的清角位置会产生残留误差，如图 4 - 2 - 14（a）所示。

②加工圆锥面时，对圆锥的锥度不会产生影响，但对锥面的大小端尺寸会产生较大的影响，通常情况下，会使外锥面的尺寸变大，而使内锥面的尺寸变小，如图 4 - 2 - 14（b）所示。

③加工外凸圆弧时，会对圆弧的圆度和圆弧半径产生影响。加工外凸圆弧时，会使加工后的圆弧半径变小，实际值为理论轮廓半径 R 减去刀尖圆弧半径 r，如图 4 - 2 - 14（c）所示。

④加工内凹圆弧时，会使加工后的圆弧半径变大，实际值为理论轮廓半径 R 加上刀尖圆弧半径 r，如图 4 - 2 - 14（d）所示。

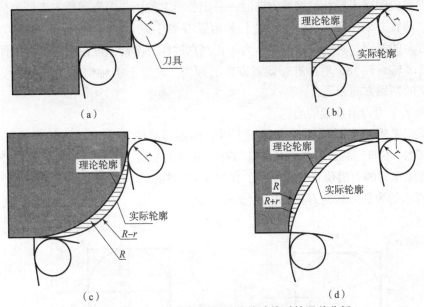

图 4-2-14 未使用刀尖圆弧补偿功能时的误差分析

(a) 加工台阶面或端面；(b) 加工圆锥面；(c) 加工外凸圆弧；(d) 加工内凹圆弧

（4）刀尖圆弧半径补偿指令

1）指令格式

G41、G42、G40 的指令格式如下：

G41 G01/G00 X_Z_F_；（刀尖圆弧半径左补偿）

G42 G01/G00 X_Z_F_；（刀尖圆弧半径右补偿）

G40 G01/G00 X_Z_；（取消刀尖圆弧半径补偿）

2）指令说明

编程时，刀尖圆弧半径补偿偏置方向的判别如图 4-2-15 所示。向着 Y 轴的负方向并沿刀具的移动方向看，当刀具处在加工轮廓左侧时，称为刀尖圆弧半径左补偿，用 G41 表示；当刀具处在加工轮廓右侧时，称为刀尖圆弧半径右补偿，用 G42 表示。

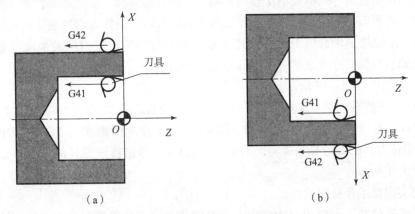

图 4-2-15 刀尖圆弧半径补偿偏置方向的判别

(a) 前置刀架，+Y 轴朝外；(b) 后置刀架，+Y 轴朝内

在判别刀尖圆弧半径补偿偏置方向时,一定要沿 Y 轴由正向负观察刀具所处的位置,故应特别注意前置刀架[图 4-2-15(a)]和后置刀架[图 4-2-15(b)]对刀尖圆弧半径补偿偏置方向的区别。对于前置刀架,为防止判别过程中出错,可在图样上将工件、刀具及 X 轴同时绕 Z 轴旋转 180°后再进行偏置方向的判别,此时正 Y 轴向内,刀补的偏置方向则与后置刀架的判别方向相同。

(5) 圆弧车刀刀沿位置的确定

数控车床采用刀尖圆弧补偿进行加工时,如果刀具的刀尖形状和切削时所处的位置(即刀沿位置)不同,那么刀具的补偿量与补偿方向也不同。根据各种刀尖形状及刀尖位置的不同,数控车刀的刀沿位置共有 9 种,如图 4-2-16(a)如图 4-2-16(b)所示。图 4-2-16 所示的为部分典型刀具的刀沿号。

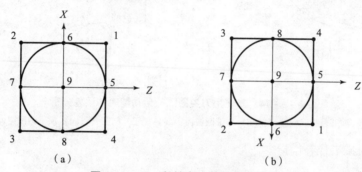

图 4-2-16　数控车床的刀具刀沿号
(a) 后置刀架;(b) 前置刀架

除 9 号刀沿外,数控车床的对刀均是以假想刀位点来进行的。也就是说,在刀具偏移存储器中或 G54 坐标系设定的值,是通过假想刀尖点进行对刀后所得的机床坐标系中的绝对坐标值。

数控车床刀尖圆弧补偿 G41、G42 的指令后不带任何补偿号。在 FANUC 系统中,该补偿号(代表所用刀具对应的刀尖半径补偿值)由 T 指令指定,其刀尖圆弧补偿号与刀具偏置补偿号对应。

在判别刀沿位置时,同样要沿 Y 轴由正向负方向观察刀具,同时也要特别注意前、后置刀架的区别。前置刀架的刀沿位置判别方法与刀尖圆弧补偿偏置方向判别方法相似,也可将刀具、工件、X 轴绕 Z 轴旋转 180°,使正 Y 轴向内,从而使前置刀架转换成后置刀架来进行判别。例如当刀尖靠近卡盘侧时,不管是前置刀架还是后置刀架,其外圆车刀的刀沿位置号均为 3 号,如图 4-2-17 所示。

在 FANUC 车削系统中,刀具半径补偿号由 T 指令指定,如 T0202。其刀尖圆弧补偿号与刀具偏置补偿号对应,如图 4-2-18、图 4-2-19 显示的画面。"G002"中相对应的"T3"即是指该刀具的刀沿号是 3 号,对应的"R0.4"即是指该刀具的半径补偿值(刀尖圆弧半径)为 0.4 mm。

(6) 刀尖圆弧半径补偿过程

刀尖圆弧半径补偿的过程分为三步:刀补的建立、刀补的进行和刀补的取消。下面通过图 4-2-20(外圆车刀的刀沿号为 3 号)和加工程序 O0010 共同说明其补偿过程。

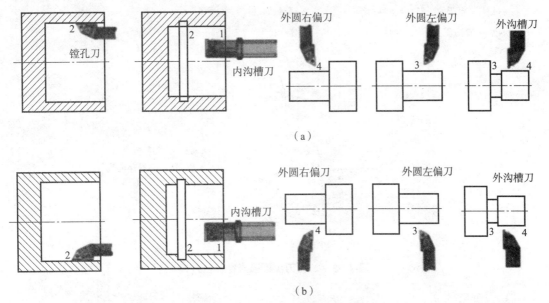

图4-2-17 部分典型刀具的刀沿号

(a)后置刀架+Y轴向外时的刀沿号;(b)前置刀架+Y轴向外时的刀沿号

图4-2-18 刀具圆弧半径的输入

图4-2-19 刀具刀沿号的输入

补偿过程的加工程序如下:

O0010;
N10 G99;   (程序初始化)
N20 T0101;   (转1号刀,执行1号刀补)
N30 M03 S1000;   (主轴按1 000 r·min^{-1}正转)
N40 G00 X0 Z10;   (快速点定位)
N50 G42 G01 X0 Z0 F0.2;   (刀补建立)
N60 X40;
N70 Z-18;   (刀补执行)
N80 X80;
N90 G40 G00 X85 Z10;   (刀补取消)

```
N100 M05;                           （返回参考点）
N110 M30;
%
```

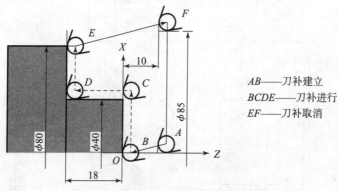

图4-2-20 刀尖圆弧半径补偿过程

AB——刀补建立
BCDE——刀补进行
EF——刀补取消

1）刀补的建立

刀补的建立指刀具从起点接近工件时，车刀圆弧刃的圆心从与编程轨迹重合过渡到与编程轨迹偏离一个偏置量的过程。该过程的实现必须与G00或G01功能在一起才有效。

刀具补偿过程通过N50程序段建立。当执行N50程序段后，车刀圆弧刃的圆心坐标位置由以下方法确定：将包含G42语句以下的两个程序段（N60、N70）预读，并连接在补偿平面内最近两个移动语句的终点坐标（图4-2-20中的BC连线），其连线的垂直方向为偏置方向，根据G41或G42来确定偏向哪一边，偏置的大小由刀尖圆弧半径值（设置在图4-2-18所示画面中）决定。经补偿后，车刀圆弧刃的圆心位于图4-2-20中的B点处，其坐标值为[0,（0+刀尖圆弧半径）]。

2）刀补进行

在G41或G42程序段后，程序进入补偿模式，此时车刀圆弧刃的圆心与编程轨迹始终相距一个偏置量，直到刀补取消。

在该补偿模式下，机床同样要预读两段程序，找出当前程序段所示刀具轨迹与下一程序段偏置后的刀具轨迹交点，以确保机床在下一段工件轮廓向外补偿一个偏置量，如图4-2-20中的C点、D点等。

3）刀补取消

刀具离开工件，车刀圆弧刃的圆心轨迹过渡到与编程轨迹重合的过程称为刀补取消，如图4-2-20中的EF段（即N90程序段）。

刀补的取消用G40来执行，需要特别注意的是，G40必须与G41或G42成对使用。

(7) 进行刀具半径补偿时应注意的事项

①刀具半径补偿模式的建立与取消程序段只能在G00或G01移动指令模式下才有效。

②G41、G42不带参数，其补偿号（代表所用刀具对应的刀尖半径补偿值）由T指令指定。该刀尖圆弧半径补偿号与刀具偏置补偿号对应。

③采用切线切入方式或法线切入方式建立或取消刀补。对于不便于沿工件轮廓线的切向或法向切入/切出时，可根据情况增加一个过渡圆弧的辅助程序段。

④ 为了防止在刀具半径补偿建立与取消过程中刀具产生过切现象,在建立与取消补偿时,程序段的起始位置与终点位置最好与补偿方向在同一侧。

⑤ 在刀具补偿模式下,一般不允许连续两段以上为补偿平面非移动指令,否则刀具也会出现过切等危险动作。补偿平面非移动指令通常指仅有 G、M、S、F、T 指令的程序段(如 G90, M05)及程序暂停程序段(G04 X10.0)。

⑥ 在选择刀尖圆弧偏置方向和刀沿位置时,要特别注意前置刀架和后置刀架的区别。

三、任务实施

1. 编程准备

(1) 分析零件图样

本任务加工内容主要为圆弧连接面的切削加工,加工后零件的尺寸精度为 IT14 级,表面粗糙度达 $Ra3.2~\mu m$。

本例工件的编程较为简单,只需掌握数控编程规则、常用指令的指令格式等理论知识及简单的 G02 及 G03 指令即可完成编程。

(2) 选择数控机床

本任务选用的机床为 CKA6150 型 FANUC 0i 系统数控车床。

(3) 选择刀具、切削用量及夹具

加工本例工件时,由于涉及干涉,选择如图 4-2-21 所示 93°外圆车刀(又称 93°正偏刀,副偏角 47°)进行加工,采用三爪自定心卡盘进行装夹。切削用量推荐值如下:粗加工切削速度 $n=750~r\cdot min^{-1}$,进给量 $f=0.15~mm\cdot r^{-1}$,背吃刀量 $a_p=1\sim 2~mm$;精加工切削速度 $n=1~000~r\cdot min^{-1}$,进给量 $f=0.15~mm\cdot r^{-1}$。

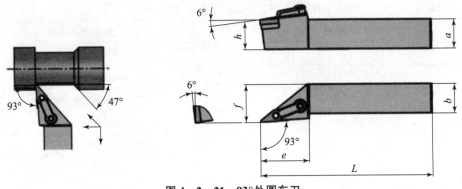

图 4-2-21 93°外圆车刀

2. 编写数控加工工艺

填写数控加工工序卡如表 4-2-4 所示。

表 4-2-4 圆弧零件数控加工工序卡

工步号	加工内容	刀具号	刀具名称	刀具规格	刀具材料	切削速度/$(r\cdot min^{-1})$	进给量/$(mm\cdot r^{-1})$
1	夹持工件伸出卡盘外 45 mm 车端面	T01	93°正偏刀	副偏角 47°	硬质合金	750	0.15

续表

工步号	加工内容	刀具号	刀具名称	刀具规格	刀具材料	切削速度/($r \cdot min^{-1}$)	进给量/($mm \cdot r^{-1}$)
2	粗车右端外轮廓	T01	93°正偏刀	副偏角47°	硬质合金	750	0.15
3	精车右端外轮廓	T01	93°正偏刀	副偏角47°	硬质合金	1 000	0.15

3. 编写加工程序

（1）选择编程原点

如图4-2-22所示，选择工件右端面的中心作为工件编程原点。

（2）设计加工路线

加工本例工件时，刀具的运动轨迹见图4-2-22（S-O-A-B-C-D-H），S为起刀点。

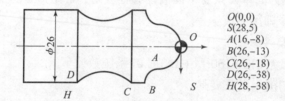

$O(0,0)$
$S(28,5)$
$A(16,-8)$
$B(26,-13)$
$C(26,-18)$
$D(26,-38)$
$H(28,-38)$

图4-2-22　圆弧零件加工路线

（3）编制数控加工程序

采用基本编程指令编写的数控车床加工程序见表4-2-5。

表4-2-5　圆弧零件数据加工程序

FANUC 0i 系统程序	FANUC 0i 程序说明
…	程序初始化
G01 X28 Z5 F5	直线插补到点S
G42 G01 X0 Z0 F0.15	刀尖圆弧半径右补偿到点O
G03 X16 Z-8 R8	逆时针圆弧插补至点A
G02 X26 Z-13 R5	顺时针圆弧插补至点B
G01 Z-18	直线插补至点C
G02 X26 Z-38 R15	顺时针圆弧插补至点D
G01 X28	直线插补至点H
G40 G00 X150	取消刀具半径补偿
Z150	退至安全位置
M05	主轴停止
M30	程序结束并返回到程序开始
%	

注意：

①从换刀点快速进刀至切入点，应考虑进刀的安全性，切入点位置取在距右端面 5 mm 处。

②编程时通过判断圆弧的顺逆，确定插补指令 G02 或 G03。

③圆弧插补指令 G02/G03 的指令中不要漏掉圆弧半径 R 地址。

四、加工练习

加工图 4-2-23 所示的零件，毛坯选用 ϕ40 mm×80 mm 的 45 钢，试编写其 FANUC 系统数控车床加工程序并进行加工。

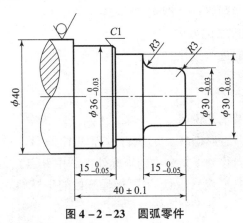

图 4-2-23　圆弧零件

项目 3　多台阶零件加工

一、任务引入

制订数控车削外圆柱面和圆锥面零件的加工工艺方案，应用 G90 指令编写程序并加工如图 4-2-24 所示零件，毛坯选用 ϕ40 mm×60 mm 的钢料。

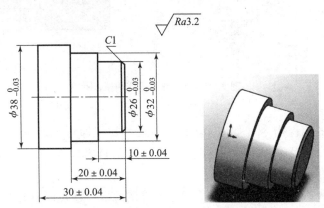

图 4-2-24　多台阶零件加工

二、相关知识

实际加工中，常会遇到简单的阶梯轴套类零件，若采用单一编程指令如 G00、G01、G02/03 进行编程加工，则程序量大，在加工过程中由于操作者的失误所引起的错误（如程序正负号输错、数值输入出错等）很容易引起安全事故及产品报废。为简化程序、提高安全性，可使用数控系统提供的单一循环 G90、G92、G94 等指令。

单一循环指令 G90、G94 集成了 G00、G01 的动作，程序量小且简洁，程序不容易出错。G90、G94 指令可加工简单形体，且背吃刀量可以不均，适用于车削毛坯余量较大的场合，编程时需人为分层车削。

1. 圆柱面切削循环 G90

（1）指令格式

G90 X(U)_Z(W)_F_；

X(U)_Z(W)_为循环切削终点［图 4-3-25（a）中 C 点］处的坐标，X 和 Z 后面数值的符号取决于轨迹 AB 和 BC 的方向。

F_为循环切削过程中的进给速度，该值可沿用到后续程序中去，也可沿用循环程序前已经指令的 F 值。

例：G90 X30 Z-30 F0.1；

（2）指令的运动轨迹及工艺说明

内圆柱面切削循环（即矩形循环）的执行过程如图 4-3-25（b）所示。刀具从程序起点 A 开始以 G00 方式径向移动至指令中的坐标处（图中 B 点），再以 G01 的方式沿轴向切削进给至终点坐标处（图中 C 点），然后退至循环开始的坐标处（图中 D 点），最后以 G00 方式返回循环起始点 A 处，准备下个动作。

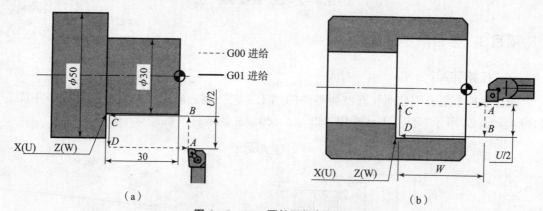

图 4-2-25 圆柱面切削循环

(a) 外圆柱面切削循环；(b) 内圆柱面切削循环

该指令与简单的编程指令（如 G00、G01 等）相比，即将 AB、BC、CD、DA 四条直线指令组合成一条指令进行编程，从而达到了简化编程的目的。

（3）循环起点的确定

循环起点是机床执行循环指令之前刀位点所在的位置，该点既是程序循环的起点，又是程序循环的终点。对于该点，考虑快速进刀的安全性，Z 轴方向离开加工部位 1~2 mm，在加工外圆柱面时，X 轴方向可略大于或等于毛坯外圆直径；加工内圆柱面时，X 轴方向可略小于或等于底孔直径。

（4）分层加工终点坐标的确定

根据硬质合金或涂镀硬质合金刀具车削碳钢时切削用量的推荐值，粗加工背吃刀量 2~

3 mm（单边量），精加工背吃刀量根据刀具刀尖圆弧半径的不同，取值0.2~0.6 mm。分层加工终点坐标见表4-2-6。

表4-2-6 分层加工终点坐标的确定

走刀	终点坐标	程序段
粗加工第一刀	(46.0, -29.9)	G90 X46.0 Z-29.9 F0.2
第二刀	(42.0, -29.9)	G90 X42.0 Z-29.9 F0.2
第三刀	(38.0, -29.9)	G90 X38.0 Z-29.9 F0.2
第四刀	(34.0, -29.9)	G90 X32.0 Z-29.9 F0.2
第五刀	(30.5, -29.9)	G90 X30.5 Z-29.9 F0.2
精加工走刀	(30.0, -30)	G90 X30.0 Z-30.1 F0.1

（5）编程实例

例：试用G90指令编写图4-2-25（a）所示工件的加工程序。

```
O0201;
G99;                    (程序初始化)
T0101;                  (转1号刀并调用1号刀补)
M03 S600;               (主轴正转,转速600 r·min⁻¹)
G00 X52 Z2;             (固定循环起点)
G90 X46 Z-29.9 F0.2;    (调用固定循环加工外圆柱表面)
    X42;                (固定循环模态调用,以下同)
    X38;
    X34;
    X30.5;              (精加工余量为0.5 mm)
X30 Z-30 F0.1 S1200;    (精加工进给速度、转速)
G00 X100 Z100;
M30;                    (主轴停转,程序结束,并返回程序开头)
```

2. 圆锥面切削循环 G90（R）

（1）指令格式

G90 X(U)_Z(W)_R_F_;

其中，X(U)_Z(W)_为循环切削终点处的坐标；F_为循环切削过程中进给速度的大小；R_为圆锥面切削起点（图4-2-26中的B点）处的坐标值减终点（图4-2-26中的C点）处坐标值的1/2。

例：G90 X30 Z-30 R-5 F0.2;

（2）指令的运动轨迹与工艺分析

指令的循环加工轨迹如图4-2-26所示，相似于圆柱面切削循环。

（3）R值的确定

G90循环指令中的R值有正负之分，当切削起点处的半径小于终点处的半径时，R为负值，如图4-2-26中R值即为负值，反之则为正值。

为了保证锥面加工时锥度的正确性,该循环的循环起点一般应在离工件 X 轴方向 1~2 mm 和 Z 轴方向为 Z0 的位置处,如图 4-2-26 所示。当加工直线段 CD 时,如果 Z 轴方向起刀点处在 Z3.0 位置时,其实际的加工路线为 ED,从而会产生锥度误差。解决其锥度误差的另一种办法是在直线 CD 的延长线上起刀(图 4-2-27 中的 G 点),但这时要重新计算 R 值(可按相似三角形的性质计算)。

圆锥面的锥度 C 为圆锥大、小端直径之差与长度之比,即

$$C = (D-d)/L = (40-30)/30 = \frac{1}{3}$$

即 $R = -[(D-d)+1]/2 = -5.5(\text{mm})$

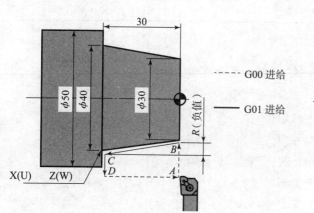

图 4-2-26 圆锥面切削循环的轨迹

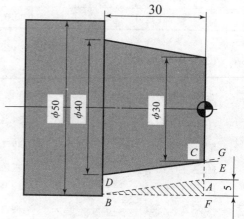

图 4-2-27 圆锥面切削循环的工艺分析

(4)分层加工终点坐标的确定

圆锥车削应按照最大切除余量确定走刀次数,避免第一刀的切深过大。即以图 4-3-27 中 CF 段的长度进行平均分配。如果按图 4-2-27 中的 BD 段长度来分配背吃刀量的大小,则在加工过程中会使第一次执行循环时的开始处背吃刀量过大,如图中 ABF 区域所示,即在切削开始处的背吃刀量为 5 mm。

本例中,粗加工背吃刀量取单边 3 mm,精加工余量为 0.6 mm,根据圆锥小端加工总余量 20.0 mm 确定分层切削粗加工次数为 4 次。分层切削加工的坐标值如表 4-2-7 所示,表中终点的坐标值为起点的坐标值加大小端直径差。

表 4-2-7 圆锥面分层切削加工坐标的确定

走刀	圆锥起点坐标	圆锥终点坐标	程序段
粗加工第一刀	(44.0, 0)	(54.0, -30.0)	G90 X54 Z-30.0 R-5.5 F0.2
第二刀	(38.0, 0)	(48.0, -30.0)	G90 X48 Z-30.0 R-5.5 F0.2
第三刀	(32.0, 0)	(42.0, -30.0)	G90 X42 Z-30.0 R-5.5 F0.2
第四刀	(30.5, 0)	(40.5, -30.0)	G90 X40.5 Z-30.0 R-5.5 F0.2
精加工走刀	(30.0, 0)	(40.0, -30.0)	G90 X40 Z-30.0 R-5.5 F0.1

(5)编程实例

例:试用 G90 指令编写图 4-2-26 所示工件的加工程序。

```
O0202;
G99;                            (程序初始化)
T0101;                          (转1号刀并调用1号刀补)
M03 S600;                       (主轴正转,转速600 r·min⁻¹)
G00 X52 Z3;                     (固定循环起点,Z向为Z0)
G90 X54 Z-30 R-5.5 F0.2;        (在X46.0 Z0处开始切削,平均分配背吃刀量)
    X48;                        (固定循环模态调用,下同)
    X42;
    X40.5;                      (精加工余量为0.5 mm)
    X40 F0.1 S1200;             (精加工进给速度、转速)
G00 X100 Z100;
M30;
```

3. 圆锥车削加工路线

圆锥的加工路线通常有两种,当按照图4-2-28(a)所示的加工路线加工时,刀具每次切削的背吃刀量相等,但编程时需计算刀具的起点和终点坐标。采用这种加工路线时,加工效率高,但计算麻烦。

当按照图4-2-28(b)所示的加工路线加工时,则无须计算终点坐标,但用单一固定循环编程时需要计算每一刀进给的R值,且每次切削过程中,背吃刀量是变化的,不然会引起工件表面粗糙度不一致。

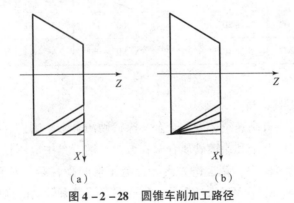

图4-2-28 圆锥车削加工路径

(a) 需要计算刀具起点和终点坐标;(b) 无须计算刀具起点和终点坐标

4. 外圆车削相关工艺知识

(1) 常用数控车刀的刀具参数

对于使用了机夹可转位刀片的刀具,其刀具参数已设置成标准化参数。而对于需要刃磨的刀具,在刃磨过程中要注意保证这些刀具参数的正确性。

以硬质合金外圆精车刀为例,数控车刀的刀具角度参数如图4-2-29所示,具体角度的定义方法请参阅有关切削手册。硬质合金刀具切削碳素钢时的角度参数参考取值见表4-2-8。在确定角度参数值的过程中,应考虑工件材料、硬度、切削性能、具体轮廓形状和刀具材料等诸多因素。

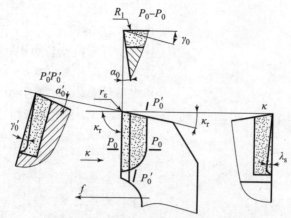

图4-2-29 数控车刀刀具角度参数

表4-2-8 常用硬质合金数控车刀切削碳素钢时的角度参数推荐值

角度 刀具	直角 (γ_0)	后角 (α_0) κ	副后角 (α'_0)	主偏角 (κ_r)	副偏角 (κ'_r)	刃倾角 (λ_s)	刀尖半径 (r_ε) /mm
外圆粗车刀	0°~10°	6°~8°	1°~3°	75°左右	6°~8°	0°~3°	0.5~1.0
外圆精车刀	15°~30°	6°~8°	1°~3°	90°~93°	2°~6°	3°~8°	0.1~0.3
外切槽刀	15°~20°	6°~8°	1°~3°	90°	1°~1°30′	0°	0.1~0.3
三角螺纹车刀	0°	4°~6°	2°~3°			0°	0.12P
通孔车刀	15°~20°	8°~10°	磨出双重后角	60°~75°	15°~30°	-6°~8°	1.0~2.0
盲孔车刀	15°~20°	8°~10°		90°~93°	6°~8°	0°~2°	0.5~1.0

注：P为螺距。

(2) 数控车刀的刀具材料

常用的数控刀具材料有高速钢、硬质合金、涂镀硬质合金、陶瓷、立方氮化硼、金刚石等。其中，高速钢、硬质合金和涂镀硬质合金在数控车削刀具中应用较广。

高速钢是指加了较多的钨、钼、铬、钒等合金元素的高合金工具钢，其常用的牌号有W18Cr4V、W14Cr4VCo5和W6Mo5Cr4V2等。高速钢车刀具有较高的强度和韧性，主要用于复杂零件加工和精加工，但刀具耐热性差。该刀具材料的适用性较广，能适用各种金属的加工，由于其耐热性差，因此不适用于高速切削。

硬质合金分成钨钴（K）类、钨钛钴（P）类、钨钛钽钴（M）类等，常用刀具牌号有YG3、YG6、YG8、YT5、YT15、YT30、YW1、YW2等。硬质合金具有高硬度、高耐磨性、高耐热性的特点，但其抗弯强度和冲击韧性较差，因此，该材料适用于精加工或加工钢及韧性较大的塑性金属。

涂镀硬质合金是在普通硬质合金的基体上通过"涂镀"新工艺而得到的，这使得其耐磨、耐热和耐腐蚀性能得到大大提高，因此，其使用寿命比普通硬质合金至少可提高1~3倍。

陶瓷材料是含有金属氧化物或氮化物的无机非金属材料，该材料具有很高的硬度、耐磨性，以及很强的耐高温性和较低的摩擦系数。因此，陶瓷刀片是加工淬硬（65 HRC左右）

钢及其他难加工材料的首选刀具。

立方氮化硼（CBN）和金刚石（PCD）材料具有极高的硬度和耐磨性，分别适用于精加工各种淬硬钢及高速精加工钛或铝合金工件，但不宜承受冲击和低速切削，也不宜加工软金属，且价格较高。

以上各刀具材料的硬度和韧性对比如图 4-2-30 所示。

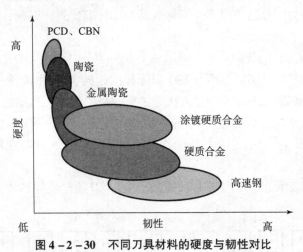

图 4-2-30 不同刀具材料的硬度与韧性对比

5. 机械夹固式车刀简介

（1）机械夹固式车刀

根据压紧方式的不同，机械夹固式车刀分为复合压紧式（图 4-2-31）和螺钉压紧式（图 4-2-32）。

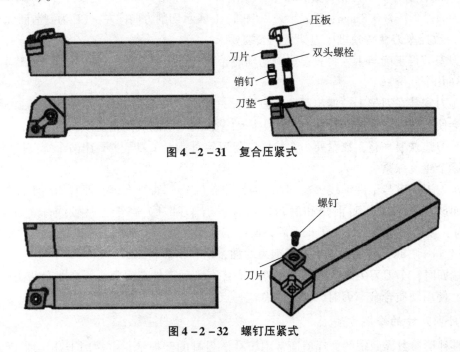

图 4-2-31 复合压紧式

图 4-2-32 螺钉压紧式

机械夹固式车刀的刀片为多边形,有多条切削刃,当某条切削刃磨损钝化后,只需松开夹固元件将刀片转一个位置便可继续使用。其最大优点是车刀几何角度完全由刀片保证,切削性能稳定,刀杆和刀片已标准化,加工质量好。

在数控车床的加工过程中,为了减少转刀时间和方便对刀,便于实现加工自动化,应尽量选用机夹可转位刀具,目前,70%~80%的自动化加工刀具已使用了可转位刀具。另外,由于机夹可转位刀具的标号已使用了国家标准及ISO标准代码,因此,本节将主要介绍机夹可转位刀具。

(2) 机夹可转位刀具的代码

硬质合金可转位刀具的国家标准与ISO国际标准相同,共用10个号位的内容来表示品种规格、尺寸系列、制造公差以及测量方法等主要参数的特征。按照规定,任何一个型号的刀具都必须用前7个号位,后3个号位在必要时才使用。其中第10号位前要加一短横线"-"与前面号位隔开,第8、9两个号位若只使用其中一位,则写在第8号位上,中间不需要空格。

可转位刀具型号表示方法可用图4-2-33表达,刀具型号的具体含义请查阅相关数控刀具手册。

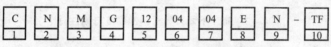

图4-2-33 机夹可转位刀具型号表示方法

例:TBHG120408EL-CF

例中,T表示三角形刀片;B表示刀具法向主后角为5°;H表示刀具厚度公差为±0.013 mm;G表示圆柱孔夹紧;12表示切削刃长12 mm;04表示刀具厚度为4.76 mm;08表示刀尖圆弧半径为0.8 mm;E表示刀刃倒圆;L表示切削方向向左;CF为制造商代号。

(3) 数控车刀在数控机床刀架上的安装要求

车刀安装得正确与否,将直接影响切削能否顺利进行和工件的加工质量。安装车刀时应注意下列几个问题。

①车刀安装在刀架上,伸出部分不宜太长,伸出量一般为刀杆高度的1.0~1.5倍。伸出过长会使刀杆刚性变差,切削时易产生振动,影响工件的表面粗糙度。

②车刀垫铁要平整,数量要少,垫铁应与刀架对齐。车刀至少要用两个螺钉压紧在刀架上,并逐个轮流拧紧。

③车刀刀尖应与工件轴线等高[图4-2-34(a)],否则会因基面和切削平面的位置发生变化而改变车刀工作时前角和后角的数值。当车刀刀尖高于工件轴线[图4-2-34(b)]时,使后角减小,增大了车刀后刀面与工件间的摩擦;当车刀刀尖低于工件轴线[图4-2-34(c)]时,使前角减小,切削力增加,切削不顺利。

车端面时,车刀刀尖高于或低于工件中心,车削后工件端面中心处会留有凸头(图4-2-35)。使用硬质合金车刀时,如不注意这一点,车削到中心处会使刀尖崩碎。

6. 外圆尺寸的修调方法

刀具补偿参数界面中的磨耗值通常用于补偿刀具的磨损量,也常用于补偿加工误差值。在工件完成粗加工后,虽然进行检测并按照实测值误差进行了补偿,但完成精加工后往往仍

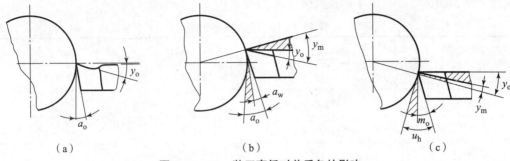

图 4-2-34 装刀高低对前后角的影响

(a) 车刀刀尖与轴线等高；(b) 车刀刀尖高于轴线；(c) 车刀刀尖低于轴线

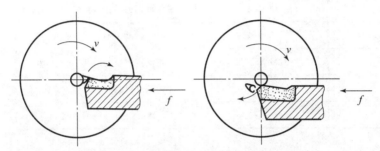

图 4-2-35 车刀刀尖不对准工件中心的后果

然会出现尺寸超差的现象。究其原因，主要是因为：①对刀误差；②粗加工后的表面较粗糙造成检测误差，测量值大于实际值，按此测量值进行精加工往往会造成工件外圆尺寸偏小，且无法弥补；③粗、精加工中切削力的变化造成实际切削深度与理论切削深度的偏差；④机床精度的影响。

为避免粗加工误差对精加工的影响，实际加工中通常采用粗-半精加工-精加工的加工方案。为减少编程工作量，可采用在磨耗或刀尖圆弧半径补偿界面中预留精加工余量的编程方法，在粗-半精加工后检测工件尺寸，并根据实测值修调磨耗值或刀尖圆弧半径补偿值，由于精加工与半精加工加工条件基本一致，从而有效地保证了加工精度。具体数值见表4-2-9。

表 4-2-9 圆锥面分层切削加工直径的确定 （单位：mm）

加工阶段	编程值	磨耗值	实测值	误差
粗加工（分层）	34.5	+0.5	约35.0	
半精加工	34.0	+0.5	34.45	-0.05
精加工	30.0			

注意：精加工中，尺寸按中间公差值修调。

实操中运用磨耗值或刀尖圆弧半径补偿值修调尺寸时，先按程序完成工件的粗、精加工，由于通过磨耗值或刀具圆弧半径补偿值预留了精加工余量，此时精加工作为半精加工进行。根据实测值修调了磨耗值或刀尖圆弧半径补偿值后，只需在编辑模式中将光标移至调用精加工刀号和刀补号（或重新调用刀号和刀补号）程序段，切换至自动加工模式循环启动再执行一次精加工即可,程序调整说明见表4-2-10。

表4-2-10 程序调整说明

程序号	加工程序	程序说明	操作提示
	……	粗加工	自动加工
N100	X50.6		
N110	G00 X100 Z100	退刀	
N120	M05	主轴停	检测并修调磨耗值
N130	M00	程序暂停	
N140	T0202	重新调用刀号,刀补号	
N150	S1000 M03	转动主轴	按循环启动键,继续自动加工
N160	G00 X52 Z2	重新定位至起刀点	
N170	X34	精加工	
	……		

7. 零件表面质量问题分析

导致表面粗糙度质量下降的因素大多可通过操作者来避免或减小。因此,数控操作者的水平将对表面粗糙度质量产生直接的影响,部分影响零件表面质量因素见表4-2-11。

表4-2-11 表面粗糙度影响因素分析

影响因素	序号	产生原因
装夹与校正	1	工件装夹不牢固,加工过程中产生振动
刀具	2	刀具磨损后没有及时精磨
	3	刀具刚性差,刀具加工过程中产生振动
	4	主偏角、副偏角等刀具参数选择不当
加工	5	进给量选择过大,残留面积高度增高
	6	切削速度选择不合理,产生积屑瘤
	7	背吃刀量(精加工余量)选择过大或过小
	8	粗、精加工没有分开或没有精加工
	9	切削液选择不当或使用不当
	10	加工过程中刀具停顿
加工工艺	11	工作材料热处理不当或热处理工艺安排不合理
	12	采用不适当的进给路线

8. 切削液的选用

(1) 切削液的作用

①润滑作用。切削液能渗入刀具、切屑、加工表面之间而形成薄薄的一层润滑膜或化学吸附膜,因此,可以减小它们之间的摩擦。切削液的润滑效果与切削条件有关,切削速度越高,切削厚度越大,工件材料强度越高,则切削液润滑效果越差。

②冷却作用。切削液能从切削区域带走大量的切削热,使切削温度降低。一般来说,水溶液的冷却性能最好,乳化液次之,油类最差。

③清洗作用。切削液的流动可冲走切削区域和机床导轨上的细小切屑及脱落的磨粒,从而达到清洗的目的。

④防锈作用。在切削液中加入防锈添加剂后,切削液可在金属材料表面上形成附着力很强的一层保护膜,从而对工件、机床、刀具起到很好的防锈、防腐作用。

(2) 切削液的种类

切削液主要分为水基切削液和油基切削液两类。水基切削液主要成分是水、化学合成水和乳化液,冷却能力强。油基切削液主要成分是各种矿物油、动物油、植物油或由它们组成的复合油,并可添加各种添加剂,因此,其润滑性能突出。

(3) 切削液的选择

粗加工或半精加工时,切削热量大。因此,切削液的作用应以冷却散热为主。精加工时,为了获得良好的已加工表面质量,切削液应以润滑为主。注意硬质合金刀具使用冷却液时,应采用连续冷却的办法进行,切忌暴冷暴热。

(4) 切削液的使用方法

切削液的使用普遍采用浇注法。对于深孔加工、难加工材料的加工以及高速或强力切削加工,应采用高压冷却法。切削时切削液工作压力为 1~10 MPa,流量为 50~150 L/min。

喷雾冷却法也是一种较好的使用切削液的方法,加工时,切削液被施加高压并通过喷雾装置雾化,然后被高速喷射到切削区。

三、任务实施

1. 编程准备

(1) 分析零件图样

该工件的加工为外表面加工,包括 $\phi 38$ mm、$\phi 32$ mm 和 $\phi 26$ mm 的圆柱面、$C1$ 倒角等表面。图样中有三处直径尺寸为中等公差等级要求,加工时需要用粗、精加工,并在粗、精加工之间加入测量和误差调整补偿。长度尺寸用一般加工方法就可以保证,表面粗糙度要求 $Ra3.2$ μm。工件材料为 45 钢,调质处理,加工后去毛刺。

本例工件的编程较为简单,只需掌握数控编程规则、常用指令的指令格式等理论知识及简单的 G90 指令即可完成编程。

(2) 方案分析

夹持毛坯,伸出长度约 50 mm 车端面,加工右侧轮廓。按直径从大到小依次粗车 $\phi 38$ mm、$\phi 32$ mm、$\phi 26$ mm 外圆,各留 1 mm 精加工余量进行轮廓精车。

(3) 夹具分析

根据所给毛坯为棒料,该工件为规则轴类,长度较短,采用三爪自定心卡盘进行装夹,装夹方便、快捷，定位精度高。

(4) 刀具、切削用量选择

被加工材料为 45 钢，经调质处理后它的综合加工性能较好，故粗、精加工都选用 YT15 车刀。由于该工件全部为表面加工，并且直径依次递减，所以选择两把 93°外圆车刀进行加工，1 号刀用于粗加工，副偏角取 5°；2 号刀用于精加工，取副偏角为 47°，切削用量推荐值如下：粗加工切削速度 $n=600$ $r\cdot min^{-1}$，进给量 $f=0.2$ $mm\cdot r^{-1}$；精加工切削速度取 $n=1\,000$ $r\cdot min^{-1}$，进给量 $f=0.15$ $mm\cdot r^{-1}$，刀具和切削用量表见表 4-2-12。

表 4-2-12 刀具和切削用量表

刀号	加工内容	刀具规格		切削速度 $n/(r\cdot min^{-1})$	进给量 $f/(mm\cdot r^{-1})$
		类型	材料		
T01	粗车外圆	副偏角取 5°的 93°外圆车刀	YT15	600	0.2
T02	精车外圆	副偏角取 47°的 93°外圆车刀	YT15	1 000	0.15

2. 编写数控加工工艺

填写数控加工工序卡如表 4-2-13 所示。

表 4-2-13 多台阶零件数控加工工序卡

工步号	加工内容	刀具号	刀具名称	刀具规格	刀具材料	切削速度/ $(r\cdot min^{-1})$	进给量/ $(mm\cdot r^{-1})$
1	夹持工件伸出卡盘外 50 mm 车端面	T01	93°正偏刀	副偏角 5°	硬质合金	600	0.2
2	粗车右端外轮廓	T01	93°正偏刀	副偏角 5°	硬质合金	600	0.2
3	精车右端外轮廓	T02	93°正偏刀	副偏角 47°	硬质合金	1 000	0.15

3. 编写加工程序

(1) 选择编程原点

如图 4-2-36 所示，选择工件右端面的中心作为工件编程原点。

(2) 设计加工路线

加工本例工件时，刀具的加工路线见图 4-2-36：粗车第一刀 (1-2-M-N-1)；粗车第二刀 (1-3-I-P-1)；粗车第三刀 (1-4-H-P-1)；粗车第四刀 (1-5-E-Q-1)；粗车第五刀 (1-6-D-Q-1)；粗车倒角 (1-7-A-B-1)。

G90 粗车形成矩形，包括四个动作：G00 (X 轴方向进刀)，G01 (Z 轴方向直线切削)，G01 (X 轴方向退刀)，G00 (Z 轴方向退刀)。精车点对点，沿着轮廓直线切削，(1-7-A-B-C-F-G-J-K-N-1)，1 为起刀点。

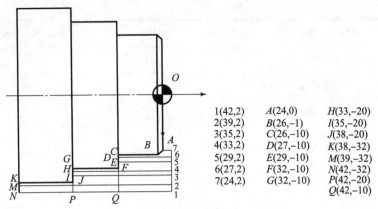

1(42,2)　　A(24,0)　　H(33,-20)
2(39,2)　　B(26,-1)　　I(35,-20)
3(35,2)　　C(26,-10)　　J(38,-20)
4(33,2)　　D(27,-10)　　K(38,-32)
5(29,2)　　E(29,-10)　　M(39,-32)
6(27,2)　　F(32,-10)　　N(42,-32)
7(24,2)　　G(32,-10)　　P(42,-20)
　　　　　　　　　　　　Q(42,-10)

图 4-2-36　多台阶零件加工路线

(3) 编制数控加工程序

采用编程指令编写的数控车床加工程序见表 4-2-14。

表 4-2-14　多台阶零件加工程序

FANUC 0i 系统程序	FANUC 0i 程序说明
…	程序初始化
G01 X42 Z5 F5	循环点（1 点）
G90 X39 Z-32 F0.2	单一固定循环第一刀（点 M）
X35 Z-20	单一固定循环第二刀（点 I）
X33	单一固定循环第三刀（点 H）
X29 Z-10	单一固定循环第四刀（点 E）
X27	单一固定循环第五刀（点 D）
G00 X24	
G01 Z0 F0.2	
X26 Z-1	粗倒角
G0 X42	
X150 Z150	
M00	程序暂停
M05	主轴停止
T0202	换精车刀
M03 S1000	
G01 X42 Z2 F5	
X24	

续表

FANUC 0i 系统程序	FANUC 0i 程序说明
Z0 F0.15	
X26 Z-1	
Z-10	
X32	
Z-20	
X38	
Z-32	
X42	
…	程序结束

四、加工练习

完成图 4-2-37 所示零件的加工方案和工艺规程的编制，并进行程序编制和加工，φ15 mm 的孔已预先加工好。

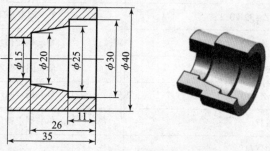

图 4-2-37 单向锥孔零件

内孔加工时，应选用恰当大小刀杆的车刀，并应遵循下面的基本原则。

①根据车刀能加工的最小孔径，选择尽可能大的刀杆。同等悬伸长度情况下，其长径比较小，刀杆越大，刚性及抗震性也就越好，有利于加工表面精度的提高。图 4-2-38 所示为一般钢制内孔刀杆。

②在满足加工要求的前提下，尽可能地缩短悬伸长度。

③在深孔镗削或刀杆与孔尺寸相差不多的情况下，排屑往往是一大难题，这时可通过采用内冷却（或压缩空气）方式提高排屑效果，如图 4-2-39 所示。

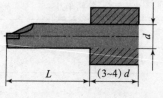

图 4-2-38 钢制内孔刀杆

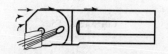

图 4-2-39 采用内冷却的内孔车刀

项目4 单向锥轴加工

一、任务引入

制订数控车削外圆柱面和圆锥面零件的加工工艺方案,应用 G94 指令编写程序并加工如图 4-2-40 所示零件,毛坯选用 $\phi60$ mm $\times 50$ mm 的钢料。

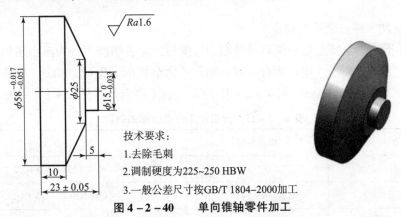

图 4-2-40　单向锥轴零件加工

二、相关知识

1. 端面切削循环 G94

这里所指的端面即与 X 轴平行的端面,称为平端面。

（1）指令格式

G94 X(U)_Z(W)_F_;

X(U)_Z(W)_F_的含义同 G90。

例:G94 X10 Z-20 F0.2;

（2）指令的运动轨迹及工艺说明

指令的运动轨迹如图 4-2-41（外轮廓）所示。刀具从程序起点 A 开始以 G00 方式快速到达指令中的坐标处（图中点 B）,再以 G01 的方式切削进给至终点坐标处（图中点 C）,并退至循环起始的坐标处（图中点 D）,再以 G00 方式返回循环起始点 A,准备下个动作。图 4-2-42 为内轮廓的加工运动轨迹。

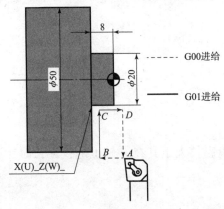

图 4-2-41　外轮廓切削循环的加工轨迹

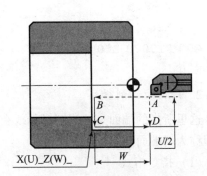

图 4-2-42　内轮廓切削循环的加工轨迹

执行该指令的工艺过程与 G90 工艺过程相似,不同之处在于切削速度及背吃刀量应略小,以减小切削过程中的刀具振动。

(3) 循环起点的确定

端面切削的循环起点取值同 G90 循环。在加工外圆表面时,该点离毛坯右端面 2~3 mm,比毛坯直径大 1~2 mm;在加工内孔时,该点离毛坯右端面 2~3 mm,比毛坯内径小 1~2 mm。

(4) 分层加工终点坐标的确定

G94 循环指令车削特点是利用刀具的端面切削刃作为主切削刃,为减小切削过程中的刀具振动,背吃刀量应略小。用硬质合金或涂镀硬质合金切削碳钢时,粗加工背吃刀量为 1~2 mm,精加工余量为 0.3 mm。图 4-2-41 的分层加工终点坐标见表 4-2-15。

表 4-2-15 分层加工终点坐标的确定

走刀	终点坐标	程序段
粗加工第一刀	(20.0, -2.0)	G94 X20Z-2.0 F0.2
第二刀	(20.3, -4.0)	G94 X20 Z-4.0 F0.2
第三刀	(20.3, -6.0)	G94 X20 Z-6.0 F0.2
第四刀	(20.3, -7.8)	G94 X20 Z-7.8 F0.2
精加工走刀	(20.0, -8.0)	G94 X20Z-8.0 F0.1

(5) 编程实例

例:试用 G94 指令编写图 4-2-41 所示零件的加工程序。

O0203

G99;   (程序初始化)

T0101;   (转 1 号刀并调用 1 号刀补)

M03 S600;   (主轴正转,转速 600 r·min^{-1})

G00 X52 Z2;   (固定循环起点)

G94 X20.3 Z-2 F0.2;   (调用固定循环加工平端面)

  Z-4;   (固定循环模态调用,下同)

  Z-6;

  Z-7.5;   (精加工余量为 0.5 mm)

  X20 Z-8 F0.1;

G00 X100.0 Z100.0;

M30;

2. 斜端面切削循环

这里所指的端面是,当圆锥母线在 X 轴上的投影长大于其在 Z 轴上的投影长时,该端面即称为斜端面。

(1) 指令格式

G94 X(U)_Z(W)_R_ F_;

X(U)_Z(W)_和 F_的含义同 G90。

R_为斜端面切削起点（图 4-2-43 中的点 B）处的 Z 轴坐标值减去其终点（图 4-2-43 中的点 C）处的 Z 轴坐标值。

例：G94 X20 Z-10 R-5 F0.2;

（2）指令的运动轨迹及工艺说明

斜端面切削循环的运动轨迹如图 4-2-43 所示。刀具从程序起点 A 开始以 G00 方式快速到达指令中的坐标处（图中点 B），再以 G01 的方式切削进给至终点坐标处（图中点 C），并退至循环起始的坐标处（图中点 D），再以 G00 方式返回循环起始点 A，准备下个动作。

（3）R 值的确定

实际加工中，考虑 G00 进刀的安全性，循环起点一般比毛坯直径大 1~2 mm，为避免锥度误差，需重新计算 R 值，如图 4-2-44 所示。

根据相似三角形原理，对应边长成比例，即

$$R_1/R = \overline{A_1D}/\overline{AD}$$

$$R_1 = R(\overline{AD}+0.75)/\overline{AD} = -5 \times (15+0.75)/15 = -5.25(\text{mm})$$

指令的运动轨迹及工艺说明与 G90 相似。

计算 R 值时，应避免取近似值，防止造成锥度误差。

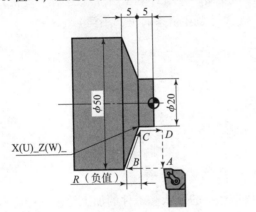
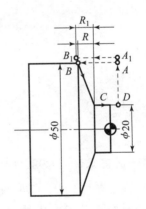

图 4-2-43 斜端面切削循环的运动轨迹　　图 4-2-44 斜端面切削循环的工艺分析

（4）分层加工终点坐标的确定

圆锥车削应按照最大切除余量确定走刀次数，避免第一刀切深过大。本例中，粗加工背吃刀量取 2 mm，精加工余量为 0.2 mm，根据 Z 轴方向最大切除余量 10 mm 确定分层切削粗加工次数为 5 次。分层切削起点的坐标和终点坐标如表 4-2-16，表中终点坐标的 Z 轴坐标值为起点坐标的 Z 轴坐标值加 R 值。

表 4-2-16　分层加工终点坐标的确定

走刀	斜端面起点坐标	斜端面终点坐标	程序段
粗加工第一刀	(51.5, -2.0)	(20.3, 3.0)	G94 X20.3 Z3 R-5.25 F0.2
第二刀	(51.5, -4.0)	(20.3, 1.0)	G94 X20.3 Z1 R-5.25 F0.2

续表

走刀	斜端面起点坐标	斜端面终点坐标	程序段
第三刀	(51.5, -6.0)	(20.3, -1.0)	G94 X20.3 Z-1 R-5.25 F0.2
第四刀	(51.5, -8.0)	(20.3, -3.0)	G94 X20.3 Z-3 R-5.25 F0.2
第五刀	(51.5, -9.8)	(20.3, -4.8)	G94 X20.3 Z-4.8 R-5.25 F0.2
精加工走刀	(51.5, -10.0)	(20.0, -5.0)	G94 X20.0 Z-5 R-5.25 F0.1

(5) 编程实例

例：试用 G94 指令编写如图 4-2-43 所示工件的加工程序。

```
O0204
G99;                              (程序初始化)
T0101;                            (转1号刀并调用1号刀补)
M03 S600;                         (主轴正转，转速 600 r·min⁻¹)
G00 X51.5 Z2.0;                   (固定循环起点)
G94 X20.3 Z3.0 R-5.25 F0.2;       (调用固定循环加工锥端面，从锥面的延长线上开
                                   始切削，重新计算出 R 值，且 R 为负值)
    Z1;                           (固定循环模态调用，下同)
    Z-1;
    Z-3;
    Z-4.8;                        (精加工余量为 0.5 mm)
    X20 Z-5 F0.1;
G00 X100.0 Z100.0;
M30;
```

3. 使用单一固定循环（G90、G94）时应注意的事项

① 使用单一固定循环 G90、G94，应根据坯件的形状和工件的加工轮廓进行适当的选择，一般情况下的选择如图 4-2-45 所示。

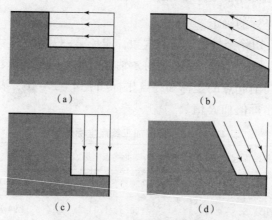

图 4-2-45 单一固定循环的选择

(a) 圆柱面切削循环 G90；(b) 圆锥面切削循环 G90；(c) 平端面切削循环 G94；(d) 斜端面切削循环 G94

圆柱面切削循环：被切除的毛坯为轴向长、径向短的矩形时，选用圆柱面切削循环。
圆锥面切削循环：零件形状为圆锥形，且顶锥角小于90°时，选用圆锥面切削循环。
平端面切削循环：被切除的毛坯为径向长、轴向短的矩形时，选用平端面切削循环。
斜端面切削循环：零件表面为锥面，且顶锥角大于90°时，选用斜端面切削循环。

②由于U、W和R的数值在固定循环期间是模态的，所以，如果没有重新指定U、W和R，则原来指定的数据有效。

③如果在使用单一固定循环的程序段中指定了$\frac{EOB}{E}$或零运动指令，则重复执行同一固定循环。

④如果在单一固定循环方式下又指令了M、S、T功能，则单一固定循环和M、S、T功能同时完成。

⑤如果在单段运行方式下执行循环，则每一个循环分4段进行，执行过程中必须按4次循环启动键。

三、任务实施

1. 编程准备

（1）分析零件图样

该工件的加工为外表面加工，包括φ58 mm、φ15 mm的圆柱面、φ32 mm的圆锥面等表面。图样中有三处直径尺寸为中等公差等级要求，加工时需要用粗、精加工，并在粗、精加工之间加入测量和误差调整补偿。长度尺寸用一般加工方法就可以保证，表面粗糙度要求为$Ra1.6$ μm。零件材料为45钢，调质处理，加工后去毛刺。

本例工件的编程较为简单，只需掌握数控编程规则、常用指令的指令格式等理论知识及简单的G90、G94指令即可完成编程。

（2）方案分析

夹持毛坯，伸出长度约为30 mm平端面。按直径从大到小依次粗车φ50 mm、φ32 mm、φ15 mm的外圆，各留0.3 mm精加工余量进行精车即可。

（3）夹具分析

根据车床常用夹具及其适用场合和所给毛坯尺寸，该工件为规则轴类，长度较短，采用三爪自定心卡盘进行装夹，装夹方便、快捷，定位精度高。

（4）刀具、切削用量选择

被加工材料为45钢，它的综合加工性能较好，故粗、精加工都选用YT15车刀。由于该工件全部为表面加工，并且直径依次递减，所以选择两把93°外圆车刀进行加工，1号刀用于粗加工，副偏角取5°；2号刀用于精加工，取副偏角为47°。切削用量推荐值如下：粗加工切削速度$n = 600$ r·min^{-1}，进给量$f =$ （0.20 ~ 0.25） mm·r^{-1}；精加工切削速度取$n = 1\ 000$ r·min^{-1}，进给量$f = 0.15$ mm·r^{-1}。

2. 编写数控加工工艺

填写数控加工工序卡如表4-2-17所示。

表4-2-17 单向锥轴数控加工工序卡

工步号	加工内容	刀号	刀具名称	刀具规格	刀具材料	切削速度/ $(r \cdot min^{-1})$	进给量/ $(mm \cdot r^{-1})$
1	夹持工件伸出卡盘外50 mm 车端面	T01	93°正偏刀	副偏角5°	硬质合金	600	0.20
2	粗车右端外轮廓	T01	93°正偏刀	副偏角5°	硬质合金	600	0.25
3	精车右端外轮廓	T02	93°正偏刀	副偏角47°	硬质合金	1 000	0.15

3. 编写加工程序

①选择编程原点。如图4-2-46所示，选择工件两侧端面的中心作为工件编程原点。

②R值的计算。起始点的设为（25+18.15×2=61.3，3.0），如图4-2-46所示。

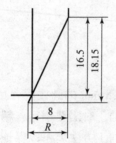

根据相似三角形的性质：

$$\frac{18.15}{16.5} = \frac{R}{8} \Rightarrow R = 8.8$$

图4-2-46 R值的计算

③编制数控加工程序。采用基本编程指令编写的数控车床加工程序见表4-2-18，φ58 mm外圆的加工程序参考G90编制的样题，在此省略。

表4-2-18 单向锥轴实例参考程序

FANUC 0i 系统程序	FANUC 0i 程序说明
…	程序初始化
G01 X62 Z2 F5	循环点
G94 X15.3 Z-2 F0.25	
Z-5	
G94 X25 Z1 R-8.8	
Z-1	
Z-3	
Z-5	
…	程序结束

四、加工练习

完成图4-2-47所示零件的加工方案和工艺规程的编制，并进行程序编制和加工，φ20 mm 的孔已预先加工好。

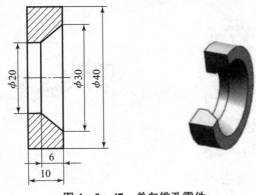

图 4-2-47 单向锥孔零件

项目 5 圆锥塞帽的加工

一、任务引入

制订如图 4-2-48 所示圆锥塞帽的加工工艺方案,应用 G71、G70 指令编写程序并加工,毛坯选用 φ40 mm×80 mm 的钢料。

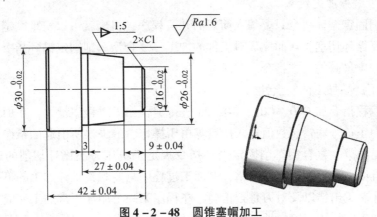

图 4-2-48 圆锥塞帽加工

二、相关知识

1. 分层切削加工工艺

在数控车床加工过程中,考虑毛坯的形状、工件的刚性和结构工艺性、刀具形状、生产效率和数控系统具有的循环切削功能等因素,大余量毛坯分层切削循环加工路线主要有"矩形"分层切削进给路线和"型车"分层切削进给路线两种形式。

"矩形"分层切削进给路线如图 4-2-49 所示,为切除图示的画双斜线部分加工余量,粗加工走的是一条类似于矩形的轨迹。"矩形"分层切削进给路线较短,加工效率较高,编程方便。

"型车"分层切削进给路线如图 4-2-50 所示,为切除图示的画双斜线部分加工余量,粗加工和半精加工走的是一条与工件轮廓相平行的轨迹,虽然加工路线较长,但避免了加工过程中的空行程。这种轨迹主要适用于铸造成形、锻造成形或已粗车成形工件的粗加工和半精加工。

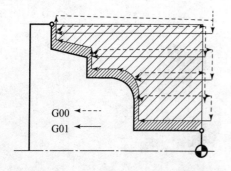 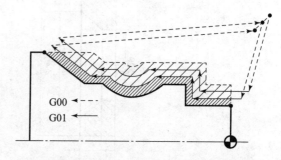

图4-2-49 "矩形"分层切削进给路线　　　　图4-2-50 "型车"分层切削进给路线

2. 复合型车削固定循环指令概述

数控车床使用 G90、G94 指令使程序简化了一些，但还有一类被称为复合型车削固定循环指令能使程序进一步得到简化，使用这些复合型车削固定循环指令能大大提高加工效率。粗车循环 G71、G72，封闭切削循环 G73，精车循环 G70 加工外轮廓应用得最多，在编程加工过程中应该正确选择相关指令。复合型车削固定循环指令具有以下优势。

（1）提高了编程加工效率

复合型车削固定循环指令只要编入简短的几段程序，机床就可以实现固定顺序动作自动循环和多次重复循环切削，从而完成对工件的加工，复合型车削固定循环指令是工件加工手工编程自动化程度最高的一类指令。

（2）提高了产品加工的安全性

采用单一编程指令如 G00、G01、G02/03 进行编程加工时程序量大，在加工过程中，易出现类似程序中正负号输错、数值输入出错等由于操作者的失误所引起的错误，很容易引起安全事故及产品报废。复合型车削固定循环指令规定了机床每次循环切削的进刀量和退刀量，程序量小且简洁，程序不容易出错，在加工过程中只要观察工件加工的第一次循环就能大概判断出程序有无出错以及对刀是否正确，在程序第一个循环正常加工完成之后就可以放心地进行自动加工，加工的安全性很高。

3. 内外径粗车循环（G71）

（1）指令格式

G71 U (Δd) R (e)；

G71 P (n_s) Q (n_f) U (Δu) W (Δw) F (m)；

其中：Δd——X 轴方向背吃刀量（半径量指定），不带符号，且为模态值；

e——退刀量，其值为模态值；

n_s——精车程序第一个程序段的段号；

n_f——精车程序最后一个程序段的段号；

Δu——X 轴方向精车余量的大小和方向，用直径量指定（另有规定则除外）；

Δw——Z 轴方向精车余量的大小和方向；

m——粗加工循环中的进给量、切削速度与刀具功能。

精车余量的确定方法见后面精车循环（G70）的工艺说明。

例：G71 U1.5 R0.5;
　　G71 P100 Q200 U0.3 W0.05 F0.2;

(2) 指令的运动轨迹及工艺说明

G71粗车循环的运动轨迹如图4-2-51所示。CNC装置首先根据用户编写的精加工轮廓，在预留出X和Z轴方向精加工余量Δu和Δw后，计算出粗加工实际轮廓的各个坐标值。刀具按层切法将余量去除（刀具向X轴方向进刀d，切削外圆后按e值45°退刀，循环切削直至粗加工余量被切除）。此时工件锥面和圆弧部分形成台阶状表面，然后再按精加工轮廓光整表面，最终形成在工件X轴方向与Z轴方向分别留有Δu与Δw大小余量的轴。

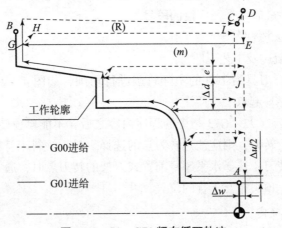

图4-2-51　G71粗车循环轨迹

刀具从循环起点（点C）开始，快速退刀至点D，退刀量由Δw和$\Delta u/2$值确定；再快速沿X轴方向进刀Δd（半径值）至点E；然后按G01进给至点G后，沿45°方向快速退刀至点H（X轴方向退刀量由e值确定）；Z轴方向快速退刀至循环起始的坐标处（点I）；再X轴方向进刀至点J（进刀量为$e+\Delta d$）进行第二次切削；在该循环的粗车完成后，再进行平行于精加工表面的半精车（这时，刀具沿精加工表面分别留出Δw和Δu的加工余量）；半精车完成后，快速退回循环起点，结束粗车循环所有动作。

指令中的F和S值（S指令有的在该指令之前已给出）是指粗加工循环中的F和S值，该值一经指定，则在程序段段号n_s和n_f之间所有的F和S值均无效。另外，该值也可以不加指定而沿用前面程序段中的F值，并可沿用至粗、精加工结束后的程序中去。

在FANUC 0i中，粗加工循环有两种类型，即类型Ⅰ和类型Ⅱ。通常情况下，在所用类型Ⅰ的粗加工循环中，轮廓外形必须采用单调递增或单调递减的形式，否则会产生凹形轮廓不是分层切削而是在半精加工时一次性切削的情况，如图4-2-52所示。当加工图示凹形圆弧AB段时，阴影部分的加工余量在粗车循环时，因其X轴方向的递增与递减形式并存，故无法进行分层切削而在半精车时一次性进行切削。

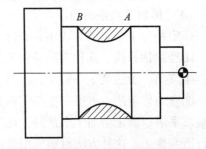

图4-2-52　粗车时产生的凹形轮廓

在 FANUC 系列的 G71 循环中，n_s 程序段必须沿 X 轴方向进刀，且不能出现 Z 轴的运动指令，否则会出现程序报警。

例：N100 G01 X30;　　　　（正确的 n_s 程序段）
　　N100 G01 X30 Z2;　　　（错误的 n_s 程序段，程序段中出现了 Z 轴的运动指令）

4. 精车循环（G70）

(1) 指令格式

G70 P (n_s) Q (n_f);

其中：n_s——精车程序第一个程序段的段号；
　　　n_f——精车程序最后一个程序段的段号。

例：G70 P100 Q200;

(2) 指令的运动轨迹及工艺说明

执行 G70 循环时，刀具沿工件的实际轨迹进行切削，如图 4-2-52 中轨迹 AB 所示。循环结束后刀具返回循环起点。

G70 指令用在 G71、G72、G73 指令的程序内容之后，不能单独使用。

精车之前如需进行转刀，则应注意转刀点的选择。对于倾斜床身后置式刀架，一般先回机床参考点，再进行转刀；选择水平床身前置式刀架的转刀点时，通常应选择在转刀过程中刀具不与工件、夹具、顶尖相互干扰的位置。

5. 精加工余量的确定

(1) 精加工余量的概念

精加工余量是指精加工过程中所切去的材料层厚度。通常情况下，精加工余量由精加工一次切削完成。

(2) 精加工余量的影响因素

精加工余量的大小对工件的加工最终质量有直接影响。选取的精加工余量不能过大，也不能过小，余量过大会增加切削力、切削热的产生，进而影响加工精度和加工表面质量；余量过小则不能消除上道工序（或工步）留下的各种误差、表面缺陷和本工序的装夹误差，容易造成废品。因此，应根据影响余量大小的因素合理地确定精加工余量。

影响精加工余量大小的因素主要有两个：上道工序（或工步）的各种表面缺陷、误差和本工序的装夹误差。

(3) 精加工余量的确定方法

确定精加工余量的方法主要有以下三种。

①经验估算法。此种方法是凭工艺人员的实践经验估计精加工余量。为避免因余量不足而产生废品，所估余量一般偏大，所以经验估算法仅用于单件小批生产。

②查表修正法。将工厂生产实践和试验研究积累的有关精加工余量的资料制成表格，并汇编成手册。确定精加工余量时，可先从手册中查得所需数据，然后再结合工厂的实际情况进行适当修正。这种方法目前应用最广。

③分析计算法。采用此种方法确定精加工余量时，需运用计算公式和一定的试验资料，对影响精加工余量的各项因素进行综合分析和计算来确定其精加工余量。用这种方法确定的精加工余量比较经济合理，但必须有比较全面和可靠的试验资料。目前，只在材料十分贵

重,以及军工生产或少数大批量生产的工厂中采用。

(4) 精加工余量的确定

精加工余量的大小受机床、刀具、工件材料、加工方案等因素影响,故应根据前、后工序的表面质量,尺寸、位置及安装精度进行确定,其值不能过大也不宜过小。车削内、外圆时的加工余量采用经验估算法,一般取 0.2~0.5 mm。另外,在 FANUC 系统中,还要注意加工余量的方向性,即外圆的加工余量为正,内孔加工余量为负。

(5) 刀尖半径、进给量与表面粗糙度的关系

表面粗糙度不仅受工件装夹、夹具的稳定性和机床的整体条件影响,而且与刀尖半径和进给量有一定的关系,如图 4-2-53 所示。有振动时,应选择较小的刀尖半径。

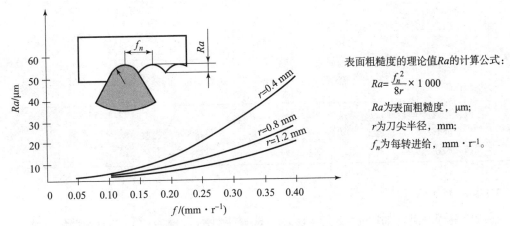

表面粗糙度的理论值 Ra 的计算公式:

$$Ra = \frac{f_n^2}{8r} \times 1\,000$$

Ra 为表面粗糙度,μm;

r 为刀尖半径,mm;

f_n 为每转进给,$mm \cdot r^{-1}$。

图 4-2-53 刀尖半径、进给量与表面粗糙度的关系

三、任务实施

1. 编程准备

(1) 分析零件图样

该零件的加工为外表面加工,包括 $\phi 30$ mm、$\phi 26$ mm 和 $\phi 16$ mm 的圆柱面、1∶5 的圆锥面,45°倒角等表面。图样中有三处直径尺寸为中等公差等级要求,加工时需要用粗、精加工,并在粗、精加工之间加入测量和误差调整补偿。长度尺寸用一般加工方法就可以保证,表面粗糙度要求为 $Ra1.6$ μm。零件材料为 45 钢,调质处理,加工后去毛刺。

工件的轮廓形状加工采用外轮廓循环指令 G71、G70 即可完成编程。

(2) 方案分析

工件轮廓简单,按轮廓粗、精加工。在数控加工中一般要体现工序集中原则,以提高生产率。

(3) 夹具分析

工件为一般轴套类零件,采用三爪自定心卡盘装夹,装夹方便、快捷,定位精度高。

(4) 刀具、切削用量选择

粗、精加工都选用 93°外圆车刀。切削用量推荐值如下:粗加工切削速度 $n = 600$ $r \cdot min^{-1}$,进给量 $f = 0.2$ $mm \cdot r^{-1}$;精加工切削速度取 $n = 1\,000$ $r \cdot min^{-1}$,进给量 $f = $

0.15 mm·r⁻¹。在加工时，切削速度和进给量可以通过操作面板上的"倍率"修调按键随时调整。

2. 编写数控加工工艺

填写数据加工工序卡如表 4-2-19 所示。

表 4-2-19 圆锥塞帽数控加工工序卡

工步号	加工内容	刀具号	刀具名称	刀具规格	刀具材料	切削速度/ (r·min⁻¹)	进给量/ (mm·r⁻¹)
1	夹持工件伸出卡盘外 50 mm 车端面	T01	93°正偏刀	副偏角5°	硬质合金	600	0.2
2	粗车右端外轮廓	T01	93°正偏刀	副偏角5°	硬质合金	600	0.2
3	精车右端外轮廓	T02	93°正偏刀	副偏角47°	硬质合金	1 000	0.15
4	切断，工件总长留 0.5 mm	T03	外切断刀	刀宽 4 mm	硬质合金	400	0.08
5	掉头，夹持工件外圆，伸出 5 mm，取工件总长至图纸尺寸	T01	93°正偏刀	副偏角5°	硬质合金	600	0.2

3. 编写加工程序

① 选择编程原点。如图 4-2-54 所示，选择工件右端面的中心作为工件编程原点。精车轨迹包括四个步骤，第一步骤（X 轴方向进刀 S-N），第二步骤（沿轮廓切削 N-A-B-C-D-E-F-G-H），第三步骤（X 轴方向退刀 H-M），第四步骤（Z 轴方向退刀 M-S，精车轨迹为 S-N-A-B-C-D-E-F-G-H-M-S）。

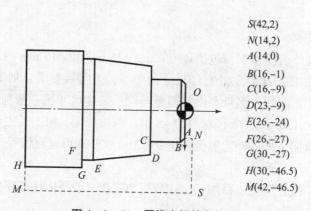

图 4-2-54 圆锥塞帽精车轨迹

② X 轴方向精车余量留 0.5 mm，Z 轴方向精车余量 0.1 mm，循环起点定在 (42, 2)。

③ 编制加工程序。用 G71、G70 编程指令编写的数控车床加工程序见表 4-2-20。

表4-2-20 圆锥塞帽数控加工程序

FANUC 0i 系统程序	FANUC 0i 程序说明
…	程序初始化
G01 X42 Z5 F5	循环点
G71 U1 R0.5	内外径粗车循环
G71 P10 Q20 U0.5 W0.1 F0.2	
N10 G00 X14	精加工首句,只能有X轴移动(点N)
G01 Z0 S1000 F0.1	直线插补至点A
X16 Z-1	倒角至点B
Z-9	直线插补至点C
X23	直线插补至圆锥起点D
X26 Z-24	车圆锥至点E
Z-27	直线插补至点F
X30	直线插补至点G
Z-46.5	直线插补至点H (总长+刀宽+余量0.5 mm)
N20 X42	精加工末句,X轴方向回循环点(点M)
G70 P10 Q20	精车循环
…	程序结束部分

4. 工件测量

(1) 常用量具的分类

根据量具的种类和特点,量具可分为三种类型。

①万能量具。这类量具一般都有刻度,在测量范围内可以测量工件的形状和尺寸的具体数值,如游标卡尺、千分尺、百分表和万能量角器(又称万能角度尺)等。

②专用量具。这类量具不能测出实际尺寸,只能测定工件形状和尺寸是否合格,如卡规、塞规、塞尺等。

③标准量具。这类量具只能制成某一固定尺寸,通常用来校对和调整其他量具,也可作为标准与被测工件进行比较,如量块。

(2) 外形轮廓尺寸精度的测量

数控车床外形轮廓常用的测量量具主要有游标卡尺[图4-2-55(a)]、千分尺[图4-2-55(b)]、万能角度尺[图4-2-55(c)]、R规[图4-2-55(d)]和百分表[图4-2-55(e)]等。

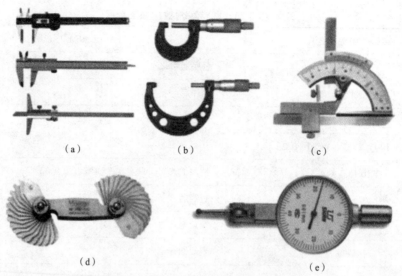

图4-2-55 外形轮廓测量常用量具

(a) 游标卡尺；(b) 千分尺；(c) 万能角度尺；(d) R规；(e) 百分表

游标卡尺测量工件时，对工人的手感要求较高，测量时卡尺夹持工件的松紧程度对测量结果影响较大。因此，其实际测量时的测量精度不是很高。

千分尺的测量精度通常为0.01 mm，测量灵敏度要比游标卡尺高，而且测量时也易控制其夹持工件的松紧程度。因此，千分尺主要用于较高精度的轮廓尺寸测量。本例中直径方向的尺寸采用千分尺进行测量。

万能角度尺主要用于各种角度和垂直度的测量，测量是采用透光检查法进行的。

R规主要用于各种圆弧的测量，测量是采用透光检查法进行。

百分表则借助于磁性表座进行同轴度、跳动度、平行度等形位公差的测量。

5. 数控车床加工尺寸精度及误差分析

数控车床加工过程中产生尺寸精度降低的原因是多方面的，在实际加工过程中，造成尺寸精度降低的原因见表4-2-21。

表4-2-21 数控车削尺寸精度降低的原因分析

影响因素	序号	产生原因
装夹与校正	1	工件校正不正确
	2	工件装夹不牢固，加工过程中产生松动与振动
刀具	3	对刀不正确
	4	刀具在使用过程中产生磨损
	5	刀具刚性差，刀具加工过程中产生振动
加工	6	切削深度过大，导致刀具发生弹性变形
	7	刀具长度补偿多数设置不正确
	8	精加工余量选择过大或过小
	9	切削用量选择不当，导致切削力、切削热过大，从而产生热变形和内应力

续表

影响因素	序号	产生原因
工艺系统	10	机床原理误差
	11	机床几何误差
	12	工件定位不正确或夹具与定位元件制造误差

注意：表中工艺系统所产生的尺寸精度降低可通过对机床和夹具的调整来解决，而前面三项对尺寸精度的影响因素则可以通过操作者正确、细致的操作来解决。

四、加工练习

试用 G71 与 G70 指令编写图 4－2－56 所示工件内轮廓（坯孔直径为 18 mm）粗、精车的加工程序。

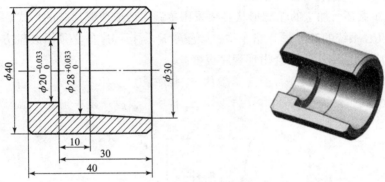

图 4－2－56 精加工循环示例工件

项目6 圆弧锥轴的加工

一、任务引入

制订如图 4－2－57 所示零件的加工工艺方案，应用 G72、G70 指令编写程序并加工，毛坯选用 ϕ60 mm×70 mm 的钢料。

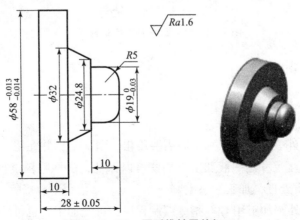

图 4－2－57 圆弧锥轴零件加工

二、相关知识

1. 端面粗车循环（G72）

（1）指令格式

G72 W(Δd) R(e)；

G72 P(n_s) Q(n_f) U(Δu) W(Δw) F_；

其中：Δd——Z 向背吃刀量，不带符号，且为模态值；

其余参数同 G71 指令中的参数。

例：G72 W1.5 R0.5；

G72 P100 Q200 U0.3 W0.05 F0.2；

（2）指令的运动轨迹及工艺说明

①G72 粗车循环加工轨迹如图 4-2-58 所示。该轨迹与 G71 轨迹相似，不同之处在于该循环是沿 Z 轴方向进行分层切削的。

②G72 粗车循环所加工的轮廓形状必须采用单调递增或单调递减的形式。

③在 FANUC 系统的 G72 循环指令中，顺序号 n_s 所指程序段必须沿 Z 轴方向进刀，且不能出现 X 轴的运动指令，否则会出现程序报警。

例：N100 G01 Z-30；（正确的 n_s 程序段）

N100 G01 X30 Z-30；（错误的 n_s 程序段，程序段中出现了 X 轴的运动指令）。

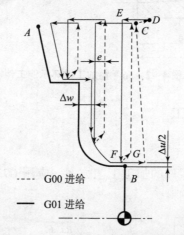

图 4-2-58 G72 粗车循环加工轨迹

三、任务实施

1. 编程准备

（1）分析零件图样

该工件的加工为外表面加工，加工时需要用粗、精加工，并在粗、精加工之间加入测量和误差调整补偿。长度尺寸用一般加工方法就可以保证，表面粗糙度要求为 $Ra1.6\ \mu m$。工件材料为 45 钢，调质处理，加工后去毛刺。

工件 φ58 mm 的外圆加工用 G90 指令编制程序，可先加工，也可后加工，其余轮廓形状采用外轮廓循环指令 G72、G70 即可完成编程。

(2) 方案分析

工件轮廓简单，按轮廓粗、精加工。在数控加工中一般要体现工序集中原则，以提高生产率。

(3) 夹具分析

工件为一般轴套类零件，采用三爪自定心卡盘装夹，装夹方便、快捷，定位精度高。

(4) 刀具、切削用量选择

粗、精加工都选用93°外圆车刀。切削用量推荐值如下：粗加工切削速度 $n = 600 \text{ r} \cdot \text{min}^{-1}$，进给量 $f = 0.25 \text{ mm} \cdot \text{r}^{-1}$；精加工切削速度取 $n = 1\,000 \text{ r} \cdot \text{min}^{-1}$，进给量 $f = 0.15 \text{ mm} \cdot \text{r}^{-1}$。在加工时，切削速度和进给量可以通过操作面板上的"倍率"修调按键随时调整。

2. 编写加工程序

① 选择编程原点。如图4-2-59所示，选择工件两侧端面的中心作为工件编程原点。精车轨迹包括四个步骤，第一步骤（Z轴方向进刀 $S-A$），第二步骤（沿轮廓切削 $A-B-C-D-E-F$），第三步骤（Z轴方向退刀 $F-G$），第四步骤（X轴方向推刀 $G-S$）。

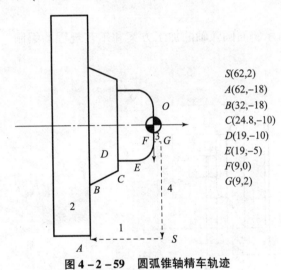

图4-2-59 圆弧锥轴精车轨迹

② 径向精车余量为0.5 mm，轴向精车余量为0.1 mm，循环起点定在(62,2)。

③ 编制数控加工程序。采用G72、G70编程指令编写的数控车床加工程序见表4-2-22，ϕ58 mm 程序编制和切断编程在此不作详细介绍。

表4-2-22 圆弧锥轴数控加工程序

FANUC 0i 系统程序	FANUC 0i 程序说明
...	程序初始化
G01 X62 Z2 F5	循环点（点S）
G72 W1 R0.5	端面粗车循环
G72 P10 Q20 U0.5 W0.1 F0.2	
N10 G00 Z-18	精加工首句，只能有Z轴移动（点A）

续表

FANUC 0i 系统程序	FANUC 0i 程序说明
G01 X32 S1000 F0.1	直线插补至点 B
X24.8 Z-10	车圆锥至点 C
X19	直线插补至点 D
Z-5	直线插补至点 E
G03 X9 Z0 R5	车圆弧至点 F
N20 G01 Z2	精加工末句，Z 向回循环点（点 G）
G70 P10 Q20	精车循环
…	程序结束部分

四、加工练习

完成图 4-2-60 所示斜面圆弧轴的加工方案和工艺规程的编制，并进行程序编制和加工。

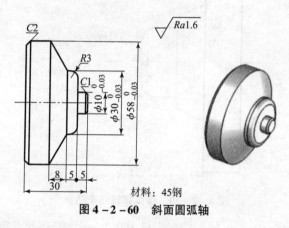

图 4-2-60 斜面圆弧轴

项目 7 饰品葫芦的加工

一、任务引入

制订如图 4-2-61 所示零件的加工工艺方案，应用 G73、G70 指令编写程序并加工，毛坯选用 $\phi30$ mm × 70 mm 的铝棒。

二、相关知识

1. 车削内凹结构工件对刀具角度的要求及车刀的选择

在加工具有内凹结构工件时（如图 4-2-62 所示）。为了保证刀具后刀面在加工过程中不与工件表面发生摩擦，往往要求刀具的副偏角 κ_r' 较大（$\kappa_r' > \beta$），由于刀具的主偏角 κ_r 一般取值在 90°~93° 范围内，所以应选择刀尖角 ε_r 较小的刀具，俗称"菱形刀"。

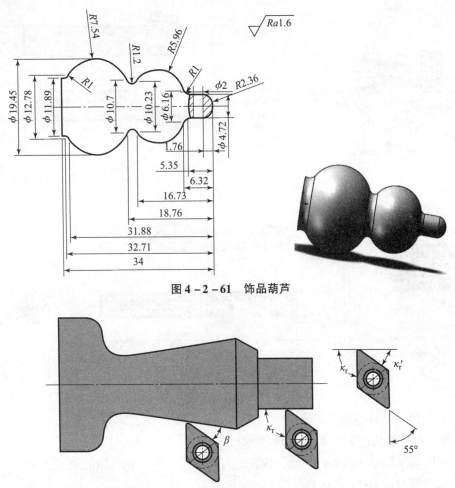

图4-2-61 饰品葫芦

图4-2-62 内凹结构工件对刀具角度的要求

实际生产和实训中可根据实际选择焊接车刀,按加工要求磨出相应的副偏角κ_r',也可以选择机夹车刀。常用的数控机夹车刀如图4-2-63所示,刀片的刀尖角有80°(C型)、55°(D型)、35°(V型)三种。

2. 仿形粗车复合循环(G73)

(1)指令格式

G73 U(Δi) W(Δk) R(d);

G73 P(n_s) Q(n_f) U(Δu) W(Δw) F_;

其中:Δi——X轴方向退刀量的大小和方向(半径量指定),该值是模态值;

Δk——Z轴方向退刀量的大小和方向,该值是模态值;

d——分层次数(粗车重复加工次数);

其余参数请参照G71指令。

例:G73 U3 R3;

　　G73 P100 Q200 U0.3 W0.05 F0.2;

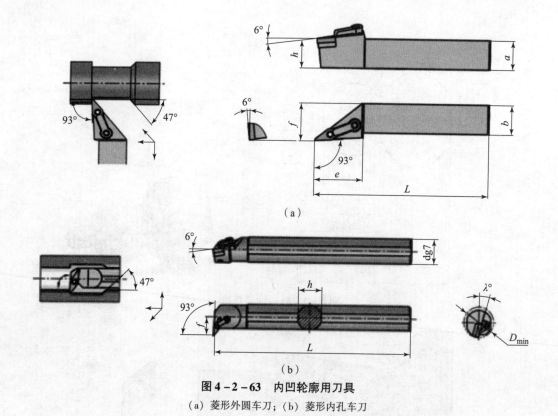

图 4-2-63 内凹轮廓用刀具
(a) 菱形外圆车刀；(b) 菱形内孔车刀

(2) 指令的运动轨迹及工艺说明

G73 复合循环的轨迹如图 4-2-64 所示。

①刀具从循环起点（点 C）开始，快速退刀至点 D（在 X 轴方向的退刀量为 $\Delta u/2 + \Delta i$，在 Z 轴方向的退刀量为 $\Delta k + \Delta w$）。

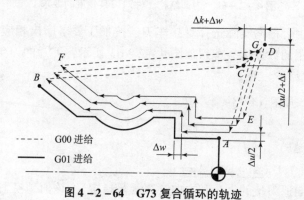

图 4-2-64 G73 复合循环的轨迹

②快速进刀至点 E（点 E 的坐标值由点 A 的坐标值、精加工余量、退刀量 Δi 和 Δk 及粗切次数确定）；

③沿轮廓形状偏移一定值后进行切削至点 F。

④快速返回点 G，准备第二层循环切削。

⑤如此分层（分层次数由循环程序中的参数 d 确定）切削至循环结束后，快速退回循环起点（点 C）。

⑥G73 循环主要用于车削固定轨迹的轮廓。这种复合循环，可以高效地切削铸造成形、锻造成形或已粗车成形的工件。对不具备类似成形条件的工件，若采用 G73 进行编程与加工，不但会增加刀具在切削过程中的空行程，而且也不便计算粗车余量。

⑦G73 程序段中，n_s 所指程序段可以向 X 轴或 Z 轴的任意方向进刀。

⑧G73 循环加工的轮廓形状，没有单调递增或单调递减形式的限制。

3. 使用内、外圆复合固定循环（G71、G72、G73、G70）时的注意事项

①选用内、外圆复合固定循环，应根据毛坯的形状、工件的加工轮廓及其加工要求适当进行。

• G71 固定循环主要用于对径向尺寸要求比较高、轴向切削尺寸大于径向切削尺寸的毛坯工件进行粗车循环。编程时，X 轴方向的精车余量取值一般大于 Z 轴方向精车余量的取值，参见程序"O0205"。

• G72 固定循环主要用于对端面精度要求比较高、径向切削尺寸大于轴向切削尺寸的毛坯工件进行粗车循环。编程时，Z 轴方向的精车余量取值一般大于 X 轴方向精车余量的取值，参见程序"O0207"。

• G73 固定循环主要用于已成形工件的粗车循环。精车余量根据具体的加工要求和加工形状来确定，参见程序"O0208"。

②使用其他内、外圆复合固定循环进行编程时，在其 $n_s \sim n_f$ 之间的程序段中，不能含有以下指令。

• 固定循环指令；
• 参考点返回指令；
• 螺纹切削指令；
• 宏程序调用（G73 指令除外）或子程序调用指令。

③执行 G71、G72、G73 循环时，只有在 G71、G72、G73 指令的程序段中 F、S、T 是有效的，在调用的程序段 $n_s \sim n_f$ 之间编入的 F、S、T 功能将被全部忽略。相反，在执行 G70 精车循环时，G71、G72、G73 程序段中指令的 F、S、T 功能无效，这时，F、S、T 的值取决于程序段 $n_s \sim n_f$ 之间编入的 F、S、T 功能。

④在 G71、G72、G73 程序段中，Δd（Δi）、Δu 都用地址符 U 进行指定，而 Δk、Δw 都用地址符 W 进行指定，系统是根据 G71、G72、G73 程序段中是否指定 P、Q 来区分 Δd（Δi）、Δu 及 Δk、Δw 的。当程序段中没有指定 P、Q 时，该程序段中的 U 和 W 分别表示 Δd（Δi）和 Δk；当程序段中指定了 P、Q 时，该程序段中的 U、W 分别表示 Δu 和 Δw。

⑤在 G71、G72、G73 程序段中的 Δw、Δu 是指精加工余量值，该值按其余量的方向有正、负之分。另外，G73 指令中的 Δi、Δk 值也有正、负之分，其正负值是根据刀具位置和进退刀方式来判定的。

4. G71、G72 及 G73 指令的选用方法

G71、G72 及 G73 指令均为粗加工循环指令，G71 和 G72 指令主要用于加工棒料毛坯，G73 指令主要用于加工毛坯余量均匀的铸造、锻造成形工件。G71、G72 及 G73 指令的选择原则主要看余量的大小及分布情况，选择不当会导致空走刀轨迹很多。

5. 选择恒线速度加工 G96，达到图样表面粗糙度

指令格式：

G50 S_；（限制主轴最高转速）

G96 S_；（恒线速度，m/min）

G97；（恒转速，r·min^{-1}）

例：G50 S1500；

　　G96 S150；

　　…

　　G97；

三、任务实施

1. 编程准备

（1）分析零件图样

该工件表面由直线、圆弧表面组成，加工后不但要符合图纸尺寸要求，而且要求圆弧顶端没有凸台。尺寸标注完整，轮廓描述清楚。工件材料为铝棒。外轮廓形状采用外轮廓循环指令 G73、G70 即可完成编程。

（2）工艺分析

工件轮廓简单，首先完成工件右轮廓，完成 $R2.36$ mm、$R1$ mm、$R5.96$ mm、$R1.2$ mm、$R7.54$ mm、$R1$ mm 圆弧和 $\phi4.72$ mm、$\phi11.89$ mm 外圆的加工。卸下工件，用铣床加工 $\phi2$ mm 的孔，通过车床二次装夹，换切槽刀，完成长度为 34 mm 的尺寸要求。注：切断、退刀应先退出 X 轴。

（3）夹具分析

工件为一般轴套类工件，采用三爪自定心卡盘装夹，装夹方便、快捷，定位精度高。

（4）刀具选择

粗、精加工都选用 93°（副偏角为 47°）外圆车刀。

（5）切削用量

切削用量推荐值有：粗加工切削速度 $n = 700$ r·min^{-1}，进给量 $f = 0.15$ mm·r^{-1}；精加工切削速度取 $n = 1200$ r·min^{-1}，进给量 $f = 0.1$ mm·r^{-1}。在加工时，切削速度和进给量可以通过操作面板上的"倍率"修调按键随时调整。

2. 编写数控加工工艺

填写数控加工工艺卡，如表 4-2-23 所示。

表 4-2-23 饰品葫芦数控加工工艺卡

工步号	加工内容	刀具号	刀具名称	刀具规格	刀具材料	切削速度/(r·min^{-1})	进给量/(mm·r^{-1})
1	夹持毛胚外圆，伸出卡盘外 40 mm，车平面	T01	外圆车刀	$\kappa_r = 93°$	硬质合金	700	0.20
2	粗精车右端外轮廓至图纸尺寸	T01	外圆车刀	$\kappa_r = 93°$	硬质合金	700/1 200	0.15/0.10

续表

工步号	加工内容	刀具号	刀具名称	刀具规格	刀具材料	切削速度/(r·min^{-1})	进给量/(mm·r^{-1})
3	卸工件，ϕ2 麻花钻，钻孔		麻花钻	ϕ2	高速钢	1 000	手动
4	二次装夹，切断	T02	切槽刀	a = 4 mm	硬质合金	400	0.08

3. 编写加工程序

①选择编程原点。如图 4 - 2 - 65 所示，选择工件右端面的中心作为工件编程原点。精车轨迹为 $O-A-B-C-D-D-F-G-H$。

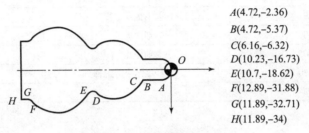

A(4.72,-2.36)
B(4.72,-5.37)
C(6.16,-6.32)
D(10.23,-16.73)
E(10.7,-18.62)
F(12.89,-31.88)
G(11.89,-32.71)
H(11.89,-34)

图 4 - 2 - 65 饰品葫芦精车轨迹

②X 轴方向精车余量留 0.5 mm，Z 轴方向精车余量为 0 mm，循环起点定在 (32,2)。

③编制数控加工程序。采用 G73、G70 编程指令编写的数控车床加工程序见表 4 - 2 - 24。

表 4 - 2 - 24 饰品葫芦数据加工程序

FANUC 0i 系统程序	FANUC 0i 程序说明
…	程序初始化
G01 X32 Z2 F5	循环点
G73 U15 R15	仿形粗车循环
G73 P1 Q2 U0.5 F0.15	
N1 G0 X0	饰品葫芦的精加工轨迹
G1 Z0 F0.1	
G03 X4.72 Z-2.36 R2.36	
G01 Z-5.37	
G02 X6.16 Z-6.32 R1	
G03 X10.23 Z-16.73 R5.96	
G02 X10.7 Z-18.76 R1.2	
G03 X12.78 Z-31.88 R7.54	
G02 X11.89 Z-32.71 R1	
G01 Z-38	
N2 G0 X32	

续表

FANUC 0i 系统程序	FANUC 0i 程序说明
M00	程序暂停
M05	主轴停止
G99 M03 S700	恒转速
T0101	换 1 号刀，执行 1 号刀补
M08	冷却液开
G50 S1200	限制主轴最高转速 1 200 r·min^{-1}
G96 S120	恒线速度 120 m/min
G01 X32 Z2 F5	精加工循环点
G70 P1 Q2	精车循环
G0 X150 Z150	退至安全位置
G97	取消恒线速度
M09	冷却液关
M05	主轴停止
M30	程序结束并返回到程序开始
%	

四、加工练习

车削如图 4-2-66 所示的宫廷酒杯，毛坯尺寸为 ϕ40 mm×120 mm，材料为铝棒。

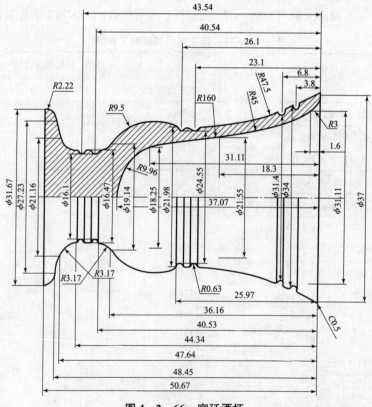

图 4-2-66 宫廷酒杯

项目8 槽轴加工

一、任务引入

制订如图4-2-67所示零件的加工工艺方案，应用G74、G75指令编写内、外槽及端面槽的程序并加工，毛坯选用$\phi 42$ mm×45 mm的钢料。

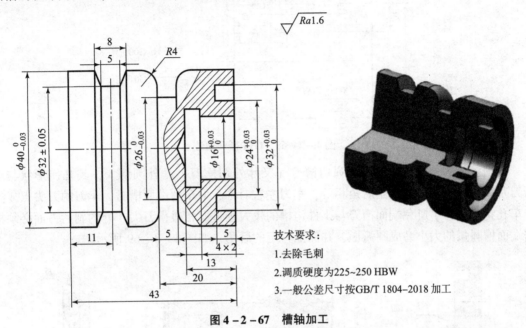

图4-2-67 槽轴加工

二、相关知识

1. 端面切槽循环（G74）

（1）指令格式

G74 R(e);

G74 X(U)＿ Z(W)＿ P(Δi) Q(Δk) R(Δd) F(m);

其中：e——退刀量，其值为模态值；

X(U)＿ Z(W)＿——切槽终点处坐标；

Δi——刀具完成一次轴向切削后在X轴方向的偏移量，该值用不带符号的半径量表示；

Δk——Z轴方向的每次切深量，用不带符号的值表示；

Δd——刀具在切削底部的Z轴方向退刀量，无要求时可省略；

m——径向切削时的进给速度。

例：G74 R0.5;

　　G74 U6 W 5 P1500 Q2000 F0.1;

（2）指令的运动轨迹及工艺说明

G74循环轨迹如图4-2-68所示。与指令G71和G73不同之处是刀具从循环起点A出发，先轴向切深，再径向平移，依次循环直至完成全部动作。

G74循环指令中的X(U)后面的值可省略或设定为0，当X(U)后面的值设为0时，在

G74 循环执行过程中，刀具仅作 Z 轴方向的进给而不作 X 轴方向的偏移。此时，该指令可用于端面啄式深孔钻削循环，但使用该指令时，装夹在刀架（尾座无效）上的刀具一定要精确定位到工件的旋转中心。

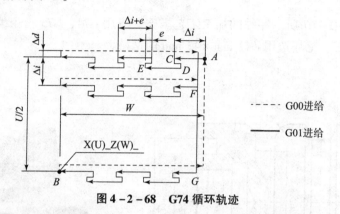

图 4-2-68　G74 循环轨迹

车削一般的外沟槽时，因外圆切槽刀（又称外切槽刀）是外圆切入，其几何形状与切断刀基本相同，车刀两侧副后角相等，车刀左右对称。但车削端面槽时，车刀的刀尖点 A 处于车孔状态，为了避免端面槽刀与工件沟槽的较大圆弧面相碰，刀尖 A 处的副后刀面必须根据端面槽圆弧的大小磨成圆弧形，并保证一定的后角，如图 4-2-69 所示。

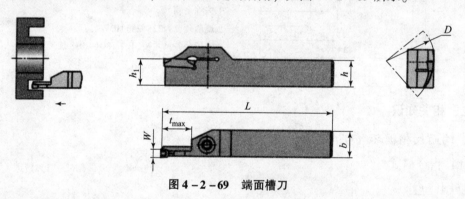

图 4-2-69　端面槽刀

（3）端面槽加工注意事项

①刀具选择与安装。当选择刀杆时，在可能的情况下尽量从端面槽的最大直径外切入，逐渐切向小的直径。这样，刀具使用达到最好。端面横首切的外径必须处在车刀杆所允许切入的最大直径 D_{max} 和最小值净值 D_{min} 之间，如图 4-2-70 所示，这样能使刀杆切入时在刀具和工件之间有间隙。

②切削控制。调整切削速度和进给量，以获得最好的铁屑成形，并保证铁屑从槽中排出，挤屑会造成槽表面加工质量差、刀具折断或缩减刀具寿命。

③刀具设置。刀具应当尽量对准刀尖高，可略低于工件中心线，从而避免产生大的毛刺将刀杆与工件表面摆成 90°。

④扩宽端面槽。当首刀切入后，可以使用相同的刀具向工件中心或外径进刀将端面槽扩宽。最好的加工方法是从外径向内径切去，如图 4-2-71 所示。

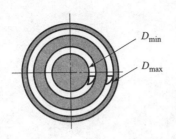
图4-2-70 端面横首切要求

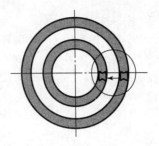
图4-2-71 扩宽端面槽

(4) 端面槽切削加工中的问题及解决办法

端面槽切削加工中的问题及解决办法见表4-2-25所示。

表4-2-25 端面槽切削加工中的问题及解决办法

问题	解决办法
毛刺	调整刀尖高度；使用锋利的刀具，使用正确的涂层刀片；加工不同的工件材料时，应使用正确的刀片材质；使用正确的刀片断屑槽型；改变刀具路径
表面质量差	提高切削速度；使用锋利的刀具；使用正确的断屑槽；提高冷却液流量；调整刀具设置（悬伸、刀杆尺寸）；使用正确的刀片槽型
槽的底部不平	使用锋利的刀具；减少刀杆悬伸（提高刚性）；在到达槽底时，减少刀具的进刀量；使用修光刃口刀片；调整刀尖中心高
切削控制差	使用锋利的刀具；提高冷却液浓度；调整进给率（通常先尝试提高）
振动	减少刀具和工件的悬伸量；调整切削速度（通常先尝试提高）；调整进给量（通常先尝试提高）；调整刀尖高度
刀片崩刃	针对不同的工件材料，使用正确的刀片材质；提高切削速度；降低进给；使用更韧性的刀片材质；提高刀具和工件装夹的刚性
积屑瘤	使用正前角涂层刀片；提高切削速度；加大冷却液流量/浓度
槽不直	检查刀具是否与工件垂直安放；减少工件和刀具的悬伸量；使用锋利的刀具

2. 径向切槽循环（G75）

(1) 指令格式

G75 R(e)；

G75 X(U)_ Z(W)_ P(Δi) Q(Δk) R(Δd) F_；

其中：e——退刀量，其值为模态值；

X(U)_ Z(W)_——切槽终点处坐标；

Δi——X轴方向的每次切深量，用不带符号的半径量表示；

Δk——刀具完成一次径向切削后在Z轴方向的偏移量，用不带符号的值表示；

Δd——刀具在切削底部的Z轴方向退刀量，无要求时可省略；

F——径向切削时的进给速度。

例：G75 R0.5；
　　G75 U6 W5 P1500 Q2000 F0.1;

（2）指令的运动轨迹及工艺说明

G75循环轨迹如图4-2-72所示。

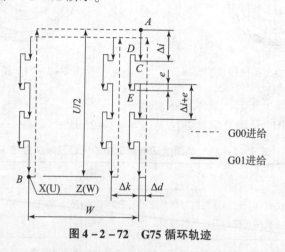

图4-2-72　G75循环轨迹

①刀具从循环起点（点A）开始，沿径向进刀 Δi 并到达点C。
②按退刀量 e（断屑）进行退刀并到达点D。
③按该循环递进切削至径向终点的坐标处。
④退到径向起刀点，完成一次切削循环。
⑤沿轴向偏移 Δk 至点F，进行第二层切削循环。
⑥依次循环直至刀具切削至程序终点坐标处（点B），径向退刀至起刀点（点G），再轴向退刀至起刀点（点A）完成整个切槽循环动作。

G75程序段中的Z(W)后面的值可省略或设定值为0，当Z(W)后面的值设为0时，循环执行时刀具仅作X轴方向进给而不作Z轴方向偏移。

在FANUC系统中，对于程序段中的 Δi、Δk 值不能输入小数点，而直接输入最小编程单位，如P1500表示径向每次切深量为1.5 mm。

（3）径向槽加工注意事项

①根据加工要求选择切槽刀时，需考虑切削宽度（刀片宽度）、断屑槽类型、圆角半径、硬质合金牌号等各项参数。
②为尽可能减少振动和偏移，应做到刀杆悬伸量尽可能小，刀杆尽可能选择大尺寸。
③整体型刀杆刚性最好，螺钉式夹紧型刀杆推荐为轴向和径向浅槽切削，如图4-2-73所示。
④为得到垂直加工表面、减少振动，刀具和工件中心线应成90°，如图4-2-74所示。

3. 使用切槽复合固定循环（G74、G75）时的注意事项

①在FANUC系统中，执行切槽复合固定循环指令时出现以下情况，将会出现程序报警。
- X_(U)或Z(W)_已指定，而 Δi 或 Δk 值未指定或指定为0。
- Δk 值大于Z轴的移动量Z(W)_或 Δk 值设定为负值。
- Δi 值大于 U/2 或 Δi 值设定为负值。

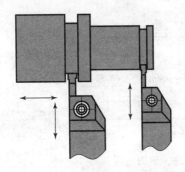
图4-2-73 轴向和径向浅槽切削

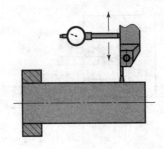
图4-2-74 刀具和工件中心线成90°

- 退刀量大于进刀量,即 e 值大于每次切深量 Δi 或 Δk。

②由于 Δi 和 Δk 为无符号值,所以刀具切深完成后的偏移方向由系统根据刀具起刀点及切槽终点的坐标自动判断。

③切槽过程中,刀具或工件受较大的单方向切削力,容易在切削过程中产生振动,因此,切槽加工中进给量 f 的取值应略小(特别是在端面切槽时),通常取 $0.1 \sim 0.2 \ mm \cdot r^{-1}$。

4. 内沟槽加工工艺

(1) 内沟槽车刀

内沟槽车刀(又称内切槽刀)如图4-2-75所示,车刀的几何参数与外圆切槽刀相似,只是装夹方向相反,且在内孔中车槽。由于内沟槽通常与孔轴线垂直,因此,要求内沟槽车刀的刀体与刀杆轴线垂直。

装夹内沟槽车刀时,应使主切削刃与内孔中心等高或略高,两侧副偏角必须对称。

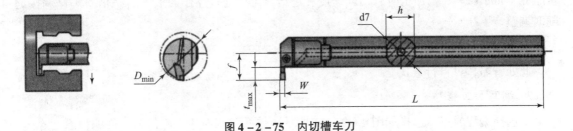
图4-2-75 内切槽车刀

(2) 车内沟槽的方法

车内沟槽与车外沟槽方法类似。

(3) 内沟槽的测量

①内沟槽的深度一般用弹簧内卡钳测量,内沟槽直径较大时,可用弯脚游标卡尺测量。

②内沟槽的轴向尺寸可用钩形游标深度卡尺测量。

③内沟槽的宽度可用样板和游标卡尺(孔径较大时)测量。

(4) 内沟槽加工路线的确定

两种内沟槽进、退刀加工路线如图4-2-76所示。

三、任务实施

1. 编程准备

(1) 分析零件图样

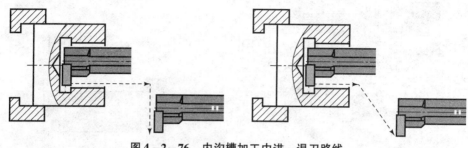

图4-2-76 内沟槽加工中进、退刀路线

该工件的加工部位为内、外表面槽的加工,采用循环指令 G75 编程,加工时需要用粗、精加工,并在粗、精加工之间加入测量和误差调整补偿。长度尺寸用一般加工方法就可以保证,表面粗糙度要求为 $Ra1.6~\mu m$。工件材料为 45 钢,调质处理,加工后去毛刺。端面沟槽采用循环指令 G74 即可完成编程。

(2) 方案分析

工件轮廓简单,按轮廓粗、精加工。在数控加工中一般要体现工序集中原则,以提高生产率。

(3) 夹具分析

工件为一般轴套类工件,采用三爪自定心卡盘装夹,装夹方便、快捷,定位精度高。

(4) 刀具、切削用量选择

选用刀宽为 3 mm 的内、外切槽刀,端面槽刀注意与最小半径 $\phi24$ mm 的干涉。切槽刀具刚性相对差,切削用量推荐值如下:粗加工切削速度 $n = 500~r \cdot min^{-1}$,进给量 $f = 0.1~mm \cdot r^{-1}$。精加工时,切削速度和进给量可以通过操作面板上的"倍率"修调按键随时调整。

2. 编写数控加工工艺

此处省略,可自行查找。

3. 编写加工程序

① 选择编程原点。选择如图4-2-67所示工件两侧端面的中心作为工件编程原点。

② 循环点的设定。切槽刀对刀点要与槽口的左、右起点方向一致,否则相差一个切槽刀的宽度。对刀点选左刀位点。

③ 编制数控加工程序。采用 G74、G75 编程指令编写数控车床加工程序见表4-2-26、表4-2-27和表4-2-28,其他程序略。

表4-2-26 槽轴数控加工程序(外沟槽)

FANUC 0i 系统程序	FANUC 0i 程序说明
G99	程序初始化 (刀宽 3 mm 外切槽刀)
M03 S400 M08	
T0101	
G00 X150 Z150	退至安全位置

续表

FANUC 0i 系统程序	FANUC 0i 程序说明
G01 X42 Z−18 F5	矩形槽定位点,Z 轴方向增加刀宽 3 mm
G75 R0.5	加工 $\phi26$ 的矩形槽
G75 X26 Z−20 P2000 Q2000 F0.1	
Z−32.5	梯形槽定位点,Z 轴方向增加刀宽 3 mm
G75 R0.5	加工 $\phi32$ 的矩形槽
G75 X32 Z−34.5 P2000 Q2000 F0.1	
G01 Z−36 F0.1	Z 轴方向进刀
X40	梯形槽左侧起刀点
X32 Z−34.5	加工左侧
X40	X 轴方向退刀
Z−31	梯形槽右侧起刀点
X40 Z−32.5	加工右侧
X42	X 轴方向退刀
G0 X150 Z150	退至安全位置
M09	冷却液关
M05	主轴停止
M30	程序结束并返回到程序开始
%	

表 4−2−27 槽轴数控加工程序(内沟槽)

FANUC 0i 系统程序	FANUC 0i 程序说明
G99	程序初始化 (刀宽 3 mm 内切槽刀)
M03 S300 M08	
T0202	
G00 X150 Z150	退至安全位置
G01 X14 Z2 F5	内矩形槽停刀点
Z−11 F0.2	内矩形槽定位点,Z 轴方向增加刀宽 3 mm
G75 R0.5	加工 $\phi20$ 的内矩形槽
G75 X20 Z−13 P2000 Q2000 F0.1	

续表

FANUC 0i 系统程序	FANUC 0i 程序说明
G01 X14 F0.1	X 轴方向退刀
G00 Z2	Z 轴方向退至孔口
G0 X150 Z150	退至安全位置
M09	冷却液关
M05	主轴停止
M30	程序结束并返回到程序开始
%	

表 4-2-28 槽轴数控加工程序（端面槽）

FANUC 0i 系统程序	FANUC 0i 程序说明
G99	程序初始化 （刀宽 3 mm 端面槽刀）
M03 S300 M08	
T0303	
G00 X150 Z150	退至安全位置
G01 X30 Z2 F5	端面槽刀停刀点（左刀尖对刀）
G74 R0.5	加工端面槽
G74 X32 Z-5 P1000 Q1000 F0.08	
G0 X150 Z150	退至安全位置
M09	冷却液关
M05	主轴停止
M30	程序结束并返回到程序开始
%	

四、加工练习

完成图 4-2-77 所示零件的加工方案和工艺规程的编制，并利用切槽循环指令编制三个 T 形槽的加工程序及精加工程序（设外圆和内孔已加工完成）。

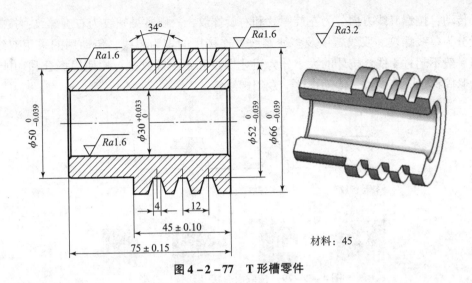

图 4-2-77 T形槽零件

项目9 螺钉的加工

一、任务引入

制订如图4-2-78所示零件的加工工艺方案,应用螺纹加工指令编写程序并加工,毛坯选用 $\phi50$ mm×60 mm 的钢料。

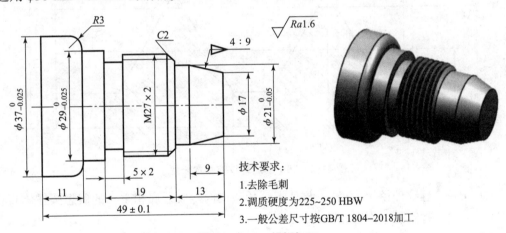

技术要求:
1. 去除毛刺
2. 调质硬度为225~250 HBW
3. 一般公差尺寸按GB/T 1804-2018加工

图 4-2-78 螺钉加工

二、相关知识

1. 螺纹简述

螺纹是指在圆柱或圆锥母体表面上制出的螺旋线形的、具有特定截面的连续凸起部分,螺纹已标准化,有米制(公制)和英制两种。国际标准采用米制,我国也采用米制。

(1)螺纹分类

螺纹按其母体形状分为圆柱螺纹和圆锥螺纹;按其在母体所处位置分为外螺纹、内螺纹;按其截面形状(牙型)分为三角形螺纹、矩形螺纹、梯形螺纹、锯齿形螺纹及其他特殊形状螺纹,如图4-2-79所示,三角形螺纹主要用于连接,矩形、梯形和锯齿形螺纹主要用于传动;按螺旋线方向分为左旋螺纹和右旋螺纹,一般常见螺纹为右旋螺纹;按螺旋线的数量分为单线螺纹、双线螺纹及多线螺纹,连接用的多为单线,传动用的采用双线或多线,但一般不超过4线;按牙的大小分为粗牙螺纹和细牙螺纹等;按使用场合和功能不同,可分为紧固螺纹、管螺纹、传动螺纹、专用螺纹等。

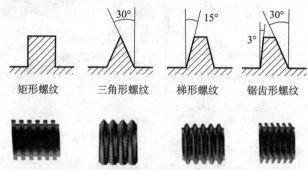

图4-2-79 按截面形状(牙型)分类

(2) 普通螺纹主要几何尺寸

普通螺纹的基本牙型如图4-2-80所示,该牙型具有螺纹的各基本尺寸。

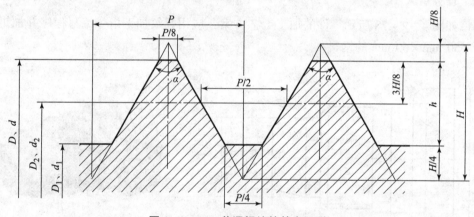

图4-2-80 普通螺纹的基本牙型

图中:D、d——螺纹外径(大径),与外螺纹牙顶或内螺纹牙底相重合的假想圆柱体直径,螺纹的公称直径即大径;

D_2、d_2——螺纹中径,母线通过牙型上凸起和沟槽两者宽度相等的假想圆柱体直径;

D_1、d_1——螺纹内径(小径),与外螺纹牙底或内螺纹牙顶相重合的假想圆柱体直径。

P——螺纹螺距,相邻牙在中径线上对应两点间的轴向距离;

H——螺纹原始三角形高度,$H=0.866P$;

α——牙型角,螺纹牙型上相邻两牙侧间的夹角;

h——螺纹的牙型高度。

螺纹基本尺寸的计算如下。

1) 螺纹的大径(D、d)

螺纹大径的基本尺寸与螺纹的公称直径相同。外螺纹大径在螺纹加工前由外圆的车削得到,该外圆的实际直径通过其大径公差带或借用其中径公差带进行控制。

2) 螺纹的中径（D_2、d_2）
$$D_2(d_2) = D(d) - (3H/8) \times 2 = D(d) - 0.6495P$$

在数控车床上，螺纹的中径是通过控制螺纹的削平高度（由螺纹车刀的刀尖体现）、牙型高度、牙型角和底径来综合控制的。

3) 螺纹的小径（D_1、d_1）与螺纹的牙型高度（h）
$$D_1(d_1) = D(d) - (5H/8) \times 2 = D(d) - 1.08P$$

$h = 5H/8 = 0.54125P$，取 $h = 0.54P$

4) 螺纹编程直径与总切深量的确定

在编制螺纹加工程序或车削螺纹时，因受到螺纹车刀刀尖形状及其尺寸刃磨精度的影响，为保证螺纹中径达到要求，故在编程或车削过程中通常采用以下经验公式进行调整或确定其编程小径（d'_1、D'_1），其表达式为

$d'_1 = d - (1.1 \sim 1.3)P$

$D'_1 = D - P$（车削塑性金属）

$D'_1 = D - 1.05P$（车削脆性金属）

在以上经验公式中，直径 d、D 均指其基本尺寸。在各编程小径的经验公式中，已考虑到了部分直径公差的要求。

同样，考虑螺纹的公差要求和螺纹切削过程中对大径的挤压作用，编程或车削过程中的外螺纹大径应比其公称直径小 0.1~0.3 mm。

例：在数控车床上加工 M24×1.5 −7h 的外螺纹，采用经验公式取：

螺纹编程大径 $d' = 24 - 0.13 \times 1.5 = 23.805$（mm）；

半径方向总切深量 $h' = 0.65P = 0.65 \times 1.5 = 0.975$（mm）；

编程小径 $d'_1 = d - 2h' = 24 - 2 \times 0.975 = 22.05$（mm）。

(3) 螺纹的加工方法

① 直进法；

② 斜进法；

③ 左右切削法。

(4) 螺纹轴向起点和终点尺寸的确定

在数控机床上车削螺纹时，沿螺距方向的 Z 轴方向进给应和机床主轴的旋转保持严格的速比关系，但在实际开始车削螺纹时，伺服系统不可避免地有一个加速的过程，结束前也相应地有一个减速的过程。在这两段时间内螺距得不到有效保证。为了避免在进给机构加速或减速过程中切削，故在安排其工艺时要尽可能考虑合理的导入距离 δ_1 和导出距离 δ_2，如图 4−2−81 所示。

δ_1 和 δ_2 的数值与机床拖动系统的动态特性有关，还与螺纹的螺距和螺纹的精度有关。一般 δ_1 取 $(2 \sim 3)P$，对大螺距和高精度

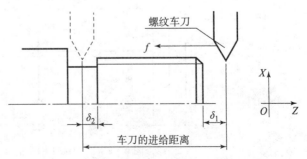

图 4−2−81 螺纹切削的导入/导出距离

的螺纹则取较大值，δ_2 一般取 $(1 \sim 2)P$。若螺纹退尾处没有退刀槽，其 $\delta_2 = 0$。这时，该处的收尾形状由数控系统的功能设定或确定。

(5) 加工的多刀切削

螺纹走刀次数和进刀量对于螺纹切削工序具有决定性影响。在大多数现代机床上应在螺纹切削周期中给定总螺纹深度和第一次或最后一次切深。为了提高螺纹的切削质量，应使用推荐的进刀量。对于多齿刀片，坚持使用刀片推荐值是极为重要的。

常用公制螺纹切削时的进给次数与实际背吃刀量（直径量）可参考表4-2-29选取。

表 4-2-29 常用普通螺纹切削的进给次数与背吃刀量

螺距/mm	总切深/mm	每次背吃刀量/mm					
		1次	2次	3次	4次	5次	6次
1.0	1.3	0.8	0.4	0.1			
1.5	1.95	1.0	0.6	0.25	0.1		
2.0	2.6	1.2	0.7	0.4	0.2	0.1	
2.5	3.25	1.3	0.9	0.5	0.3	0.15	0.1

2. 螺纹切削指令

(1) 单一切削循环 G32

1) 指令格式

G32 X(U)_ Z(W)_ R_ F_；

其中：X(U)_ Z(W)_ ——直线螺纹的终点坐标；

F——直线螺纹的导程，如果是单线螺纹，则为直线螺纹的螺距；

例：G32 Z-20 F1.5；

2) 指令的运动轨迹及工艺说明

G32 的执行轨迹如图 4-2-82 所示。G32 指令近似于 G01 指令，刀具从点 B 以每转进给一个导程/螺距的速度切削至点 C。其切削前的进刀和切削后的退刀都要通过其他的程序段来实现，如图中 AB、CD、DA 的程序段。

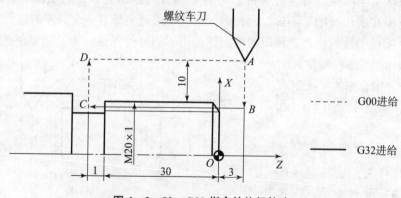

图 4-2-82 G32 指令的执行轨迹

(2) 固定切削循环 G92

1) 指令格式

G92 X(U)_ Z(W)_ F_;

其中：X(U)_ Z(W)_——螺纹切削终点处的坐标，U 和 W 后面数值的符号取决于轨迹 AB 和 BC 的方向（图 4-2-82）；

F——螺纹导程的大小，如果是单线螺纹，则为螺距的大小。

例：G92 X30 Z-30 F2;

2) 指令的运动轨迹及工艺说明

G92 圆柱螺纹切削轨迹如图 4-3-83 所示，与 G90 循环相似，运动轨迹也是一个矩形轨迹。刀具从循环起点 A 沿 X 轴方向快速移动至点 B，然后以导程/转的进给速度沿 Z 轴方向切削进给至点 C，再沿 X 轴方向快速退刀至点 D，最后返回循环起点 A，准备下一次循环。

在 G92 循环编程中仍应注意循环起点的正确选择。通常情况下，X 轴方向循环起点取在离外圆表面 1~2 mm（直径量）的地方，Z 轴方向的循环起点根据导入值的大小来进行选取。

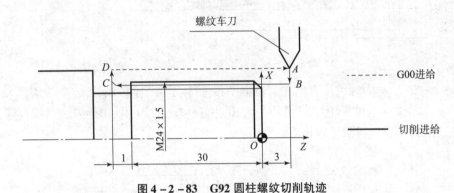

图 4-2-83　G92 圆柱螺纹切削轨迹

(3) 复合切削循环 G76

1) 指令格式

G76 P$(m)(r)(\alpha)$ Q(Δd_{min}) R(d);

G76 X(U)_ Z(W)_ R(i) P(k) Q(Δd) F_;

其中：m——精加工重复次数 01~99；

r——倒角量，即螺纹切削退尾处（45°）的 Z 轴方向退刀距离，当导程（螺距）由 S 表示时，可以从 0.1S 到 9.9S 设定，单位为 0.1S（两位数：从 00~99）；

α——刀尖角度（螺纹牙型角），可以选择 80°、60°、55°、30°、29°和 0°共 6 种中的任意一种。该值由 2 位数规定；

Δd_{min}——最小切深，该值用不带小数点的半径量表示；

d——精加工余量，该值用带小数点的半径量表示；

X(U)_ Z(W)_——螺纹切削终点处的坐标；

i——螺纹半径差，如果 $i=0$，则进行圆柱螺纹切削；

k——牙型编程高度，该值用不带小数点的半径量表示；

Δd——第一刀切削深度，该值用不带小数点的半径量表示；

F——导程，如果是单线螺纹，则该值为螺距。

例：G76 P011030 Q50 R0.05;
　　G76 X27.6 Z-30.0 R0 P1200 Q400 F2.0;

2）指令的运动轨迹及工艺说明

G76 螺纹切削复合循环的运动轨迹如图 4-2-84 所示。以圆柱外螺纹（i 值为 0）为例，刀具从循环起点 A 处以 G00 方式沿 X 轴方向进给至螺纹牙顶坐标 X 处（点 B，该点的坐标值 X = 小径 + $2k$），然后沿基本牙型一侧平行的方向进给，X 轴方向切深为 Δd，再以螺纹切削方式切削至离 Z 轴方向终点距离为 r 处，倒角退刀至点 D，再 X 轴方向退刀至点 E，最后返回点 A，准备第二刀切削循环。

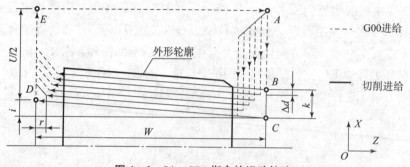

图 4-2-84 G76 指令的运动轨迹

图 4-2-85 所示为螺纹车刀向深度方向并沿基本牙型一侧的平行方向进刀的轨迹。这样进刀保证了螺纹粗车过程中始终用一个刀刃进行切削，减小了切削阻力，提高了刀具寿命，为螺纹的精车质量提供了保证。

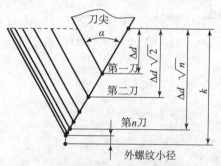

图 4-2-85 G76 循环的进刀轨迹

3）注意事项

在 G76 循环指令中，m、r、α 用地址符 P 及后面各两位数字指定，每个两位数中的前置 0 不能省略。

例：P001560

该例的具体含义为：精加工次数 "00" 即 m = 0；倒角量 "15" 即 $r = 15 \times 0.1S = 1.5S$（$S$ 是导程）；螺纹牙型角 "60" 即 $\alpha = 60°$。

3. 选择合适的螺纹车刀

根据加工场合的不同，选择合适的螺纹车刀至关重要，正确、合适的选择是保证顺利加工的重要前提。需要的参数：加工的螺纹类型（外螺纹还是内螺纹），主轴旋向；螺纹旋向

(有左旋或右旋)，刀杆和刀片的加工方向（左切或右切）；进给方向。

4. 螺纹车刀装夹方法

数控加工中，常用焊接式和机夹式内螺纹车刀，如图4－2－86所示，刀片材料一般为硬质合金或涂镀硬质合金刀片。由于内螺纹车刀的大小受内螺纹底孔直径的限制，所以内螺纹车刀刀体的径向尺寸应比底孔直径小3 mm以上，否则退刀时易碰伤牙顶。内螺纹车刀除了其刀刃几何形状应具有外螺纹刀尖的几何形状特点外，还应具有内孔车刀的特点。

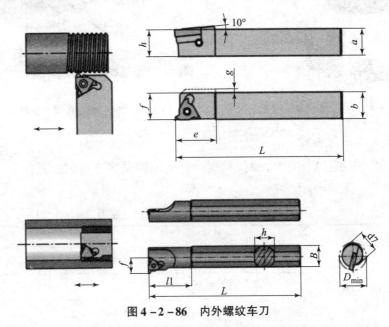

图4－2－86　内外螺纹车刀

①装夹外螺纹车刀时，刀尖位置一般应对准工件中心（可根据尾座顶尖高度检查）。车刀刀尖角的对称中心线必须与工件轴线垂直，装刀时可用样板来对刀。如果把车刀装斜，就会产生牙型歪斜。刀头伸出不要过长，一般为刀杆厚度的1.5倍左右。

②装夹内螺纹车刀时，应使刀尖对准工件中心，同时使两刃夹角中线垂直于工件轴线。实际操作中，必须严格按样板找正刀尖角，刀杆伸出长度稍大于螺纹长度，刀装好后应在孔内移动刀架至终点，检查是否有碰撞。高速车螺纹时，为了防止振动和"扎刀"，刀尖应略高于工件中心，一般应高0.1～0.3 mm。

5. 螺纹的测量

螺纹的主要测量参数有螺距、大径、小径和中径尺寸。

①大、小径的测量。外螺纹大径和内螺纹的小径的公差一般较大，可用游标卡尺或千分尺测量。

②螺距的测量。螺距一般可用钢直尺或螺距规测量。由于普通螺纹的螺距一般较小，所以采用钢直尺测量时最好测量10个螺距的长度，然后除以10，就得出一个较正确的螺距尺寸。

③中径的测量。对精度较高的普通螺纹可用螺纹千分尺（图4－2－87）直接测量，所测得的千分尺读数就是该螺纹中径的实际尺寸；也可用"三针"进行间接测量（三针测量法仅适用于外螺纹的测量），但需通过计算后才能得到中径尺寸。

④综合测量。综合测量是指用螺纹塞规或螺纹环规（图4－2－88）的通止规综合检查

内、外普通螺纹是否合格。使用螺纹量规时，应按其对应的公差等级进行选择。内螺纹的测量通常采用螺纹塞规进行综合测量，采用这种测量方法时应按其对应的公称直径和公差等级来选取不同规格的塞规。

图 4-2-87 外螺纹千分尺

图 4-2-88 螺纹塞规与螺纹环规

6. 车螺纹加工问题与对策

数控车床加工螺纹过程中产生螺纹精度降低的原因是多方面的，具体原因参见表 4-2-30。

表 4-2-30 螺纹加工问题及产生原因

问题现象	序号	产生原因
螺纹牙顶呈刀口状或过平	1	刀具角度选择不正确
	2	工件外径尺寸不正确
	3	螺纹切削过深或切削深度不够
刀具牙底圆弧过大或过宽	4	刀具中心错误
	5	刀具选择错误
	6	刀具磨损严重
	7	螺纹有乱牙现象
螺纹牙型半角不正确	8	刀具安装不正确
	9	刀具角度刃磨不正确
螺纹表面粗糙度差	10	切削速度过低
	11	刀具中心过高
	12	切削液选用不合理
	13	刀尖产生积屑瘤
	14	刀具与工件安装不正确，产生振动
	15	切削参数选用不正确，产生振动
螺距误差	16	伺服系统滞后效应
	17	加工程序不正确

三、任务实施

1. 编程准备

(1) 分析零件图样

该零件的加工为外表面加工,包括φ37 mm、φ29 mm和φ21 mm的圆柱面;锥度4:7圆锥表面;圆弧R3 mm;5 mm×2 mm矩形槽;外螺纹M27×2。图样中有三处直径尺寸为中等公差等级要求,加工时需要用粗、精加工,并在粗、精加工之间加入测量和误差调整补偿。长度尺寸用一般加工方法就可以保证,表面粗糙度要求$Ra1.6$ μm。外切槽刀件材料为45钢,调质处理,加工后去毛刺。

(2) 方案分析

外切槽刀件轮廓简单,按轮廓粗、精加工。在数控加工中一般要体现工序集中原则,以提高生产率。

(3) 夹具分析

零件为一般轴套类零件,采用三爪自定心卡盘装夹,装夹方便、快捷,定位精度高。

(4) 选择合适刀具和切削用量

2. 编写数控加工工艺

填写数控加工工艺卡,如表4-2-31所示。

表4-2-31 螺钉的数控加工工艺卡

工步号	加工内容	刀具号	刀具名称	刀具规格	刀具材料	切削速度/$(r \cdot min^{-1})$	进给量/$(mm \cdot r^{-1})$
1	夹持工件伸出卡盘外65 mm车端面	T01	93°正偏刀	副偏角5°	硬质合金	600	0.2
2	粗车右端外轮廓	T01	93°正偏刀	副偏角5°	硬质合金	600	0.2
3	精车右端外轮廓	T02	93°正偏刀	副偏角47°	硬质合金	1 000	0.15
4	切槽5×2	T03	外切槽刀	刀宽4 mm	硬质合金	400	0.08
5	粗精车M27×2螺纹至图纸尺寸	T04	外螺纹车刀	刀尖角60°	硬质合金	300	1.5
6	切断,工件总长留0.5 mm	T03	外切槽刀	刀宽4 mm	硬质合金	400	0.08
6	掉头,夹持工件外圆,伸出5 mm,取工件总长至图纸尺寸	T01	93°正偏刀	副偏角5°	硬质合金	600	0.2

3. 编写加工程序

①选择编程原点。选择如图4-2-78所示的工件两侧端面中心作为工件编程原点。

②循环点的设定。粗、精车外轮廓循环点(52,2)、切槽循环点(32,1)、外螺纹循环点(29,-9)。

③编制数控加工程序。采用 G92 指令或者 G76 指令编写螺纹加工程序，见表 4-2-32 和表 4-2-33，其他程序略。

表 4-2-32 螺钉零件的螺纹加工程序（G92 编写）

FANUC 0i 系统程序	FANUC 0i 程序说明
G99	每转进给（mm·r^{-1}）
M03 S300	主轴正转，300 r·min^{-1}
T0303	（外螺纹车刀），换 3 号刀，执行 3 号刀补
G00 X150 Z150	退至安全位置
G01 X29 Z-9 F5	螺纹循环的起点
G92 X25.8 Z-29 F2	
X25.1	
X24.7	固定循环切削，车外螺纹
X24.5	
X24.4	
G00 X150 Z150	退至安全位置
M05	主轴停止
M30	程序结束并返回到程序开始
%	

表 4-2-33 螺钉零件的螺纹加工程序（G76 编写）

FANUC 0i 系统程序	FANUC 0i 程序说明
G99	每转进给（mm·r^{-1}）
M03 S300	主轴正转，300 r·min^{-1}
T0303	（外螺纹车刀），换 3 号刀，执行 3 号刀补
G00 X150 Z150	退至安全位置
G01 X29 Z-9 F5	螺纹循环的起点
G76 P021060 Q50 R0.05	螺纹复合循环
G76 X24.4 Z-29 P1200 Q400 F2	
G00 X150 Z150	退至安全位置
M05	主轴停止
M30	程序结束并返回到程序开始
%	

四、加工练习

制订如图4-2-89所示零件的加工工艺方案,应用螺纹加工指令编写程序并加工,毛坯选用 $\phi50$ mm × 60 mm 的钢料,右侧 $\phi16$ mm 的孔已加工出。

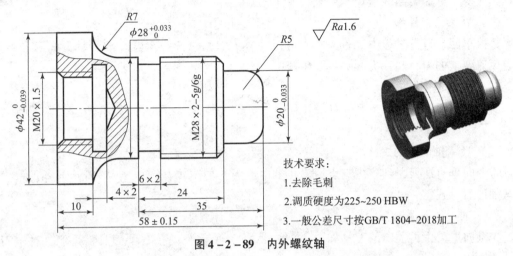

图 4-2-89　内外螺纹轴

第三节　数控车床编程综合实例

项目1　数控车床编程综合实例1

一、任务引入

如图4-3-1所示,毛坯尺寸为 $\phi50$ mm × 85 mm,试编写其数控车床加工工艺和数控程序。

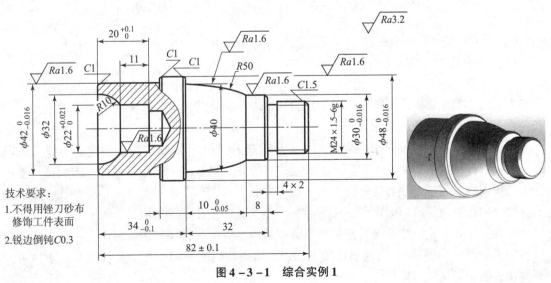

图 4-3-1　综合实例1

二、相关知识

1. 数控车床退刀路线的确定

数控系统确定退刀路线时,首先考虑安全性,即在退刀过程中不能与工件或夹具发生碰撞;其次要考虑退刀路线最短。

(1) 回参考点路线

数控车回参考点过程中,首先应先进行 X 轴方向回参考点,再进行 Z 轴方向回参考点,以避免刀架上的刀具与顶尖等夹具发生碰撞。

(2) 斜线退刀方式

斜线进退刀方式路线最短,如图 4-3-2 (a) 所示,外圆表面刀具的退刀常采用这种方式。

(3) 径-轴向退刀方式

先径向垂直退刀,到达指定点后,再轴向退刀,如图 4-3-2 (b) 所示,外切槽常采用这种退刀方式。

(4) 轴-径向退刀方式

先轴向退刀,再径向退刀,如图 4-3-2 (c) 所示,内孔车削刀具常采用这种退刀方式。

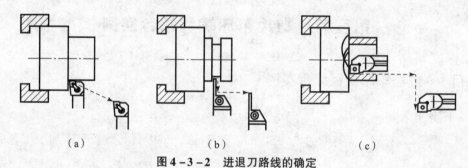

图 4-3-2 进退刀路线的确定

(a) 斜线退刀方式;(b) 径-轴向退刀方式;(c) 轴-径向退刀方式

2. 车内孔加工工艺

(1) 车内孔的关键技术

车内孔是常用的孔加工方法之一,可用作粗加工,也可用作精加工。车内孔精度一般可达 IT7~IT8,表面粗糙度 $Ra(1.6~3.2)\mu m$。车内孔的关键技术是解决内孔车刀的刚性问题和内孔车削过程中的排屑问题。

为了增加车削刚性,防止产生振动,要尽量选择刀杆粗、刀尖位于刀杆中心线上的刀具,增加刀杆横截面,装夹时刀杆伸出长度尽可能短,只要略大于孔深即可。刀尖要对准工件中心或稍高,刀杆与轴心线平行。为了确保安全,可在车孔前先用内孔车刀在孔内试走一遍。精车内孔时应保持刀刃锋利,否则容易产生让刀,把孔车成锥形。

内孔加工过程中,主要是要控制切屑流出方向,以解决排屑问题。精车孔时要求切屑流向待加工表面(前排屑),前排屑主要是采用正刃倾角内孔车刀。加工盲孔时,应采用负的刃倾角,使切屑从孔口排出。

(2) 内孔加工用刀具

根据不同的加工情况，内孔车刀可分为通孔车刀［图4-3-3（a）］和盲孔车刀［图4-3-3（b）］两种。

1）通孔车刀。为了减小径向切削力，防止振动，通孔车刀的主偏角一般取60°~75°，副偏角取15°~30°。为了防止内孔车刀后刀面和孔壁摩擦，后角一般不磨的太大，通常磨成两个后角。

2）盲孔车刀。盲孔车刀是用来车盲孔或台阶孔的，它的主偏角取90°~95°。刀尖在刀杆的最前端，刀尖与刀杆外端的距离应小于内孔半径，否则孔的底平面就无法车平。车内孔台阶时，只要不相碰即可。

为了节省刀具材料和增加刀杆强度，也可将内孔车刀做成如图4-3-3所示的机夹式内孔车刀。

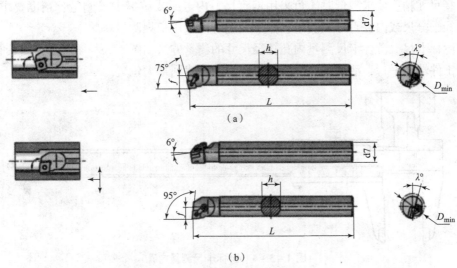

图4-3-3 机夹式内孔车刀
(a) 通孔车刀；(b) 盲孔车刀

（3）内孔加工刀具的选择

在为振动敏感的工序选择内孔车刀时应考虑的因素见表4-3-1。

表4-3-1 不同因素的振动波形及图示

考虑因素	振动波形及图示
振动趋势	
选择接近90°的主偏角，但不要小于75°	
选择小的刀尖半径	
选择正确前角刀片	

（4）内孔车刀的安装

内孔车刀安装的正确与否，直接影响到车削情况及孔的精度，所以在安装时应注意以下几个问题。

①刀尖应与工件中心等高或稍高。如果装得低于中心，由于切削抗力的作用，容易将刀杆压低而产生扎刀现象，并可造成孔径扩大。

②刀杆伸出刀架不宜过长，一般比被加工孔长 5～6 mm。

③刀杆基本平行于工件轴线，否则在车削到一定深度时刀杆后半部容易碰到工件孔口。

④盲孔车刀装夹时，内偏刀的主刀刃应与孔底平面成 3°～5°的角度，并且在车平面时要求横向有足够的退刀余地。

（5）内孔测量

孔径尺寸精度要求较低时，可采用钢直尺、内卡钳或游标卡尺测量；精度要求较高时，可用内径千分尺或内径百分表测量；标准孔还可以采用塞规测量。

①游标卡尺。游标卡尺测量内孔孔径尺寸的测量方法如图 4－3－4 所示，测量时应注意尺身与工件端面平行，活动量爪沿圆周方向摆动，找到最大位置。

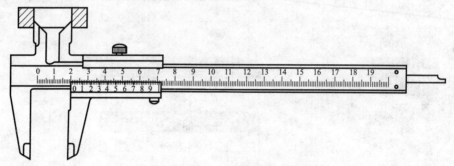

图 4－3－4　游标卡尺测量内孔

②内径千分尺。内径千分尺测量内孔的使用方法如图 4－3－5 所示。这种千分尺刻度线方向和外径千分尺相反，当微分筒顺时针旋转时，活动爪向右移动，量值增大。

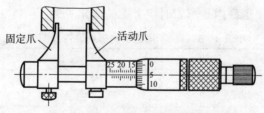

图 4－3－5　内径千分尺测量内孔

③内径百分表。内径百分表是将百分表装夹在测架上构成。测量前先根据被测工件孔径大小更换固定测量头，用千分尺将内径百分表对准"0"位。测量方法如图 4－3－6 所示，摆动百分表取最小值为孔径的实际尺寸。

④塞规。塞规（图 4－3－7）由通端和止端组成，通端按孔的最小极限尺寸制成，测量时应塞入孔内，止端按孔的最大极限尺寸制成，测量时不允许插入孔内。当通端能塞入孔内，而止端插不进去时，说明该孔尺寸合格。

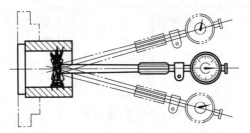

图 4-3-6 内径百分表测量内孔

图 4-3-7 塞规

用塞规测量孔径时,应保持孔壁清洁,塞规不能倾斜,以防造成孔小的错觉,把孔径车大。相反,在孔径小的时候,不能用塞规硬塞,更不能用力敲击。从孔内取出塞规时,要防止与内孔壁发生碰撞。孔径温度较高时,不能用塞规立即测量,以防工件冷缩把塞规"咬住"。

三、任务实施

1. 编程准备

(1) 分析零件图样

本例中精度要求较高的尺寸主要有:外圆 $\phi 42_{-0.016}^{0}$ mm,$\phi 48_{-0.016}^{0}$ mm,$\phi 30_{-0.016}^{0}$ mm,内孔 $\phi 22_{0}^{+0.021}$ mm,长度 $10_{-0.05}^{0}$ mm,$34_{-0.1}^{0}$ mm,82 ± 0.1 mm 和外螺纹 M24×1.5 的中径等。对于尺寸精度要求,主要通过在加工过程中的准确对刀、正确设置刀补及磨耗,以及正确制订合适的加工工艺等措施来保证。零件的轮廓形状采用内外轮廓循环指令 G71、G70 即可完成编程,外螺纹采用指令 G92 编写。

(2) 方案分析

零件轮廓简单,先预钻孔 $\phi 20$ mm;粗、精车左端外轮廓、内轮廓,调头夹持外圆 $\phi 42$ mm,靠紧台阶面,取工件总长,粗、精车右端外轮廓至图纸尺寸,车螺纹退刀槽 4 mm×2 mm,粗、精车螺纹至图纸尺寸。

(3) 夹具分析

零件为一般轴套类零件,采用三爪自定心卡盘装夹,装夹方便、快捷,定位精度高。

(4) 刀具、切削用量选择

粗、精加工都选用 93°外圆车刀。切削用量推荐值如下:粗加工切削速度 $n = 600$ r·min^{-1},进给量 $f = 0.2$ mm·r^{-1};精加工切削速度取 $n = 1\,000$ r·min^{-1},进给量 $f = 0.15$ mm·r^{-1}。在加工时,切削速度和进给量可以通过操作面板上的"倍率"修调按键随时调整。

2. 编写数控加工工艺

填写数控加工工艺卡如表 4-3-2 所示。

表 4-3-2 综合实例 1 的数控加工工艺卡

专业	机械设计制造及其自动化		姓名		准考证号		工件材料	45 钢		使用系统	FANUC	
工步号	加工内容	刀具号	刀具名称	刀具规格	刀具材料	切削速度/($r \cdot min^{-1}$)	进给量/($mm \cdot r^{-1}$)	刀具半径补偿 号	刀具半径补偿 值/mm	刀具长度补偿	加工方式	程序号
1	夹持工件伸出卡盘外40 mm车端面	T01	93°正偏刀	副偏角55°	硬质合金	750	0.1	01	$R=0.4$		自动	O0001
2	钻孔		麻花钻	φ20 mm	高速钢	500					手动	
3	粗、精车左端外轮廓	T01	93°正偏刀	副偏角55°	硬质合金	750	0.1	01	$R=0.4$		自动	O0002
4	粗、精车左端内轮廓	T04	镗刀	副偏角6°	硬质合金	400	0.15/0.1	04	$R=0.4$		自动	O0003
5	调头,校正,车平面,去废料	T01	93°正偏刀	副偏角55°	硬质合金	750	0.1	01	$R=0.4$		自动	O0004
6	粗、精车右端外轮廓	T01	93°正偏刀	副偏角55°	硬质合金	750	0.1	01	$R=0.4$		自动	O0005
7	车右端4×2槽	T02	切槽刀	刀宽4 mm	硬质合金	600	0.06	02			自动	O0006
8	车右端外螺纹	T03	螺纹刀	α=60°	硬质合金	300	1.5	03			自动	O0007
9	工件去毛刺并检测尺寸											
10	刻号码,交件											

3. 编写数控加工程序

编写综合实例1的数控车床加工程序，见表4-3-3和表4-3-4。

表4-3-3 综合实例1的数控车床加工程序（左端内外轮廓）

FANUC 0i 系统程序	FANUC 0i 程序说明
O0001	程序名
G99	程序开始部分
M03 S750	
T0101	
M08	
G00 X150 Z150	
G01 X52 Z2 F5	停刀点
Z0	Z轴方向移至0位
X-2 F0.1	车端面
G01 X52 Z2 F5	粗、精车循环点
G71 U1 R1	内外径粗车循环
G71 P10 Q20 U1 W0.05 F0.2	
N10 G0 X40	左端外轮廓精车轨迹
G01 Z0 F0.1 S1200	
X42 Z-1	
Z-24	
X46	
X48 Z-25	
Z-35	
N20 X52	
G70 P10 Q20	精车循环
G00 X150 Z150	退至安全位置
M00	程序暂停
M05	主轴停止
G99 M03 S400	
T0404	换4号刀，执行4号刀补
M08	

续表

FANUC 0i 系统程序	FANUC 0i 程序说明
G00 X150 Z150	
G01 X20 Z2 F5	镗孔车刀粗、精车循环点
G71 U1 R1	内外径粗车循环
G71 P30 Q40 U-0.5 W0.05 F0.15	
N30 G0 X32	外轮廓精车轨迹
G01 Z0 F0.1 S600	
G03 X22 Z-9 R10	
G01 Z-20.05	
N40 X20	
G70 P30 Q40	精车循环
G00 X150 Z150	退至安全位置
M09	冷却液关
M05	主轴停止
M30	程序结束,并返回到程序开始
%	程序结束符

表4-3-4 综合实例1的数控车床加工程序(右端外轮廓切槽螺纹加工)

FANUC 0i 系统程序	FANUC 0i 程序说明
O0002	
…	程序初始化
G01 X52 Z2 F5	粗、精车循环点
G71 U1 R1	内外径粗车循环
G71 P10 Q20 U1 W0.05 F0.2	
N10 G0 X20.805	右端外轮廓精车轨迹
G01 Z0 F0.1	
X23.805 Z-1.5	
Z-16	
X29.4	
X30 Z-16.3	
Z-24	
G03 X40 Z-48 R50	
G01 X46	
X48 Z-49	
N20 G01 X52	

续表

FANUC 0i 系统程序	FANUC 0i 程序说明
G70 P10 Q20	精车循环
G00 X150 Z150	
M00	
M05	
G99	
M03 S600	
T0202	换2号刀，执行2号刀补
M08	
G00 X150 Z150	
G01 X32 Z−16 F5	
X20 F0.06	切槽
G04 X4	
G01 X26	
X24 Z−15	倒角
X22 Z−16	
X30	X 轴方向退刀
G00 X150 Z150	
M00	
M05	
G99	
M03 S300	
T0303	换3号刀，执行3号刀补
G0 X150 Z150	
G01 X26 Z3 F5	
G92 X23 Z−13.5 F1.5	螺纹固定循环
X22.6	
X22.3	
X22.15	

续表

FANUC 0i 系统程序	FANUC 0i 程序说明
X22.05	空走刀2次
X22.05	
G00 X150 Z150	程序结束部分
M05	
M30	
%	

项目2　数控车床编程综合实例2

一、任务引入

如图4-3-8所示零件，毛坯为 $\phi 50$ mm×90 mm 的45钢，试编写其加工程序。

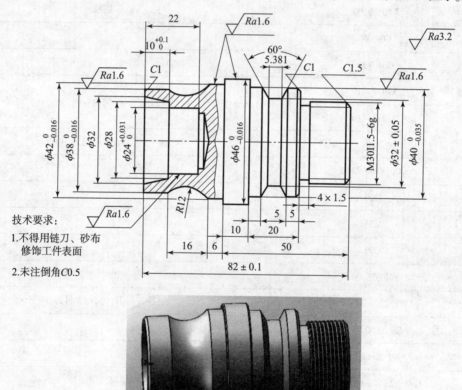

图4-3-8　综合实例2

二、任务实施

1. 编程准备

(1) 分析零件图样

该零件的加工为外表面加工,包括 φ42 mm、φ46 mm 和 φ38 mm、φ40 mm 的外圆柱面;φ24 mm 的内孔及内锥等表面;M30×1.5 的外螺纹;矩形槽和梯形槽各一个。图样中有四处直径尺寸为中等公差等级要求,加工时需要用粗、精加工,并在粗、精加工之间加入测量和误差调整补偿。长度尺寸用一般加工方法就可以保证,表面粗糙度要求为 $Ra1.6\ \mu m$。零件材料为 45 钢,调质处理,加工后去毛刺。零件的内外轮廓形状采用内外径粗车循环指令 G71、G70,仿形粗车循环指令 G73,切槽循环指令 G75、螺纹循环指令 G92。

(2) 方案分析

零件轮廓简单,按轮廓粗、精加工。在数控加工中一般要体现工序集中原则,以提高生产率。

(3) 夹具分析

零件为一般轴套类零件,采用三爪自定心卡盘装夹,装夹方便、快捷,定位精度高。

(4) 刀具、切削用量选择

粗、精加工都选用 93°外圆车刀。切削用量推荐值如下:粗加工切削速度 $n=700\ r\cdot min^{-1}$,进给量 $f=0.2\ mm\cdot r^{-1}$;精加工切削速度取 $n=1\ 000\ r\cdot min^{-1}$,进给量 $f=0.15\ mm\cdot r^{-1}$。在加工时,切削速度和进给量可以通过操作面板上的"倍率"修调按键随时调整。

2. 编写数控加工工艺

填写综合实例 2 的数控加工工艺卡,如表 4-3-5 所示。

表 4-3-5 综合实例 2 数控加工工艺卡

专业		姓名		准考证号		工件材料					使用系统		
机械设计制造及其自动化						45 钢					FANUC		
工步号	加工内容	刀具号	刀具名称	刀具规格	刀具材料	切削速度/ (r·min^{-1})	进给量/ (mm·r^{-1})	刀具半径补偿		刀具长度补偿	加工方式	程序号
								号	值/mm			
1	夹持工件伸出卡盘外 30 mm 车端面	T01	93°正偏刀	副偏角 55°	硬质合金	750	0.10	01	R = 0.4		自动	O0001
2	加工工艺台阶 φ49 mm × 30 mm	T01	93°正偏刀	副偏角 55°	硬质合金	750	0.10	01	R = 0.4		自动	O0002
3	调头,夹持工艺台阶,车平面	T01	93°正偏刀	副偏角 55°	硬质合金	750	0.10	01	R = 0.4		自动	O0003
4	车右端外轮廓	T01	93°正偏刀	副偏角 55°	硬质合金	750	0.10	01	R = 0.4		自动	O0004
5	车右端 4 × 1.5 槽	T02	切槽刀	刀宽 4 mm	硬质合金	600	0.08	02			自动	O0005
6	车右端梯形槽	T02	切槽刀	刀宽 4 mm	硬质合金	600	0.08	02			自动	O0006
7	车右端外螺纹	T03	螺纹刀	α = 60°	硬质合金	300	1.50	03			自动	O0007
8	调头,校正,车平面	T01	93°正偏刀	副偏角 55°	硬质合金	750	0.10	01	R = 0.4		自动	O0001
9	钻孔		麻花钻	φ20	高速钢	500					手动	
10	车左端外轮廓	T01	93°正偏刀	副偏角 55°	硬质合金	750	0.10	01	R = 0.4		自动	O0008
11	车左端内轮廓	T04	镗刀	副偏角 6°	硬质合金	400	0.15/0.10	04	R = 0.4		自动	O0009
12	零件去毛刺并检测尺寸											
13	刻号码,交件											

3. 编写数控加工程序

编写综合实例 2 的数控加工程序，见表 4-3-6 和表 4-3-7。

表 4-3-6 综合实例 2 的数控加工程序（右端外轮廓）

FANUC 0i 系统程序	FANUC 0i 程序说明
%	
O0001	
G99	
M03 S750	
T0101	
M08	
G0 X150 Z150	
G01 X52 Z2 F5	
Z0	
X-2 F0.1	
G01 X52 Z2 F5	粗、精车循环点
G71 U1 R0.5	内外径粗车循环
G71 P10 Q20 U1 W0.05 F0.15	
N10 G00 X26.805	精加工轨迹
G01 Z0 F0.1	
X29.805 Z-1.5	
Z-20	
X40 C1	
Z-40	
X46 C0.5	
Z-52	
N20 X50	
G70 P10 Q20	精车循环
G00 X150 Z150	
M03 S600	
T0202	
G01 X42 Z-20 F5	切槽定位点

续表

FANUC 0i 系统程序	FANUC 0i 程序说明
X27 F0.06	矩形槽加工
G04 X4	
G01 X42 F0.06	
X30 Z-19	
X28 Z-20	
G00 X42	
G01 X42 Z-32.691 F5	梯形槽加工
X32.2 F0.06	
G01 X42	
Z-31.309	
X32	
Z-32.691	
G01 X42	
X40 Z-35	
X32 Z-32.691	
X42	
X40 Z-29	
X32Z-31.309	
G00 X42	
M03 S300	
T0303	
M08	
G00 X150 Z150	
G01 X32 Z5 F5	
G92 X29 Z-17.5 F1.5	螺纹固定循环
X28.6	
X28.3	
X28.15	
X28.05	
X28.05	

续表

FANUC 0i 系统程序	FANUC 0i 程序说明
G00 X150 Z150	程序结束部分
M09	
M05	
M30	
%	

表 4-3-7　综合实例 2 的数控加工程序（左端外轮廓）

FANUC 0i 系统程序	FANUC 0i 程序说明
%	程序开始部分
O0007	
G99	
M03 S750	
T0101	
M08	
G00 X150 Z150	
G01 X50 Z2 F5	粗车循环点
G73 U8 R8	仿形粗车循环
G73 P10 Q20 U1 F0.15	
N10 G00 X36	精车轨迹
G01 Z0 F0.1	
X38 Z-1	
Z-10	
G02 X42 Z-26 R12	
G01 Z-32	
X45	
X46 Z-32.5	
N20 X50	
G70 P10 Q20	精加工循环
G00 X150 Z150	

续表

FANUC 0i 系统程序	FANUC 0i 程序说明
M03 S400	
T0404	换 4 号刀，执行 4 号刀补
M08	
G00 X150 Z150	
G01 X20 Z2 F5	内孔粗车循环点
G71 U1 R0.5	内外径粗车循环
G71 P30 Q40 U −0.5 F0.15	
N30 G00 X32	
G01 Z0 F0.1	
X28 Z −10	
X24 C0.5	
Z −22	
N40 X20	
G70 P30 Q40	精车循环
G00 X150 Z150	程序结束部分
M09	
M05	
M30	
%	

三、加工练习

1. 如图 4 − 3 − 9 所示，零件毛坯为 ϕ50 mm × 90 mm 的 45 钢，试编写其加工程序。
2. 如图 4 − 3 − 10 所示，零件毛坯为 ϕ50 mm × 90 mm 的 45 钢，试编写其加工程序。

第四章 数控车床编程

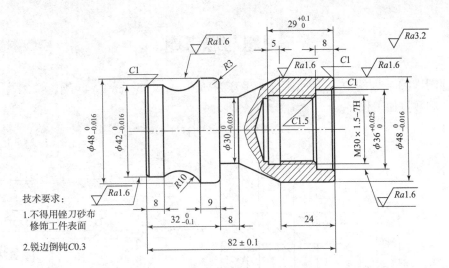

技术要求：
1. 不得用锉刀砂布修饰工件表面
2. 锐边倒钝C0.3

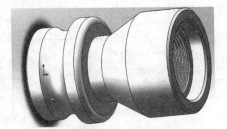

图 4-3-9 数控车床加工练习 1

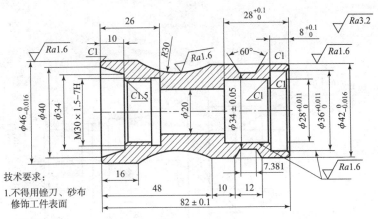

技术要求：
1. 不得用锉刀、砂布修饰工件表面
2. 未注倒角C0.5

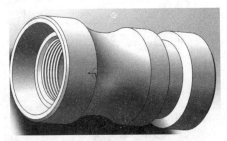

图 4-3-10 数控车床加工练习 2

习题与思考题

如题图 4-1～题图 4-6 所示零件，毛坯为 $\phi 50\ mm \times 85\ mm$ 的 45 钢，试编写其数控加工工艺卡和数控加工程序。

4-1

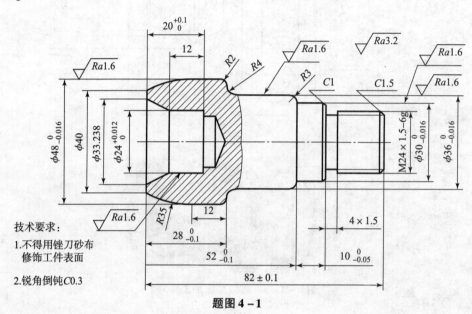

题图 4-1

4-2

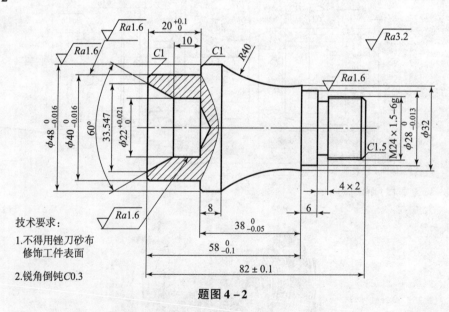

题图 4-2

4-3

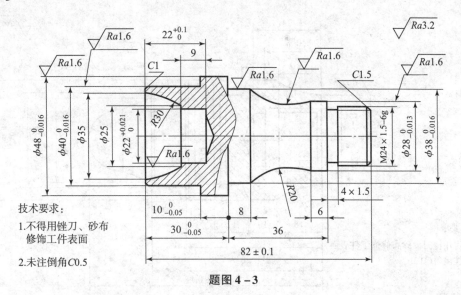

技术要求:
1. 不得用锉刀、砂布修饰工件表面
2. 未注倒角C0.5

题图 4-3

4-4

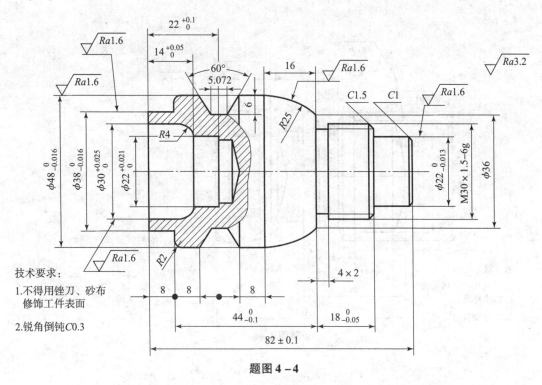

技术要求:
1. 不得用锉刀、砂布修饰工件表面
2. 锐角倒钝C0.3

题图 4-4

4-5

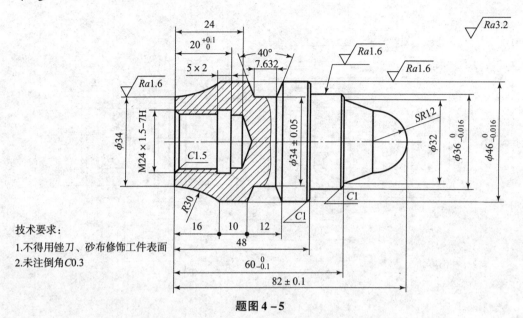

技术要求：
1. 不得用锉刀、砂布修饰工件表面
2. 未注倒角C0.3

题图 4-5

4-6

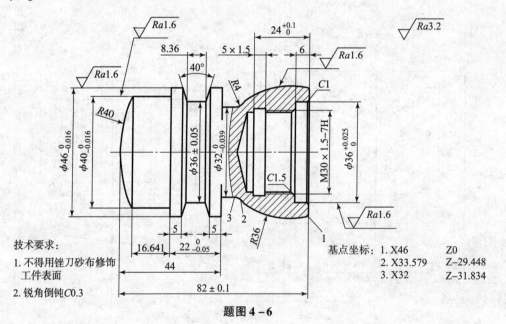

技术要求：
1. 不得用锉刀砂布修饰工件表面
2. 锐角倒钝C0.3

基点坐标： 1. X46　　Z0
　　　　　 2. X33.579　Z-29.448
　　　　　 3. X32　　Z-31.834

题图 4-6

第五章 数控铣床编程

第一节 数控铣床编程特点及坐标系

一、数控铣床简介

1. 数控铣床的用途

一般的数控铣床是指规格较小的升降台式数控铣床。数控铣床多为三坐标、两轴联动的机床。在一般情况下，数控铣床只能用来加工平面曲线的轮廓。

与普通铣床相比，数控铣床的加工精度高，精度稳定性好，适应性强，操作劳动强度低，特别适用于板类、盘类、壳具类、模具类等复杂形状零件或对精度保持性要求较高的中、小批量零件的加工。

2. 数控铣床的分类

（1）数控铣床按其主轴位置分为立式数控铣床，卧式数控铣床，立、卧两用数控铣床三类，如图5-1-1所示。

①立式数控铣床。其主轴垂直于水平面。小型数控铣床一般都采用工作台移动、升降及主轴不动方式，与普通立式升降台铣床结构相似；中型数控铣床一般采用纵向和横向工作台移动方式，且主轴沿垂直溜板上下运动；大型数控铣床因要考虑到扩大行程，缩小占地面积及满足一定的刚度要求等技术问题，往往采用龙门架移动方式，其主轴可以在龙门架的纵向与垂直溜板上运动，而龙门架则沿床身作纵向移动，这类结构又称为龙门数控铣床。

②卧式数控铣床。其主轴平行于水平面。为了扩大加工范围和扩充功能，卧式数控铣床通常采用增加数控转盘或万能数控转盘来实现四至五坐标，进行"四面加工"。

③立、卧两用数控铣床。其主轴方向可以更换（有手动与自动两种），既可以进行立式加工，又可以进行卧式加工。与其他两类铣床相比，其使用范围更广，功能更全。当采用数控万能主轴头时，其主轴头可以任意转换方向，因此利用它可以加工出与水平面呈各种不同角度的工件表面。在增加数控转盘后，就可以实现对工件的"五面加工"。

（2）数控铣床按机床数控系统控制的坐标轴数量分为2.5坐标联动数控铣床（只能进行X、Y、Z三个坐标中的任意两个坐标轴联动加工）、三坐标联动数控铣床、四坐标联动数控铣床、五坐标联动数控铣床四类。

二、数控铣床加工工艺范围

铣削加工是机械加工中常用的加工方法之一，它主要包括平面铣削和轮廓铣削，也包括对零件进行钻、扩、铰、镗、锪加工及螺纹加工等。数控铣床与普通铣床相比，具有加工精

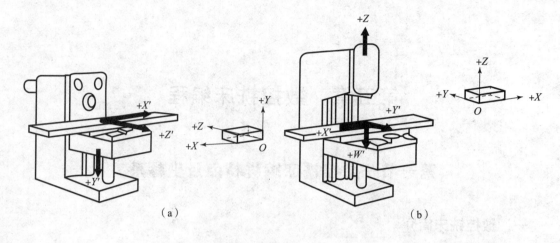

图 5-1-1 各类数控铣床示意
(a) 卧式数控铣床；(b) 立式数控铣床；(c) 立、卧两用数控铣床

度高、加工范围广和自动化程度高等显著特点。数控铣削主要适合于下列几类零件的加工。

1. 平面类零件

平面类零件是指加工面平行或垂直于水平面，以及加工面与水平面的夹角为定值，这类加工面可展开为平面，如图 5-1-2 所示。

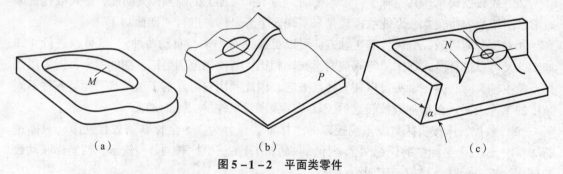

图 5-1-2 平面类零件
(a) 带平面轮廓的平面零件；(b) 带斜面的平面零件；(c) 带正回台和斜筋的平面零件

2. 变斜角类零件

加工面与水平面的夹角呈连续变化的零件称为变斜角类零件，如图 5-1-3 所示。变斜角类零件的变斜角加工面不能展开为平面，但在加工中，加工面与铣刀圆周接触的瞬间为一

条线,所以最好采用四坐标或五坐标数控铣床摆角加工。

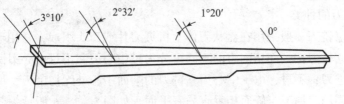

图 5-1-3 变斜角类零件

3. 立体曲面类零件

加工面为空间曲面的零件称为立体曲面类零件,如图 5-1-4 所示。曲面类零件的加工面不能展开为平面,加工时,加工面与铣刀始终为点接触。一般采用三轴联动数控铣床加工;当曲面较复杂、通道较狭窄、会伤及毗邻表面及需刀具摆动时,要采用四轴甚至五轴联动数控铣床加工。

三、数控铣床的工艺装备

数控铣床的工艺装备主要是指夹具和刀具。

1. 夹具

(1) 常用夹具

数控铣削加工中也经常采用平口虎钳、分度头和三爪自定心卡盘等通用夹具,如图 5-1-5 所示。

图 5-1-4 立体曲面类零件(叶轮)

图 5-1-5 常用夹具

(a) 平口虎钳;(b) 三爪自定心卡盘;(c) 分度头

(2) 对夹具的基本要求

①为保持工件在本工序中所有需要完成的待加工面充分暴露在外,夹具要做得尽可能开敞,因此夹紧机构元件与加工面之间应保持一定的安全距离,同时要求夹紧机构元件能低则低,以防止夹具与铣床主轴套筒或刀套、刀具在加工过程中发生碰撞。

②为保持工件安装方位与机床坐标系及编程坐标系方向的一致性,夹具应能保证在机床上实现定向安装,且能使工件定位面与机床之间保持一定的坐标联系。

③夹具的刚度要高、稳定性要好。尽量不采用在加工过程中更换夹紧点的设计,当非要在加工过程中更换夹紧点时,要特别注意不能因更换夹紧点而破坏夹具或工件定位精度。

2. 刀具

（1）常用铣刀的种类

①盘铣刀。盘铣刀一般采用在盘状刀体上机夹刀片或刀头组成，常用于铣较大的平面。

②立铣刀。立铣刀按端部切削刃的不同可分为过中心刃和不过中心刃两种，过中心刃立铣刀可直接轴向进刀；不过，由于中心刃立铣刀的端面中心处无切削刃，所以它不能作轴向进给，端面刃主要用来加工与侧面相垂直的底平面。如图 5-1-6 所示为各种类型立铣刀。

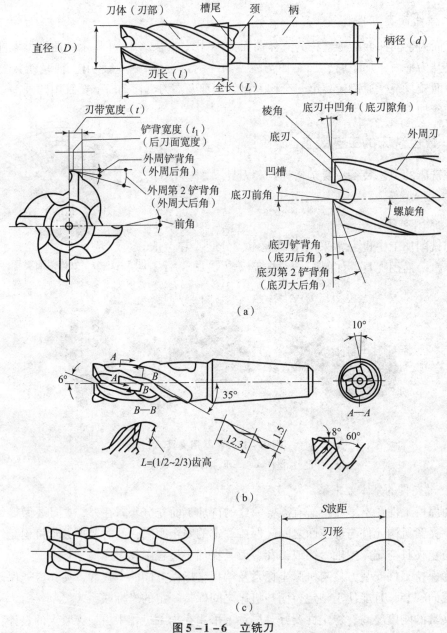

图 5-1-6 立铣刀

(a) 硬质合金立铣刀；(b) 波形立铣刀之一；(c) 波形立铣刀之二

③键槽铣刀。如图 5-1-7 所示，它有两个刀齿，圆柱面和端面都有切削刃，端面刃延

至中心,既是立铣刀,又像钻头。用键槽铣刀铣削键槽时,先轴向进给达到槽深,然后沿键槽方向铣出键槽全长。

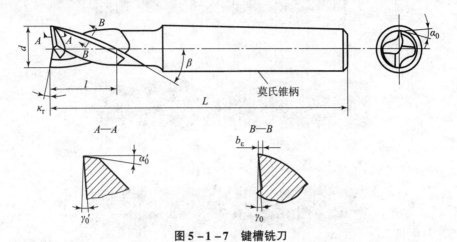

图 5-1-7 键槽铣刀

④球头铣刀。球头铣刀适用于加工空间曲面零件,有时也用于平面类零件较大的转接凹圆弧的补加工,如图 5-1-8 所示。

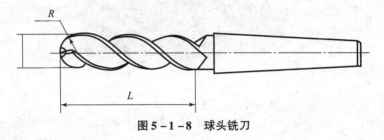

图 5-1-8 球头铣刀

(2) 数控铣削刀具的基本要求

①铣刀刚度高。提高铣刀的刚度是为了提高生产率,满足大切削用量的需求,但缺点是铣削过程中难以调整切削用量。

②铣刀的耐用度高。尤其是当一把铣刀加工的内容很多时,如果刀具不耐用则磨损很快,就会影响工件的表面质量与加工精度,而且会增加换刀引起的调刀与对刀次数,也会使工件表面留下因对刀误差而形成的接刀台阶,降低了工件的表面质量。

除上述两点之外,铣刀切削刃的几何角度参数的选择及排屑性能等也非常重要;切屑粘刀形成积屑瘤在数控铣削中是十分忌讳的。总之,根据被加工工件材料的热处理状态、切削性能及加工余量,选择刚度高、耐用度高的铣刀,是充分发挥数控铣床的生产效率和获得满意的加工质量的前提。

四、孔加工刀具

1. 钻孔刀具

钻孔刀具较多,常用的钻孔刀具有普通麻花钻(如图 5-1-9 所示)、可转位浅孔钻(如图 5-1-10 所示)及扁钻等。应根据工件材料、加工尺寸及加工质量要求等合理选用。

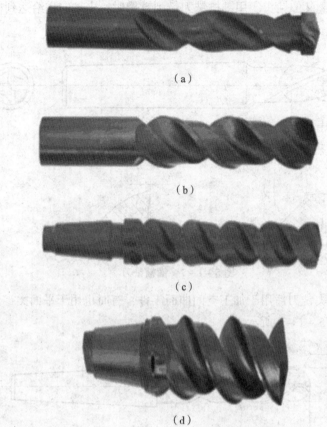

图 5-1-9 各种麻花钻

(a) 镶硬质合金直柄麻花钻;(b) 直柄麻花钻;(c) 锥柄加长麻花钻;(d) 内冷却锥柄麻花钻

图 5-1-10 可转位浅孔钻

2. 扩孔刀具

标准扩孔钻一般有 3~4 条主切削刃,切削部分的材料为高速钢或硬质合金。扩孔钻有直柄式、锥柄式和套式等。扩孔钻结构如图 5-1-11 所示。

3. 镗孔刀具

镗孔所用刀具为镗刀。镗刀种类很多,按切削刃数量可分为单刃镗刀和双刃镗刀两种。图 5-1-12 所示为各种样式的镗刀。

4. 铰孔刀具

加工中心使用的铰刀多是机用标准铰刀。此外,还有机夹硬质合金刀片单刃铰刀和浮动铰刀等,如图 5-1-13 所示。

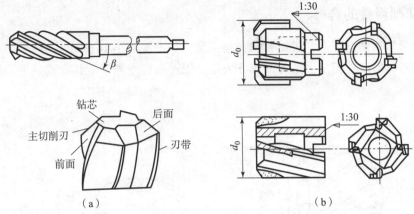

图 5-1-11 扩孔钻

(a) 高速钢扩孔钻；(b) 硬质合金扩孔钻

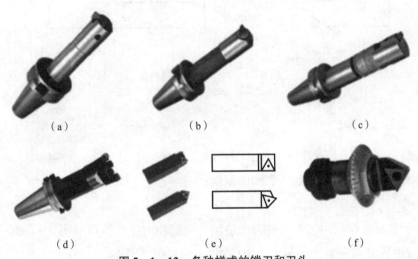

图 5-1-12 各种样式的镗刀和刀头

(a) 倾斜型单刃粗镗刀；(b) 精镗可调镗刀；(c) 精镗微调镗刀
(d) 双刃镗刀；(e) 粗镗刀刀头；(f) 精镗刀刀头

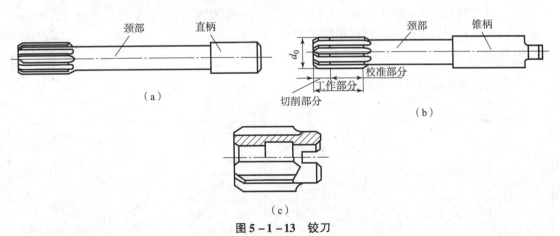

图 5-1-13 铰刀

(a) 直柄机用铰刀；(b) 锥柄机用铰刀；(c) 套式机用铰刀

五、切削用量的选择

切削用量包括切削速度、进给量和背吃刀量,如图 5-1-14 所示。

从刀具寿命出发,切削用量的选择方法是:先选取背吃刀量,其次确定进给量,最后确定切削速度。

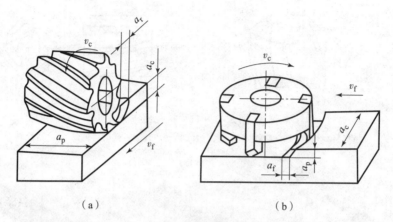

图 5-1-14 铣削切削用量

(a) 圆周铣;(b) 端铣

1. 背吃刀量

背吃刀量 a_p 为平行于铣刀轴线测量的切削层尺寸,单位为 mm。端铣时,a_p 为切削层深度;而圆周铣削时,a_p 为被加工表面的宽度。

2. 进给量

进给量 v_f 是单位时间内工件与铣刀沿进给方向的相对位移,单位为 mm/min。它与铣刀转速 n、铣刀齿数 Z 及每齿进给量 f_z(单位为 mm/z)的关系为

$$v_f = f_z Z n \qquad (5-1-1)$$

每齿进给量 f_z 的选取主要取决于工件材料的力学性能、刀具材料、工件表面粗糙度等因素。工件材料的强度和硬度越高,f_z 越小;反之,则越大。硬质合金铣刀的每齿进给量高于同类高速钢铣刀。工件表面粗糙度要求越高,f_z 就越小。

3. 切削速度

铣削的切削速度也可简单地参考表 5-1-1 选取。

表 5-1-1 铣削时的切削速度

工件材料	硬度/HBW	切削速度 v_c/(m·min⁻¹)	
		高速钢铣刀	硬质合金铣刀
钢	<225	18~24	140~200
	225~325	12~36	100~130
	325~425	6~21	70~90

续表

工件材料	硬度/HBW	切削速度 v_c/ (m·min^{-1})	
		高速钢铣刀	硬质合金铣刀
铸铁	<190	21~36	130~150
	190~260	9~18	90~115
	260~320	4.5~10	60~90

六、数控铣削工艺性分析

1. 数控机床铣削加工内容的选择

(1) 宜采用数控铣削的加工内容

①工件上的曲线轮廓内、外形,特别是由数学表达式给出的非圆曲线与列表曲线等曲线轮廓。

②已给出数学模型的空间曲线。

③形状复杂,尺寸繁多,画线与检测困难的部位。

④用通用铣床加工时难以观察、测量和控制进给的内、外凹槽。

⑤有严格位置尺寸要求的高精度孔或形状。

⑥能在一次安装中顺带铣出来的简单表面或形状。

⑦采用数控铣削能成倍提高生产率,大大减轻体力劳动的工件加工。

(2) 不宜采用数控铣削的加工内容

①需要进行长时间占机和进行人工调整的粗加工内容,如以毛坯粗基准定位画线找正的加工。

②必须按专用工装协调的加工内容,如标准样件、协调平板、模胎等。

③毛坯上的加工余量不太充分或不太稳定的部位。

④简单的粗加工面。

⑤必须用细长铣刀加工的部位,一般指狭长深槽或高筋板小转接圆弧部位。

2. 数控铣床加工零件的结构工艺性分析

①零件图样尺寸的正确标注。

②保证获得要求的加工精度。检查零件的加工要求,如尺寸加工精度、形位公差及表面粗糙度在现有的加工条件下是否可以得到保证,是否还有更经济的加工方法或方案。

③零件内腔外形的尺寸统一。

④尽量统一零件轮廓内圆弧的有关尺寸。内槽圆弧半径 R 的大小决定着刀具直径的大小,所以内槽圆弧半径 R 不应太小。

⑤保证基准统一。最好采用统一基准定位,因此工件上应有合适的孔作为定位基准孔,也可以专门设置工艺孔作为定位基准。若无法制出工艺孔,最起码也要用精加工表面作为统一基准,以减少二次装夹产生的误差。

⑥分析工件的变形情况。工件在数控铣削加工时的变形,不仅影响加工质量,而且当变

形较大时,将使加工不能进行下去。这时就应当考虑采取一些必要的工艺措施进行预防。如对钢件进行调质处理,对铸铝件进行退火处理,对不能用热处理方法解决的,也可以采用粗、精加工及对称去余量等常规方法。

3. 进给路线的确定

(1) 顺铣和逆铣的选择

铣削有顺铣和逆铣两种方式(见图 5-1-15)。铣刀的旋转方向和工件的进给方向相同时称为顺铣,相反时称为逆铣。

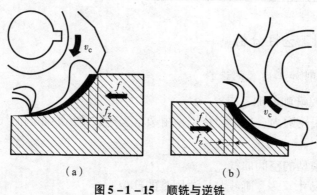

图 5-1-15 顺铣与逆铣
(a) 顺铣;(b) 逆铣

(2) 铣削外轮廓的进给路线

①铣削平面零件外轮廓时,一般采用立铣刀侧刃切削。刀具切入工件时,应避免沿工件外轮廓的法向切入,而应沿切削起始点的延伸线逐渐切入工件,保证零件曲线的平滑过渡。同样,切出工件时,也应避免在切削终点处直接抬刀,要沿着切削终点延伸线逐渐切出工件,如图 5-1-16 所示。

②当用圆弧插补方式铣削外圆时(见图 5-1-17),要安排刀具从切向进入圆周铣削加工,当外圆加工完毕后,不要在切点处直接退刀,而应让刀具沿切线方向多运动一段距离,以免取消刀补时,刀具与工件表面相碰,造成工件报废。

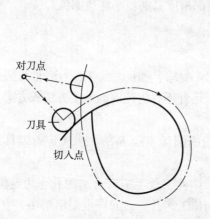

图 5-1-16 外轮廓加工刀具的切入和切出

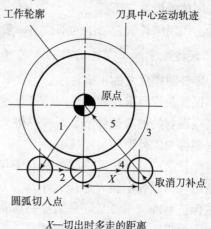

X—切出时多走的距离

图 5-1-17 外圆铣削

（3）铣削内轮廓的进给路线

①铣削封闭的内轮廓表面，若内轮廓曲线不允许外延，如图5-1-18所示，刀具只能沿内轮廓曲线的法向切入、切出，此时刀具的切入、切出点应尽量选在内轮廓曲线两几何元素的交点处。当内部几何元素相切无交点时，如图5-1-19所示，为防止刀补取消时在轮廓拐角处留下凹口，刀具切入、切出点应远离拐角。

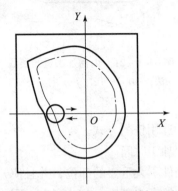

图5-1-18 内轮廓加工刀具的切入和切出

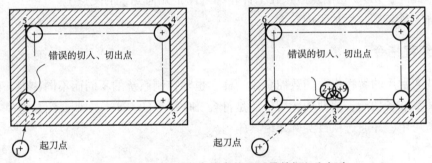

图5-1-19 无交点内轮廓加工刀具的切入和切出

②当用圆弧插补铣削内圆弧时也要遵循从切向切入、切出的原则，最好安排从圆弧过渡到圆弧的加工路线，如图5-1-20所示，以提高内孔表面的加工精度和质量。

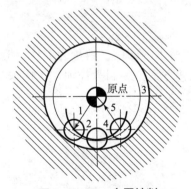

图5-1-20 内圆铣削

（4）铣削内槽的进给路线

所谓内槽是指以封闭曲线为边界的平底凹槽。对于内槽一律用平底立铣刀加工，刀具圆角半径应符合内槽的图样要求。常用加工进给路线如图5-1-21所示。

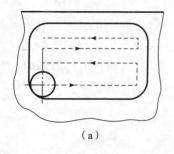 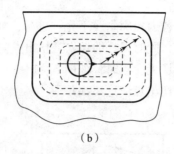 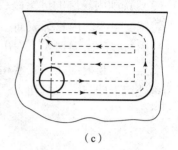

图 5-1-21　内槽加工进给路线

(a) 行切法；(b) 环切法；(c) 行切与环切结合法

(5) 进给路线确定原则

①铣削工件表面时，要正确选用铣削方式。

②进给路线尽量短，以减少加工时间。

③进刀、退刀位置应选在工件不太重要的部位，并且使刀具沿工件的切线方向进刀、退刀，以避免产生刀痕。在铣削内轮廓表面时，切入/切出无法外延，铣刀只能沿法线方向切入和切出，此时，切入/切出点应选在工件轮廓的两个几何元素的交点上。

④先加工外轮廓，后加工内轮廓。

七、编程指令

数控铣床常用的编程指令同数控车床一样，也随控制系统的不同而不同，但一些常用的指令，如某些准备功能、辅助功能指令还是符合 ISO 标准的。本章主要介绍这些基本编程指令的格式与功用，并通过项目实例介绍其应用。

第二节　数控铣床基本编程指令及用法

项目 1　轨迹的数控加工

一、任务引入

在零件上铣削如图 5-2-1 所示的凹槽，数量为 1 件，毛坯为 75 mm × 75 mm × 10 mm 的 45 钢。要求设计数控加工工艺方案，编制数控加工工序卡、数控加工程序卡，并进行加工程序模拟，优化走刀路线和程序。

二、相关知识

1. 快速点定位 G00

略。

2. 直线插补 G01

略。

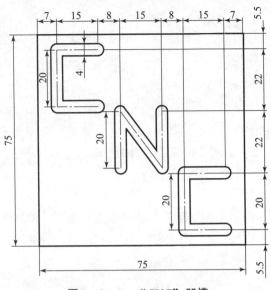

图 5-2-1 "CNC" 凹槽

3. 圆弧顺逆指令 G02/G03

指令格式

G17 G02(G03) X_Y_R_(I_J_)F_;

G18 G02(G03) X_Z_R_(I_K_)F_;

G19 G02(G03) Y_Z_R_(J_K_)F_;

其中：X_、Y_、Z_——圆弧终点的坐标值；

G17、G18、G19——X_Y_、X_Z_、Y_Z_表示 XY、XZ、YZ 平面，机床启动时默认的指令为 G17，即加工平面是 XY 平面。

在同一程序段中 I、J、K、R 同时出现时，R 优先，I、J、K 无效。当用 R 编程时，如果圆心角 α≤180°，R 取正；当圆心角 α>180°时，R 取负。

只能用 I、J、K 指定圆心的方式加工整圆。

4. 绝对值编程 G90 与相对值编程 G91

（1）指令格式

G90 或 G91。

（2）指令说明

G90 为绝对值编程指令，每个编程坐标轴上的编程值是相对于程序原点的；G91 为相对值编程（增量编程），每个编程坐标轴上的编程值是相对于前一位置而言的，该值等于沿轴移动的距离。

G90、G91 为模态功能指令，可相互注销，G90 为缺省值。G90、G91 可用于同一程序段中，但要注意其顺序所造成的差异。

编程时，选择合理的编程方式，会为计算带来极大的便利。当图样尺寸由一个固定基准给定时，采用绝对方式编程较为方便；而当图样尺寸是以轮廓顶点之间的间距给出时，采用相对方式编程较为方便。

5. 辅助功能 M 代码

M 代码是机床加工过程的工艺操作指令，即控制机床的各种功能开关，如主轴的启动、停止，冷却液的开、关等。

6. 主轴功能 S、进给功能 F

(1) 主轴功能 S

主轴功能 S 控制主轴转速，其后的数值表示主轴速度，单位为转/分钟（$r \cdot min^{-1}$）。S 是模态指令，S 功能只有在主轴速度可调节时有效。S 指令所编程的主轴转速可以借助机床控制面板上的主轴"倍率"修调按键进行调节。

(2) 进给功能 F

F 指令表示工件被加工时刀具相对于工件的合成进给速度，F 的单位取决于 G94（每分钟进给距离，单位为 mm/min）或 G95（每转进给距离，单位为 $mm \cdot r^{-1}$）。使用式（5-2-1）可以实现每转进给量与每分钟进给量的转化。

$$f_m = f_r n \tag{5-2-1}$$

式中：f_m 为每分钟的进给距离（mm/min）；

f_r 为每转进给距离（$mm \cdot r^{-1}$）；

n 为主轴转速（$r \cdot min^{-1}$）。

工作在 G01、G02 或 G03 方式下，编程中的 F 指令一直有效，直到被新的 F 指令所取代，而工作在 G00、G60 方式下，快速定位的速度是各轴的最快速度，与所编 F 指令无关。

借助操作面板上的"倍率"修调按键，F 指令的值可在一定范围内进行倍率修调。当执行攻丝循环 G74、G84 和螺纹切削 G34 时，倍率开关失效，进给倍率固定在 100%。

F 指令常有两种表示方法。

①代码法。F 后面跟两位数字，这些数字不表示进给速度，而表示机床进给速度数列的序号。

②指定法。F 后面的数字表示进给速度，例如 F100，表示进给速度是 100 mm/min。

(3) 刀具功能 T

T 代码用于选刀，其后的数值表示选择的刀具号，一般用两位或四位数字来表示。例如，T0101 表示选 1 号刀具，采用 1 号刀补值；T33 表示选 3 号刀具，采用 3 号刀补值。T 代码与刀具的关系是由机床制造厂规定的。

在加工中心执行 T 指令时，刀库转动选择所需的刀具，然后等待，直到 M06 指令作用时自动完成换刀。

三、任务实施

本任务的实施过程分为分析零件图样、确定工艺过程、数值计算、编写程序、程序调试与检验、零件检测六个步骤。

1. 分析零件图样

(1) 结构分析

如图 5-2-1 所示，该零件属于板类零件，加工内容包括平面、直线和圆弧组成的槽。

(2) 尺寸分析

该零件图尺寸完整,主要尺寸分析如下:毛坯长宽75 mm×75 mm,"CNC"凹槽处于毛坯对角线,槽宽4,槽深2,圆弧半径为2。

2. 确定工艺过程

(1) 选择加工设备,确定生产类型

零件数量为1件,属于单件小批量生产。选用V600型数控铣床,系统为FANUC。

(2) 选择工艺装备

① 该零件采用平口虎钳定位夹紧。

② 刀具选择 $\phi 4$ 的高速钢键槽刀进行铣削加工。

(3) 量具选择

量程为100 mm,分度值为0.02 mm的游标卡尺。

(4) 拟订数控加工工序卡

"CNC"凹槽数控加工工序卡如表5-2-1所示。

表5-2-1 "CNC"凹槽数控加工工序卡

序号	工序内容	刀具号	刀具规格	切削速度/(r·min^{-1})	进给量/(mm·r^{-1})
1	平面铣削	T01	$\phi 80$ 面铣刀	800	200
2	铣削"CNC"凹槽	T02	$\phi 4$ 键槽刀	3 200	300

3. 数值计算

根据零件图上的尺寸标注,选择以毛坯表面的左下角交点作为原点,计算各轨迹点的坐标值。

4. 编写程序

① 平面铣削程序(略)。

② 铣削"CNC"凹槽的数控加工程序,如表5-2-2所示。

表5-2-2 "CNC"凹槽的数控加工程序

FANUC 0i系统程序	FANUC 0i程序说明	FANUC 0i系统程序	FANUC 0i程序说明
O51		N130 Y27.5 F300	
N10 G54 G17 G49 G40 G80 G90 G21	程序初始化	N140 X30 Y47.5	
N20 G0 Z100		N150 Y27.5	
N30 M3 S3200		N160 G0Z5	
N40 G0 X22 Y69.5	加工"C"	N170 X68 Y25.5	加工"C"
N50 Z5		N180 G1 Z-2 F100	
N60 G1 Z-2 F100		N190 X53	
N70 X7 F300		N200 Y5.5	
N80 Y49.5		N210 X68	
N90 X22		N220 G0 Z100	
N100 G0 Z5		N230 X0 Y100	便于测量
N110 X45 Y47.5	加工"N"	N240 M05	
N120 G1 Z-2 F100		N250 M30	程序结束

5. 程序调试与检验

机床操作的加工步骤为开机、机床回零、安装工件、对刀、参数设置、输入程序、轨迹检查、自动加工、零件尺寸测量。

（1）开机

打开机床侧主电源与数控系统面板电源，待 LCD 显示器正常显示后，打开机床准备按键，急停旋钮复位。

（2）返回参考点

返回参考点又称为机床回零，机床只有在完成返回参考点的操作后，程序的自动运行才有依据。在机床完成返回参考点前，在自动程序中无法运行 X、Y、Z 轴。返回参考点的具体过程如下：

①把 X、Y、Z 轴用手动方式移动到回零检测开关的后面，坐标轴只能从负方向往正方向完成回零操作；

②选择回零方式；

③按手动控制方式按键进行回零。

在 X、Y、Z 轴移动到回零减速开关前必须按住手动控制方式按键并一直保持 2 s。在回零期间手动控制方式按键上的指示灯会闪烁指示。X、Y、Z 轴到达参考点后会自动停止。在显示器上回零坐标的显示如图 5-2-2 所示。如机床采用绝对位置编码器，以上操作无效，回零只用于零点的校正。若回零前，主轴与工作台十分靠近参考点，则一定要调整主轴与工作台的位置，以防回零超程。

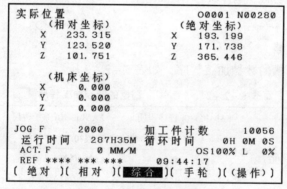

图 5-2-2 回零坐标显示

（3）手动主轴操作

在手动方式、手摇方式下都可以手动启动主轴。

手动方式时，主轴转速也是由 S 指令给定，开机后可在 MDI 方式下设定 S 指令，按下程序启动键运行主轴，操作界面如图 5-2-3 所示。

（4）对刀

数控程序一般按工件坐标系编程，对刀的过程就是建立工件坐标系与机床坐标系之间关系的过程。

具体的对刀过程如下。

选择 A 为工件坐标系原点,如图 5-2-4 所示。
1) X 轴方向对刀

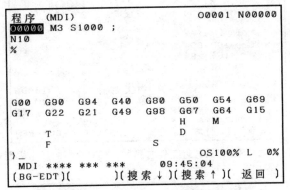

图 5-2-3 设定 S 指令的操作界面

①在手动方式启动主轴,让主轴处于旋转状态;
②切换到手摇方式,将刀具移到靠近工件左侧的位置,如图 5-2-5 所示;

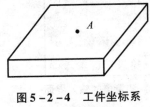

图 5-2-4 工件坐标系
原点的设定

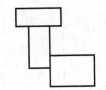

图 5-2-5 刀具靠近工件左侧

③改用微调操作选择 X 轴作为当前需要移动的轴,将机床主轴缓慢向负方向移动,当刀具碰到工件侧面时对所有轴的相对坐标进行"归零",如图 5-2-6 所示;
④将刀具移到靠近工件右侧的位置,如图 5-2-7 所示;

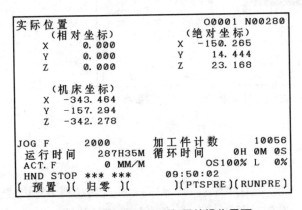

图 5-2-6 相对坐标归零的操作界面

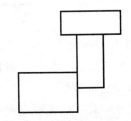

图 5-2-7 刀具靠近工件右侧

⑤将机床主轴缓慢地向正方向移动,当刀具碰到工件表面时记下坐标值 X_1,切换坐标偏置界面,对 G54 的 X 坐标进行设定,测量值即为 $X_1/2$,如图 5-2-8 ~ 图 5-2-10 所示。

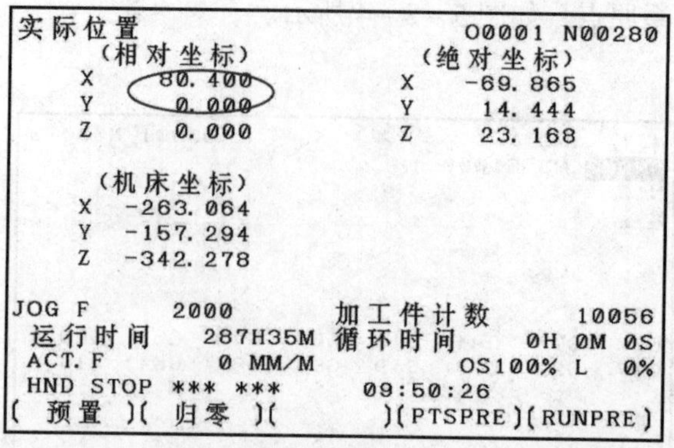

```
实际位置                          O0001 N00280
    （相对坐标）              （绝对坐标）
  X    80.400             X   -69.865
  Y     0.000             Y    14.444
  Z     0.000             Z    23.168

        （机床坐标）
     X   -263.064
     Y   -157.294
     Z   -342.278

JOG F    2000         加工件计数        10056
运行时间  287H35M     循环时间    0H 0M 0S
ACT. F   0 MM/M                 OS100%  L   0%
HND STOP *** ***        09:50:26
( 预置 )( 归零 )(        )(PTSPRE)(RUNPRE)
```

图 5-2-8 刀具靠近工件右侧后，相对坐标的显示界面

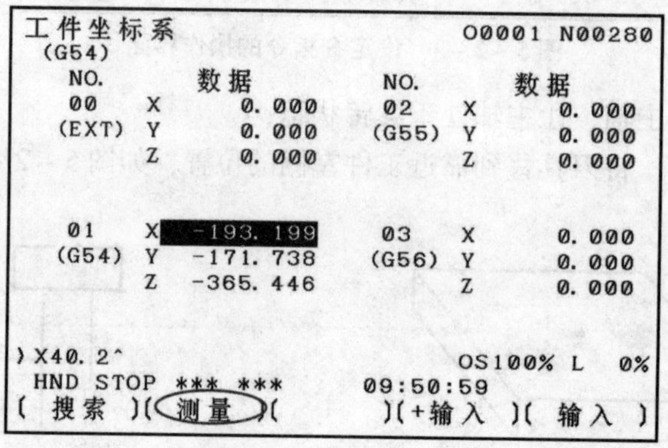

```
工件坐标系                       O0001 N00280
 (G54)
  NO.    数据              NO.     数据
  00   X   0.000           02    X   0.000
 (EXT) Y   0.000          (G55)  Y   0.000
       Z   0.000                 Z   0.000

  01   X  -193.199         03    X   0.000
 (G54) Y  -171.738        (G56)  Y   0.000
       Z  -365.446                Z   0.000

)X40.2^                        OS100%  L   0%
 HND STOP *** ***       09:50:59
( 搜索 )( 测量 )(        )(+输入 )( 输入 )
```

图 5-2-9 X 轴工件原点（中心）测量值的输入界面

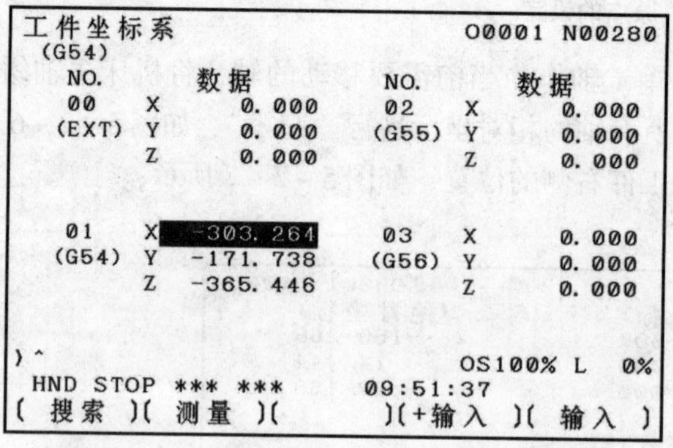

```
工件坐标系                       O0001 N00280
 (G54)
  NO.    数据              NO.     数据
  00   X   0.000           02    X   0.000
 (EXT) Y   0.000          (G55)  Y   0.000
       Z   0.000                 Z   0.000

  01   X  -303.264         03    X   0.000
 (G54) Y  -171.738        (G56)  Y   0.000
       Z  -365.446                Z   0.000

)^                              OS100%  L   0%
 HND STOP *** ***       09:51:37
( 搜索 )( 测量 )(        )(+输入 )( 输入 )
```

图 5-2-10 X 轴工件原点（中心）的测量结果

2) Y 轴方向对刀

Y 轴方向采用与 X 轴方向相同的对刀方法。

3) Z 轴方向对刀

Z 轴方向对刀与 X 轴方向对刀一样。先让主轴旋转，然后将模式切换到手摇模式，让刀具端面靠近工件表面，然后改用微调操作选择 Z 轴作为当前需要移动的轴，将机床主轴向负方向移动，当刀具碰到工件表面时，在坐标偏置界面输入 Z0 进行测量，即将工件上表面设定为 Z 轴的工件原点。如图 5-2-11、图 5-2-12 所示。

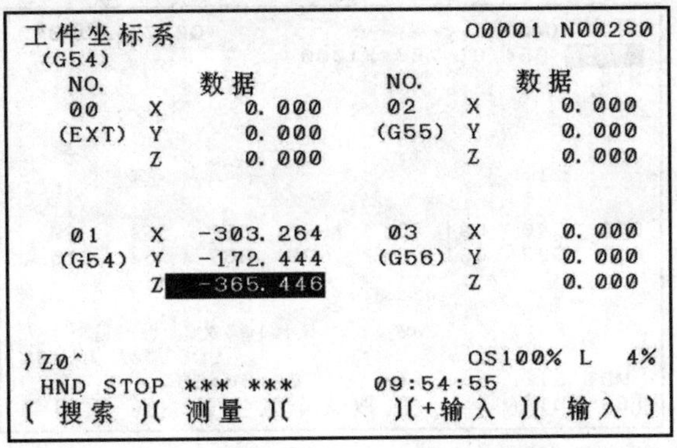

```
工件坐标系                    O0001 N00280
 (G54)
  NO.     数据        NO.      数据
  00   X    0.000     02   X    0.000
 (EXT) Y    0.000    (G55) Y    0.000
       Z    0.000          Z    0.000

  01   X -303.264     03   X    0.000
 (G54) Y -172.444    (G56) Y    0.000
       Z -365.446          Z    0.000


)Z0^                          OS100% L   4%
 HND STOP *** ***    09:54:55
[ 搜索 ][ 测量 ][       ][+输入][ 输入 ]
```

图 5-2-11　Z 轴工件原点（中心）的测量值输入界面

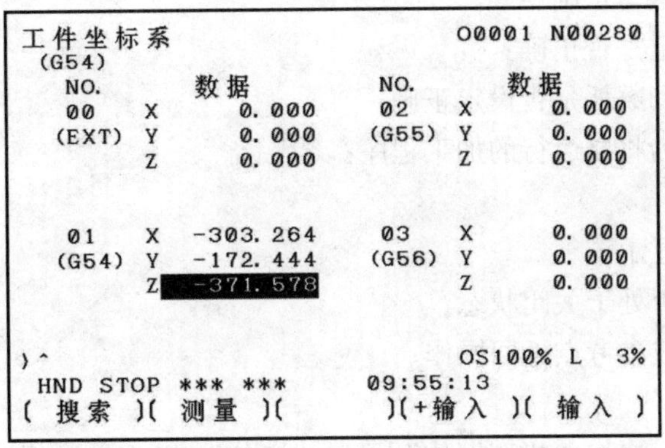

```
工件坐标系                    O0001 N00280
 (G54)
  NO.     数据        NO.      数据
  00   X    0.000     02   X    0.000
 (EXT) Y    0.000    (G55) Y    0.000
       Z    0.000          Z    0.000

  01   X -303.264     03   X    0.000
 (G54) Y -172.444    (G56) Y    0.000
       Z -371.578          Z    0.000


)^                            OS100% L   3%
 HND STOP *** ***    09:55:13
[ 搜索 ][ 测量 ][       ][+输入][ 输入 ]
```

图 5-2-12　Z 轴工件原点（中心）的测量结果

对完刀后要对测量值进行验证。在 MDI 状态下，对 X、Y、Z 三轴的原点进行验证，如图 5-2-13、图 5-2-14 所示。

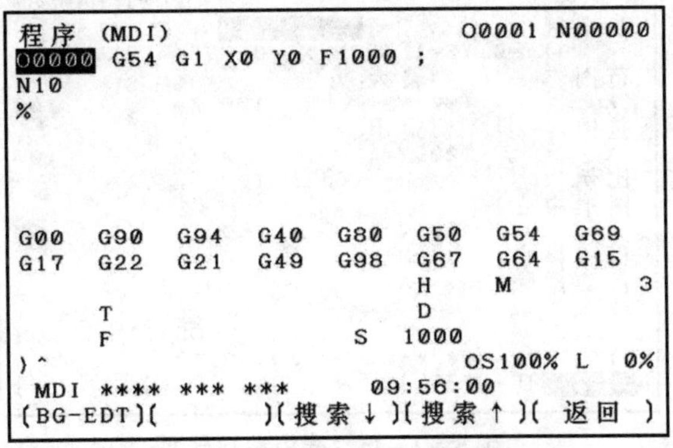

```
程序 (MDI)                    O0001 N00000
 O0000 G54 G1 X0 Y0 F1000 ;
 N10
 %



 G00  G90  G94  G40  G80  G50  G54  G69
 G17  G22  G21  G49  G98  G67  G64  G15
                                H    M   3
      T              D
      F              S  1000
)^                            OS100% L   0%
 MDI **** *** ***    09:56:00
[BG-EDT][       ][搜索↓][搜索↑][ 返回 ]
```

图 5-2-13　X、Y 轴工件原点的验证

本项目需将工件原点设在毛坯左下角点。

(5) 程序输入

在"编辑"状态下，输入加工程序，并检查。

(6) 运行加工程序

1) 运行前检查

运行加工程序前需检查以下几个方面：

```
程序 (MDI)                        O0001 N00000
O0000 G54 G1 Z50 F1000 ;
N10
%




G01    G90   G94   G40   G80   G50   G54   G69
G17    G22   G21   G49   G98   G67   G64   G15
                                   H     M       3
         T                         D
         F    1000        S  1000
)^                                 OS100% L  0%
MDI STOP *** ***       09:56:53
(BG-EDT)(      )(搜索↓)(搜索↑)( 返回 )
```

图 5-2-14 Z 轴工件原点的验证

①加工程序是否编写正确；
②坐标系偏移设定是否正确；
③刀具长度补偿和磨耗是否设定正确；
④当前程序是否为将要运行的加工程序；
⑤刀具是否夹紧；
⑥系统有无报警显示；
⑦机床锁住键是否处于关闭状态；
⑧机床是否已完成参考点返回操作。

2）加工模拟

选择 AUTO 方式，按下"机床锁住""Z 轴锁住"与"空运行"按键，选择加工程序后，按下操作面板上的启动键 ST（绿色）后，查看界面，如图 5-2-15、图 5-2-16 所示。

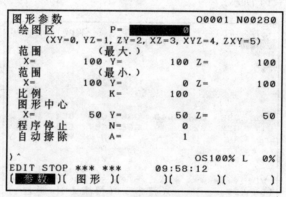

图 5-2-15 模拟参数界面

3）运行加工程序

机床进行加工模拟后，在正式加工前一定要再次进行返回机床参考点操作。

选择 AUTO 方式后，再选择加工程序，按下操作面板上的启动键 ST（绿色），加工程序即开始运行。

运行中可按下程序暂停键 SP 使程序暂停运行，再次按下启动键 ST，程序将继续执行。

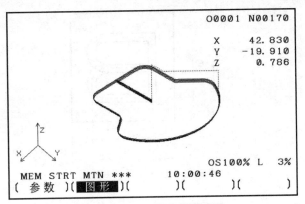

图 5-2-16 程序模拟界面

程序运行过程中如方式选择开关换到其他方式，程序暂停运行，当重新进入 AUTO 方式后，按启动键 ST 将继续执行暂停运行的程序。

在程序运行过程中如需中断执行，可按系统面板上的复位键"RESET"，程序中断并返回程序头，主轴和冷却泵也将停止。

在程序运行过程中如需暂停程序并停主轴，如处理铁屑，可先按下暂停键 SP 后，将切换方式选择开关置于手动方式，按主轴手动操作键停主轴，完成后可用手动操作键重新启动主轴，并将切换方式选择开关置于自动 MEM 方式，用启动键 SP 继续执行加工程序。

对新编写的加工程序，可选择单段 SBK 逐段执行加工程序，提前发现编程错误。

四、加工练习

1. 采用 $\phi 4$ 的键槽铣刀铣如图 5-2-17 所示的数字凹槽，深度为 2 mm，试编写其数控加工程序。

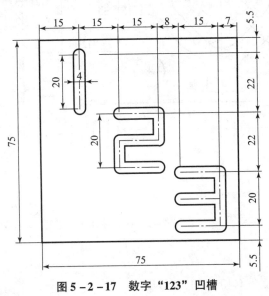

图 5-2-17 数字"123"凹槽

2. 采用 $\phi 4$ 的键槽铣刀铣如图 5-2-18 所示的字母凹槽，深度为 2 mm，试编写其数控加工程序。

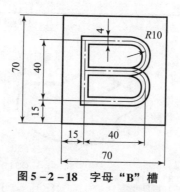

图 5-2-18 字母"B"槽

项目 2　典型铣床零件的数控加工

一、任务引入

加工如图 5-2-19 所示零件，数量为 1 件，毛坯为 75 mm×75 mm×10 mm 的 45 钢。要求设计数控加工工艺方案，编制数控加工工序卡、数控加工程序卡，并进行工件加工。

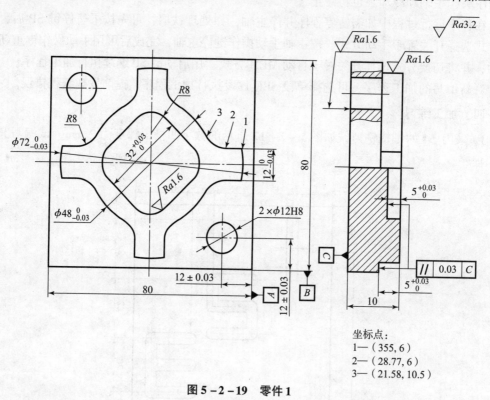

图 5-2-19　零件 1

二、相关知识

1. 刀具半径补偿指令 G40、G41、G42

在数控编程过程中，为了编程人员编程方便，通常将数控刀具假想成一个点，该点称为刀位点。"刀位点"是指刀具的定位基准点。圆柱铣刀的刀位点是刀具中心线与刀具底面的交点；球头铣刀的刀位点是球头的球心点；钻头的刀位点是钻头顶点。

数控机床实际加工时，刀具都有一定的半径尺寸，如果不考虑刀具半径尺寸，则加工出来的实际轮廓就会与图纸要求的轮廓相差一个刀具半径值。因此，在数控加工中采用刀具半径补偿功能解决这个问题。编程人员只要根据工件轮廓编程，数控系统会自动计算出刀具中心轨迹，加工出正确的工件轮廓。

（1）建立刀具半径补偿

G00/G01 G41 X_Y_D_;

G00/G01 G42 X_Y_D_。

（2）取消刀具半径补偿

G00/G01 G40 X_Y_;

其中：X_Y_ ——刀补建立或取消的终点。

（3）应用

具体刀具半径补偿应用如图 5-2-20 所示。

（4）注意

①机床通电后，要取消刀具半径补偿状态；

②刀具半径补偿平面的切换必须在补偿取消方式下进行；

③刀具半径补偿的建立与取消只能用 G00 或 G01 指令，不能用 G02 或 G03；

④在针对具体零件的编程中，要注意正确选择 G41、G42，G41 指令建立左刀补，相当于顺铣，常用于精铣；G42 指令建立右刀补，相当于逆铣，常用于粗铣；

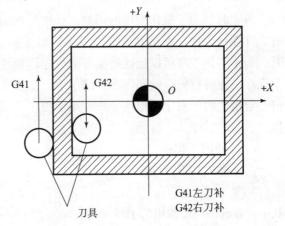

图 5-2-20 刀具半径补偿的应用

⑤刀具半径补偿值应为正值，如为负值，则 G41 与 G42 正好相互替换；

⑥刀具在磨损、重磨或更换后直径发生变化时，可使用刀具半径补偿功能，不必修改程序，只需改变半径补偿参数即可；

⑦可在加工时改变补偿值，使粗、精加工使用同一程序段或加工同一公称直径的凹、凸型面。

2. 刀具长度补偿指令 G43、G44、G49

在程序编制中，程序员可以不必考虑刀具的实际长度，以及各把刀具不同的长度尺寸，可通过使用刀具长度补偿指令，手工输入刀具长度尺寸，由数控系统自动计算刀具在长度方向上的位置，从而进行加工。另外，在刀具磨损、更换新刀或刀具安装有误差时，也可以使用刀具长度补偿指令。

G43 为刀具长度正补偿；G44 为刀具长度负补偿；G49 为取消刀具长度补偿。

指令格式如下：

G01 G43/G44 Z_H_F_。

无论是采用绝对方式还是增量方式，在程序执行中，都是将存放在偏置地址 H 中的偏置量与 Z 轴坐标值进行运算，按其结果移动 Z 轴坐标值。使用 G43 指令时，是将 H 中的值加到 Z 轴坐标值上；使用 G44 指令时，是从 Z 轴坐标值中减去 H 中的数值。如图 5-2-21 所示。

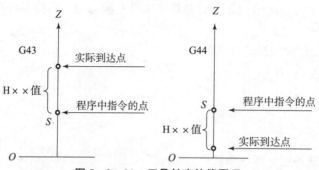

图 5-2-21　刀具长度补偿原理

3. 子程序

编程时，为了简化程序的编制，一次装夹加工多个形状相同或刀具运动轨迹相同的零件时，即在一个加工程序的若干位置上，如果包含有一连串在写法上完全相同或相似的内容时，为了简化程序可以把这些重复的程序段单独抽出，并按一定的格式编成子程序，然后像主程序一样将它们存储到程序存储区中。主程序在执行过程中如果需要某一子程序，可以通过一定格式的子程序调用指令来调用子程序，子程序执行完成后又可以返回到主程序，继续执行后面的程序。

(1) 调用子程序

指令格式如下：

　　M98　P□□□xxxx；

其中：xxxx——要调用的子程序号；

　　　□□□——重复调用次数，省略为一次。

子程序也可以嵌套使用，即子程序中再调用另外的子程序，如图 5-2-22 所示。

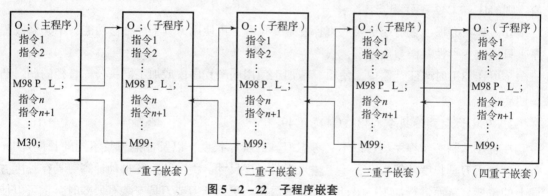

图 5-2-22　子程序嵌套

(2) 子程序的格式及返回

指令格式如下：

　　Oxxxx；

　　　⋮

　　M99；

其中：xxxx——子程序占用的程序号；

　　　M99——子程序结束，并返回主程序 M98 P_ L_的下一程序段继续运行主程序。

4. 固定循环

孔加工固定循环功能就是用一个 G 代码程序段代替通常需要很多段加工程序才能完成的动作，使加工程序简化、方便。固定循环主要用于孔加工，包括钻孔、镗孔和攻丝等。表5–2–3 所示为固定循环功能指令。

表 5–2–3　固定循环功能指令

G 代码	钻孔方式	孔底动作	返回方式	用途
G73	间隙进给		快速返回	高速深孔往复排屑钻
G74	切削进给	主轴正转	切削进给	左旋攻丝
G76	切削进给	主轴定向、刀具移位	快速进给	精镗
G80				取消固定循环
G81	切削进给		快速进给	钻孔
G82	切削进给	暂停	快速进给	钻孔（锪孔）
G83	间隙进给		快速进给	深孔排屑钻
G84	切削进给	主轴反转	切削进给	右旋攻丝
G85	切削进给		切削进给	镗孔
G86	切削进给	主轴停止	快速进给	镗孔
G87	切削进给	刀具移位、主轴启动	快速进给	反镗
G88	切削进给	暂停、主轴停止	手动操作后快速返回	镗孔
G89	切削进给	暂停	切削进给	精镗阶梯孔

（1）固定循环的动作

如图 5–2–23 所示，孔加工固定循环通常由以下 6 个动作组成：

动作 1——X 轴和 Y 轴定位（使刀具快速定位到孔加工的位置）；

动作 2——快进到点 R（刀具自初始点快速进给到点 R）；

动作 3——孔加工（以切削进给速度执行孔加工的动作）；

动作 4——在孔底的动作（包括暂停、主轴准停、刀具移位等动作）；

动作 5——返回到点 R（继续下一个孔的加工而又要安全移动刀具至返回点 R）；

动作 6——快速返回到初始点（孔加工完成后一般应选择初始点）。

（2）固定循环中的平面

孔加工固定循环中存在以下三个平面：初始平面、点 R 平面和孔底平面。

①初始平面。初始平面是为安全下刀而规定的一个平面。初始平面到工件表面的距离可以任意设定在一个安全的高度上，当使用同一把刀具加工若干孔时，只有孔间存在障碍需要跳跃或全部孔加工已完成时，才使用 G98 指令使刀具返回到初始平面上的初始点。

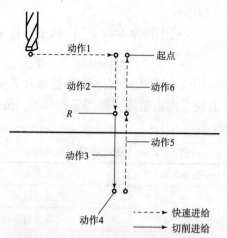

图 5-2-23 孔加工固定循环的动作组成

②点 R 平面。点 R 平面又叫作 R 参考平面,这个平面是刀具下刀时自快进转为工进的高度平面,距工件表面的距离主要考虑工件表面尺寸的变化,一般可取 2~5 mm。使用 G99 时,刀具将返回到该平面上的点 R。

③孔底平面。加工盲孔时孔底平面就是孔底的 Z 轴高度。加工通孔时一般刀具还要伸出工件底平面一段距离,主要是为了保证全部孔深都加工到要求尺寸的深度。钻削加工时还应考虑钻头钻尖对孔深的影响。

(3) 固定循环指令格式

孔加工固定循环指令格式为:

$$\begin{Bmatrix} G90 \\ G91 \end{Bmatrix} \begin{Bmatrix} G98 \\ G99 \end{Bmatrix} \quad G\_X\_Y\_Z\_R\_P\_Q\_F\_K\_;$$

其中:G98——加工完毕后返回初始点,G99 是返回点 R,多孔加工时一般加工最初的孔用 G99,最后的孔用 G98;

G_ ——固定循环代码,主要有 G73、G74、G76、G81~G89 等,是模态代码;

X_Y_ ——孔加工坐标位置;

Z_ ——孔底位置,G90 方式时是终点坐标值,G91 方式时指自点 R 到孔底平面的距离;

R_ ——加工时快速进给到工件表面之上的参考点,G90 方式时是终点坐标值,G91 方式时指自初始点到点 R 的距离;

P_ ——在孔底的延时时间,G76、G82、G89 时有效,P1000 为 1 s;

Q_ ——在 G73、G83 中为每次切削深度,在 G76、G87 中为孔底移动距离;

F_ ——切削进给速度;

K_ ——循环次数,如果不指定,则只进行一次。

(4) G80 固定循环取消代码

指令格式:G80。

当固定循环指令不再使用时,应用 G80 指令取消固定循环,而回复到一般基本指令状态(G01、G02、G03 等),此时固定循环指令中的孔加工数据(如孔底平面 Z 轴高度、点 R 的值等)也被取消。

5. 特殊简化功能指令

(1) 坐标系旋转功能 G68、G69

该指令可使编程图形按照指定旋转中心及旋转方向旋转一定的角度，G68 表示开始坐标系旋转，G69 用于撤销旋转功能。

指令格式如下：

G68 X_Y_R_;

⋮

G69;

其中：X_Y_ ——旋转中心的坐标值（可以是 X、Y、Z 轴中的任意两个，它们由当前平面选择指令 G17、G18、G19 中的一个来确定），当 X、Y 省略时，G68 指令认为当前的位置即为旋转中心；

R_ ——旋转角度，旋转角度的 0°方向为第一坐标轴的正方向，且逆时针旋转定义为正方向，顺时针旋转定义为负方向，角度范围是 −360°～+360°，R 后跟数值的单位为 0.001°。当 R 省略时，按系统参数值确定旋转角度。

当程序在绝对方式下，G68 程序段后的第一个程序段必须使用绝对方式移动指令才能确定旋转中心。如果这一程序段为增量方式移动指令，那么系统将以当前位置为旋转中心按 G68 给定的角度旋转坐标。

例：如图 5−2−24 所示图形 A，绕坐标点 (20，20) 进行旋转，旋转角度 120°，旋转后得到图形 B，试编写其程序。

...

N20 G68 X20 Y20 R120;

N30 G41 G01 X −120 Y20 D01 F100;

N40 X20;

N50 Y −20;

N60 X −20;

N70 Y0;

N80 X0 Y20;

N90 G40 X20 Y40;

N100 G69;

...

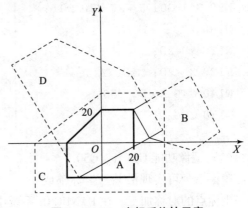

图 5−2−24　坐标系旋转示意

(2) 比例缩放功能 G51、G50

G51 为比例缩放指令；G50 为撤销比例缩放指令，G50、G51 均为模式 G 代码。

1) 在所有轴分量上用相同的放大倍率缩放

指令格式如下：

G51 X_Y_Z_P_;

⋮

G50;

其中：X_、Y_、Z_——缩放中心，绝对值指定；

P_——比例系数，不能用小数点来指定该值，"P2000"表示缩放比例为2倍。

另外，由于系统不同，指令格式也可能有：G51 I_ J_ K_ P_，I_、J_、K_与上述格式中X_、Y_、Z_作用相同。

2）在每个轴上用不同的放大倍率缩放

指令格式如下：

G51 X_Y_Z_I_J_K_；

⋮

G50；

其中：X_、Y_、Z_——比例缩放中心坐标；

I_、J_、K_——对应X、Y、Z轴的比例缩放值。本系统设定I_、J_、K_不能带小数点，比例为1时，应输入1 000，并在程序中都应输入，不能省略。

例：如图5-2-25所示，将轮廓ABCD以原点为中心等比例缩放2倍，试编写其程序。

...

N60 G00 X-50 Y50；
N70 G01 Z-5 F100；
N80 G51 X0 Y0 P2000；
N90 G41 G01 X-20 Y20 D01；
N100 X20；
N110 Y-20；
N120 X-20；N130 Y20；
N140 G40 X-50 Y50；
N150 G50；
...

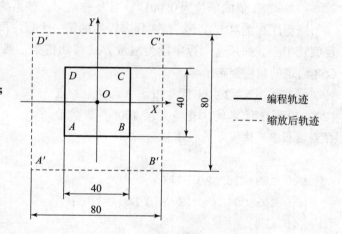

图5-2-25 比例缩放示意

(3) 镜像功能 G51.1、G50.1

镜像指令可实现沿某一坐标轴或某一坐标点的对称加工。在FANUC 0i系统中采用G51.1来实现镜像加工。

指令格式如下：

G51.1 X_Y_；

⋮

G50.1 X_Y_；

其中：X_、Y_——指定镜像轴或对称点。当G51.1指令后仅有一个坐标字时，该镜像是以某一坐标轴为镜像轴。

如G51.1 X20 Y20，表示该镜像是以(20，20)这一点作为对称点进行镜像。

如G51.1 X20，表示该镜像是以某一轴线为对称轴进行镜像，该镜像线与Y轴平行，且对称轴上的点X轴坐标都为20。

例：如图5-2-26所示，试用镜像指令编写该轨迹的加工程序。

主程序
O0001;
N10 G54 G00 G90 X50 Y50;
N20 M98 P0002;
N30 G51.1 X50 Y50;
N40 M98 P0002;
N50 G50.1 X50 Y50;
N60 G51.1 X50;
N70 M98 P0002;
N80 G50.1 X50;
N90 G51.1 Y50;
N100 M98 P0002;
N110 G50.1 Y50
N120 G50;
……
子程序
O0002;
N10 G01 G90 X60 Y60 F100;
N20 X100;
N30 Y100;
N40 X60 Y60;
N50 X50 Y50;
N60 M99;

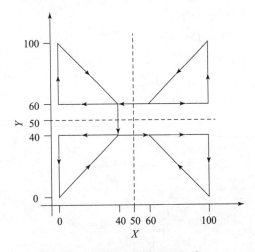

图 5-2-26 镜像加工示意

三、任务实施

本任务的实施过程分为分析零件图样、确定工艺过程、数值计算、编写程序、程序调试与检验、零件检测六个步骤。

1. 分析零件图样

(1) 结构分析

如图 5-2-19 所示,该零件属于板类零件,加工内容包括平面、直线和圆弧组成的内外轮廓及对角线的两个孔。

(2) 尺寸分析

该零件图尺寸完整,主要尺寸为:毛坯长宽 80 mm × 80 mm、高 10 mm,孔深 12 mm,孔径 12 mm,公差代号为 H8,凸台高 5 mm。凸台内外轮廓各部分尺寸完整。

(3) 表面粗糙度分析

本任务零件对粗糙度要求明确,根据分析,该零件所有表面都可以加工出来,经济性能良好。

2. 确定工艺过程

(1) 选择加工设备,确定生产类型

选用 V600 型数控铣床,系统为 FANUC,零件数量为 1 件,属于单件小批量生产。

(2) 选择工艺装备

①该零件采用平口虎钳定位夹紧。

②刀具选择如下：$\phi 10$ 立铣刀,铣凸台内外轮廓面；$\phi 11.8$ 麻花钻,钻孔；$\phi 12$ 铰刀,铰孔。

(3) 选择量具

量程为 150 mm,分度值为 0.02 mm 的游标卡尺；量程为 25~50 mm,分度值为 0.001 mm 的内径千分尺。

(4) 编写加工工艺卡

零件 1 的加工工艺卡如表 5-2-4 所示。

表 5-2-4 零件 1 的数字数控加工工艺卡

工步号	加工内容	刀具号	刀具名称	刀具规格	刀具材料	主轴转速/(r·min^{-1})	进给速度/(mm·min^{-1})	刀具半径补偿 号	刀具半径补偿 值	加工方式
1	平口虎钳夹紧工件并找正									
2	铣平面,厚度留 0.5 mm 余量	T01	盘铣刀	$\phi 100$	硬质合金	600	300			手动
3	粗铣外轮廓,单边留 0.2 mm 余量	T02	立铣刀	$\phi 10$	硬质合金	2 000	250	D02	5.2	自动
4	粗铣内轮廓,单边留 0.2 mm 余量	T02	立铣刀	$\phi 10$	硬质合金	2 000	250	D02	5.2	自动
5	精铣外轮廓	T02	立铣刀	$\phi 10$	硬质合金	2 800	300	D03	5/实测	自动
6	精铣内轮廓	T02	立铣刀	$\phi 10$	硬质合金	2 800	300	D03	5/实测	手动
7	点孔 2×$\phi 12$H8	T05	中心钻	A3	高速钢	1 000	50			自动
8	钻孔 2×$\phi 12$H8	T06	麻花钻	$\phi 11.8$	高速钢	700	40			自动
9	铰孔 2×$\phi 12$H8	T07	铰刀	$\phi 12$	硬质合金	150	30			自动
10	去毛刺、自检、送检、刻号码、交件									

3. 数值计算

确定编程坐标系的原点,计算零件图上的内、外轮廓的关键点坐标。

4. 编写程序

编程原点选择在工件上表面中心,铣外轮廓的程序如表 5-2-5 所示,铣内轮廓的程序如表 5-2-6 所示,钻孔程序如表 5-2-7 所示。

表 5 – 2 – 5 外轮廓数控加工程序

FANUC 0i 系统程序	FANUC 0i 程序说明	FANUC 0i 系统程序	FANUC 0i 程序说明
O0001	主程序名	O1001	子程序名
G54 G17 G49 G40 G80 G90 G21	程序初始化	G1 Z –5 F100	
G0 Z100	抬刀	G42 X36 Y0 D01 F250	建立右刀补
M3 S2000	主轴正转	G03 X35.5 Y6 R36	
G0 X50 Y –50	将刀具移到接近位置	G01 X28.77	
Z5		G02 X21.58 Y10.05 R8	
M98 P1001	调用子程序 O1001	G03 X10.05 Y21.58 R24	
G51.1 X0	关于 Y 轴镜像	G02 X6 Y28.77 R8	
M98 P1001	调用子程序 O1001	G01 Y35.5	
G50.1 X0	取消镜像	G03 X0 Y36 R36	
G51.1 X0 Y0	关于原点镜像	G40 G1 Y50	取消刀补
M98 P1001	调用子程序 O1001	G0 Z5	
G50.1 X0 Y0	取消镜像	M99	
G51.1 Y0	关于 X 轴镜像		
M98 P1001	调用子程序 O1001		
G50.1 Y0	取消镜像		
G0 Z50	抬刀		
M05	主轴停止		
M30	程序结束并返回		

表 5 – 2 – 6 内轮廓数控加工程序

FANUC 0i 系统程序	FANUC 0i 程序说明	FANUC 0i 系统程序	FANUC 0i 程序说明
O0002	主程序名	O1002	子程序名
G54 G17 G49 G40 G80 G90 G21	程序初始化	G41 X16 Y0 D01 F250	建立左刀补
G0 Z100	抬刀	Y16 R8	快速倒圆角
M3 S2000	主轴正转	X –16 R8	
G0 X0 Y0	将刀具移到接近工件	Y –16 R8	
Z5		X16 R8	
G1 Z –5 F100	需分层切削	Y0	
G68 X0 Y0 R45	坐标系逆时针旋转 45°	G40 X0	取消刀补
M98 P1002	调用子程序 O1002	M99	
G69；			
G0 Z50	抬刀		
M05	主轴停止		
M30	程序结束并返回		

表 5-2-7 孔的数控加工程序

FANUC 0i 系统程序	FANUC 0i 程序说明	FANUC 0i 系统程序	FANUC 0i 程序说明
O0003	主程序名	O0003	主程序名
G54 G17 G49 G40 G80 G90 G21		G54 G17 G49 G40 G80 G90 G21	
G0 Z100		G0 Z100	
M3 S2000		M3 S2000	
G99 G81 X28 Y-28 Z-4 R5 F700	钻中心孔	G99 G81 X28 Y-28 Z-12 R5 F700	钻孔
G98 X-28 Y28		G98 X-28 Y28	
M05	主轴停止	M05	主轴停止
M30	程序结束并返回	M30	程序结束并返回

5. 程序调试与检验

机床操作的加工步骤为开机、机床回零、安装工件、对刀、参数设置、输入程序、轨迹检查、自动加工、零件尺寸测量。评分准则如表 5-2-8 所示。

表 5-2-8 评分准则

序号	考核项目	考核内容及要求	配分	评分标准	检测结果	扣分	得分	备注
1	外轮廓	$72_{-0.03}^{0}$ mm	5	超差 0.01 mm 扣 2 分				两处
2		$48_{-0.03}^{0}$ mm	5	超差 0.01 mm 扣 2 分				一处
3		$8_{0}^{+0.03}$ mm	5	超差 0.01 mm 扣 2 分				一处
4		$12_{-0.03}^{0}$ mm	5	超差 0.01 mm 扣 2 分				四处
5		对称度 0.05 mm	4	超差全扣				一处
6		平行度 0.03 mm	4	超差全扣				一处
7		侧面 Ra1.6 μm	4	每错一处扣 1 分				一处
8		底面 Ra3.2 μm	2	每错一处扣 1 分				一处
9		R8	4	超差全扣				
10	内轮廓与孔	$32_{0}^{+0.03}$ mm	5	超差 0.01 mm 扣 2 分				一处
11		$5_{0}^{+0.03}$ mm	5	超差 0.01 mm 扣 2 分				一处
12		孔距 12±0.03 mm	6	超差 0.01 mm 扣 2 分				
13		孔径 φ12H8	6	超差 0.01 mm 扣 2 分				
14		侧面 Ra1.6 μm	6	每错一处扣 2 分				
15		底面 Ra3.2 μm	6	每错一处扣 2 分				

续表

序号	考核项目	考核内容及要求	配分	评分标准	检测结果	扣分	得分	备注
16	其他	工件按时完成	4	未按时完成全扣				
17		工件无缺陷	4	缺陷一处扣2分				
18	安全文明生产	按有关规定，每违反一项从总分中扣3分，发生重大事故取消考试，扣分不超过10分						
19	程序编制	①程序要完整，加工中要连续加工（不允许手动加工） ②加工中有违反数控工艺（未按小批量生产条件编程等）视情况酌情扣分 ③扣分不超过20分						
20	其他项目	①工件必须完整，考件局部无缺陷（夹伤等） ②扣分不超过10分						
21	加工时间	定额时间120 min						

四、加工练习

1. 加工如图5－2－27所示的零件，选择合适刀具与切削参数，试编写其数控加工工艺与程序。

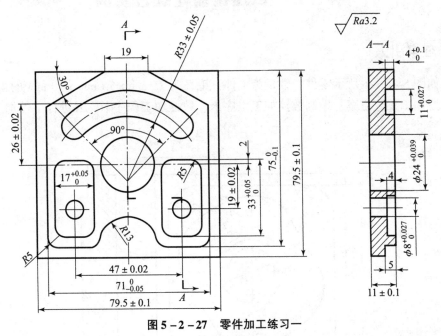

图5－2－27 零件加工练习一

2. 加工如图5－2－28所示的零件，选择合适刀具与切削参数，试编写其数控加工工艺与程序。

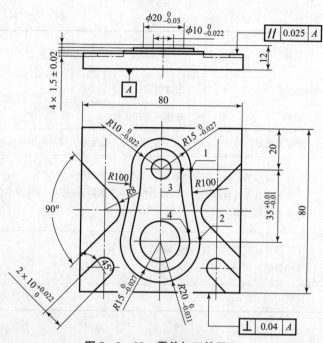

图 5-2-28 零件加工练习二

第三节 数控铣编程综合实例

一、任务引入

加工如图 5-3-1 所示零件,数量为 1 件,毛坯为 75 mm×75 mm×10 mm 的 45 钢。要求设计数控加工工艺方案,编制数控加工工序卡、数控加工程序卡,并进行工件加工。

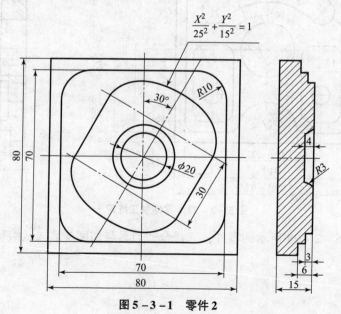

图 5-3-1 零件 2

二、相关知识

下面介绍的是 FANUC 0i 系统宏程序的编程指令基本知识。

(一) 宏程序的概念

1. 宏程序的特点

数控加工宏程序是一种具有计算能力和决策能力的数控程序。宏程序具有如下特点。

(1) 使用了变量或表达式（计算能力）

例：G01 X[3 +5]；表达式 3 +5
　　G00 X4 F[#1]；变量#1
　　G01 Y[50 * SIN [3]]；函数运算

(2) 使用了程序流程控制（决策能力）

例：①IF #3 GE 9；选择执行命令
　　…
　　ENDIF
　　②WHILE #1 LT#k4 *5；条件循环命令
　　…
　　ENDW

2. 使用宏程序编程的优点

①宏程序引入了变量、表达式和函数功能，具有实时动态计算能力，如抛物线、椭圆、双曲线、三角函数曲线等；

②宏程序可以完成图形相同但尺寸不同的系列零件加工；

③宏程序可以完成工艺路径相同但位置不同的系列零件加工；

④宏程序具有一定决策能力，能根据条件选择性地执行某些加工程序；

⑤使用宏程序能极大地简化编程，精简程序，适用于复杂零件加工的编程。

(二) 变量

普通加工程序直接用数值指定 G 代码和移动距离，如 G01 和 X50.0。使用宏程序时，数值可以直接指定或用变量指定。当用变量时，变量值可用程序或用 MDI 面板上的操作进行改变。

例：#1 = #2 +60
　　G01 X#1 F100

1. 变量表示

计算机允许使用变量名，宏程序的变量需要用变量符号"#"和后面的变量号指定。

例：#3,#100,#500,#[#1 +#2 -12]

2. 变量的类型

变量根据变量号可以分成 4 种类型，如表 5 -3 -1 所示。

表 5-3-1 根据变量号所分的 4 种变量类型

变量名	变量类型	功能
#0	空变量	该变量总是空的,没有值能赋给该变量
#1~#33	局部变量	局部变量只能用在宏程序中存储数据,如运算结果。当断电时,局部变量被初始化为空;调用宏程序时,自变量对局部变量赋值
#100~#199 #500~#999	公共变量	公共变量在不同宏程序中的意义相同。当断电时,变量#100~#199 初始化为空;变量#500~#999 的数据保存,即使断电也不丢失
#1000~#9999	系统变量	系统变量用于读和写 CNC 运行时各种数据的变化,如刀具的当前位置和补偿值等

3. 变量的引用

将跟随在一个地址后的数值用一个变量来代替,即引入了变量。

引用方式:地址字后面指定变量号或表达式。

格式:<地址字>#i、<地址字>-#i、<地址字>[<表达式>]。

例:F#10,设#10 = 150 则为 F150;Z - #110,设#110 = 20 则为 Z - 20;#[#30],设#30 = 3 则为 #3。

说明:

①变量不能使用地址 O、N。如 O#1;N#3 G01 X10.0 Y10.0 均为错误的。

②变量号所对应的变量对每个地址来说都有具体数值范围。如:#30 = 100 时,则 M#30 是不允许的。

③变量值定义。在程序中定义时可省略小数点,如:#2 = 123,变量#2 的实际值是 123.000。MDI 键盘输入时必须输入小数点,小数点省略时为机床的最小单位。

(三) 常量

常量在整个程序中数值始终不变,数控系统中常用的常量有 "PI" "TRUE" 和 "FALSE",其中:PI 表示圆周率 π,TRUE 表示条件成立(真),FALSE 表示条件不成立(假)。

(四) 运算符与表达式

1. 算术运算

加:#i = #j + #k;

减:#i = #j - #k;

乘:#i = #j * #k;

除:#i = #j/#k。

2. 条件运算符

条件运算符由两个字母组成,用于两个值的比较,运算符有:

"EQ" 表示 " = ","NE" 表示 "≠","GT" 表示 " > ","LT" 表示 " < ","GE" 表示 "≥","LE" 表示 "≤"。

条件运算符用在程序流程控制 IF 和 WHILE 的条件表达式中,作为判断两个表达式大小关系的连接符。

3. 逻辑运算

与:#i = #j AND #k

或:#i = #j OR #k,

异:#i = #j XOR #k,

4. 函数

正弦:#i = SIN [#j];

余弦:#i = COS [#j];

正切:#i = TAN [#j];

反正切:#i = ATAN [#j];

平方根:#i = SQRT [#j];

绝对值:#i = ABS [#j];

下取整:#i = FIX [#j];

上取整:#i = FUP [#j];

四舍五入:#i = ROUND [#j],等等。

5. 表达式

在宏程序的编程中,通常是先给定刀具在 X 或 Y 轴方向的坐标值,根据曲线的数学方程,计算出另一坐标轴方向的坐标值。而在编程中,X、Y 轴的坐标值分别用数字序号变量来代替,这就要用到表达式。

用运算符连接起来的常量、宏变量构成的式子叫作表达式,如:#1 * #1 - 4。表达式中括号的运算将优先进行。连同函数中使用的括号在内,括号在表达式中最多可用 5 层。

表达式中运算符的优先级为:方括号→函数→乘除→加减→条件→逻辑。

使用技巧:用方括号来控制运算顺序,更容易阅读和理解。

6. 赋值、转移与循环

把常数或表达式的值送给一个宏变量称为赋值。

格式为:宏变量 = 常数或表达式,如:#2 = #1 * #1 - 4。

在宏程序中,使用 GOTO 语句和 IF 语句可以改变程序的执行方向。转移和循环指令有 3 种。

(1) 无条件的转移

格式:GOTO n;

其中,n 为程序的顺序号 (1~9999)。

例:GOTO 99; GOTO #10;

(2) 条件转移

格式:IF [〈条件式〉] GOTO n。

条件式的运算符由两个字母组成,用于两个值的比较,运算符有:

"EQ"表示"=","NE"表示"≠","GT"表示">","LT"表示"<","GE"表示"≥","LE"表示"≤"。

条件运算符用在程序流程控制 IF 和 WHILE 的条件表达式中，作为判断两个表达式大小关系的连接符。

(3) 循环

格式如下：

WHILE [〈条件式〉] DO m；（m=1，2，3）

...

END m

说明：

①当条件满足时，执行从 DO m 到 END m 之间的程序，否则，将转为执行 END m 后的程序段。

②省略 WHILE 语句，只留有 DO m 到 END m 的程序段，则 DO m 和 END m 之间形成死循环。

③嵌套不能多于三级，不能交叉，转移不能进入循环体。

即只能：

```
WHILE [〈条件式〉] DO 1；
    WHILE [〈条件式〉] DO 2；
        WHILE [〈条件式〉] DO 3；
        ...
        END 3
    END 2
END 1
```

（五）子程序及参数传递

1. 普通子程序

普通子程序指没有宏变量的子程序，程序中各种加工的数据是固定的，子程序编好后，子程序的工作流程就固定了，程序内部的数据不能在调用时"动态"地改变，只能通过"镜像""旋转""缩放""平移"来有限地改变子程序的用途。子程序中数据固定，普通子程序的效能有限。

例：

O4001；

G01 X80 F100；

M99；

2. 宏子程序

宏子程序可以包含变量，不但可以反复调用简化代码，而且可以通过改变变量的值实现加工数据的灵活变化或改变程序的流程，实现复杂的加工过程处理。

例：

O4002；

G01 Z[#1] F[#50]；　　Z 后面的值是变量；进给速度也是变量，可适应粗、精加工

M99；

例：对圆弧往复切削时，指令G02、G03交替使用。参数#51改变程序流程，自动选择。
O4003;
IF #51 GE1;
G02 X[#50] R[#50];   条件满足，执行G02
ELSE;
G03 X[-#50] R[#50];   条件不满足，执行G03
ENDIF;
#51=#51*[-1];   改变条件，为下次加工做准备
M99;

子程序中的变量，如果不是在子程序内部赋值的，则在调用时必须给变量一个位置。这就是参数传递问题，变量类型不同，传递的方法也不同。

3. 全局变量

如果子程序中用的变量是全局变量，调用子程序前先给变量赋值，再调用子程序。
例：
O4000;
#51=40;   #51为全局变量，给它赋值
M98 P4001;   进入子程序后#51的值是40
#51=25;   第二次给它赋值
M98 P4001;   再次调用子程序，进入子程序后#51的值是25
M30;
O4001;   子程序
G91 G01 X[#51] F150;   #51的值由主程序决定
M99;

（六）宏编程的一般步骤

①首先应有标准方程（或参数方程），一般由图中给出；
②对标准方程进行转化，设自变量，将数学坐标转化成工件坐标；
③根据自变量求因变量；
④编程，直线拟合，设定步距，判断。

（七）编程举例

1. 椭圆

标准方程：$\dfrac{X^2}{a^2}+\dfrac{Y^2}{b^2}=1$；

参数方程：$\begin{cases} X=a\cos\alpha \\ Y=b\sin\alpha \end{cases}$

铣如图5-3-2所示的椭圆凸台，深为2 mm。

(1) 采用标准方程编程

标准方程中设自变量X为#1，所求因变量Y为#2，则#2 = ±b * SQRT [1 -#1 * #1/ (a * a)]。#1先从区间[15，-15]由增到减，再由区间[-15，15]由减到增，这个过程不可以一次性铣完。所以应设两次自变量，求两次因变量。椭圆凸台的数控加工程序如表5-3-2所示。

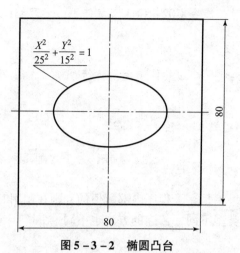

图 5-3-2 椭圆凸台

表 5-3-2 椭圆凸台的数控加工程序

FANUC 0i 系统程序	FANUC 0i 程序说明
O0001	
G54 G17 G40 G80 G90	
M03 S100	
G0 Z100	
X50 Y50	
G1 Z5 F1000	
Z-2 F100	下刀
G42 G1 X15 Y0 D01 F150	逼近点（15,0）建立刀补
#1=15	设自变量 X 为 #1
N10 #2=10*SQRT[1-#1*#1/900]	求因变量 Y#2
G1 X[#1] Y[#2]	直线拟合
#1=#1-0.1	设 X 轴方向的递减步距为 0.1
IF [#1GE-15] GOTO 10	
#3=-14.8	为了防止不过切，设自变量值时要设下一个 Z 轴坐标值的走刀点
N20 #4=-10*SQRT[1-#3*#3/900]	
G1 X[#3] Y[#4]	
#1=#1+0.1	设 X 轴方向的递增步距为 0.1
IF [#1GE-15] GOTO 20	
G1 G40 X50 F1000	取消刀补
G0 Z100	
M05	
M30	

(2) 采用参数方程编程

设自变量极角为#1,则#1 的区间为 [0,360]。宏程序参考如下:

```
N10 #1 =15 * COS α;
    #2 =10 * SIN α;
    G1 X[ #3] Y[ #4];
    #1 = #1 +1;
    IF [ #1LE360] GOTO 10;
```

当椭圆中心不在图形的中心时,宏程序该如何编程?

2. 倒圆角

(1) 采用圆角方程编程

加工如图 5-3-3 所示的零件,并编写其数控加工程序。

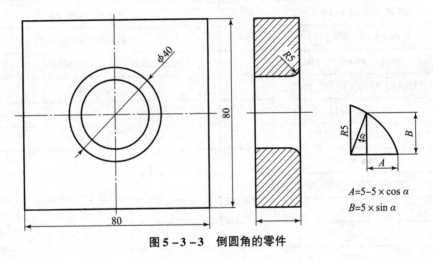

$A = 5 - 5 \times \cos α$
$B = 5 \times \sin α$

图 5-3-3 倒圆角的零件

数控加工程序如表 5-3-3 所示。

表 5-3-3 倒圆角零件的数控加工程序 (一)

FANUC 0i 系统程序	FANUC 0i 程序说明
O0001	先铣 φ15 深 20 的孔
G54 G17 G40 G90	
M03 S1000	
G0 Z100	
X0 Y0	
G1 Z5 F1000	
#1 =0	设 Z 轴的坐标值为变量每次铣削 2 mm
N10 G1 Z -[#1] F50	
G1 G41 X15 Y0 D01 F100	
G3 I -15	
G1 G40 X0 Y0	

续表

FANUC 0i 系统程序	FANUC 0i 程序说明
#1 = #1 + 2	
IF［#1LE20］GOTO 10	
G0 Z100	
M05	
M00	程序停止，光标停在此处
G1 Z5 F2000	
M03 S1000	
#2 = 90	设 α 角为自变量
N20 #3 = 20 - 5 * COS［#1］	求 X 轴方向的坐标值
#4 = 5 - 5 * SIN［#1］	求 Z 轴方向的坐标值
G1 Z -［#4 + 0.1］F50	刀台深度 0.1 mm，铣刀铣削时留有一点台阶
G1 G41 X［#3］Y0 D01 F500	快速度
G3 I -［#3］	
G1 G40 X0 Y0	
#1 = #1 - 2	
IF［#1GE0］GOTO 20	
G0 Z100	
M05	
M30	

(2) 采用 G10 指令——刀具补偿指令编程

指令格式如下：

G10 L10 PR；长度补偿

G10 L11 PR；长度磨损

G10 L12 PR；半径补偿

G10 L13 PR；半径磨损

采用 G10 指令的倒圆角数控加工程序如表 5 - 3 - 4 所示。

表 5 - 3 - 4 倒圆角零件的数控加工程序（二）

FANUC 0i 系统程序	FANUC 0i 程序说明
N30 #1 = 90	设 α 角为自变量
N20 #2 = 5 - 5 * COS［#1］	
#3 = 5 - 5 * SIN［#1］	求因变量（Z 轴方向的坐标值）

续表

FANUC 0i 系统程序	FANUC 0i 程序说明
#4 = #2 + 15	求因变量（X 轴方向的坐标值）
#5 = 4 − [#2]	刀补变化量
G1 Z − [#3 + 0.1] F50	
G10 L12 P01 R[#5]	
G1 G41 X[#4] Y0 D01 F500	
G3 I − [#4]	
G1 G40 X0 Y0	
#1 = #1 − 2	
IF[#1GE0] GOTO 30	
G0 Z100	
M05	
M30	

三、任务实施

本任务的实施过程分为分析零件图样、确定工艺过程、数值计算、编写程序、程序调试与检验、零件加工六个步骤。

1. 分析零件图样

（1）结构分析

如图 5 – 3 – 1 所示，该零件属于板类零件，加工内容包括平面、直线和圆弧组成的外轮廓及直线和椭圆组成的外轮廓，还有倒圆角的内圆柱轮廓。

（2）尺寸分析

该零件图尺寸完整，主要尺寸为：毛坯长宽 80 mm × 80 mm、高 15 mm，凸台高度分别为 6 mm 和 3 mm，凸台轮廓各部分尺寸完整。内圆柱轮廓高度为 4 mm，倒圆角半径为 3 mm。

（3）表面粗糙度分析

本任务零件对粗糙度没有明确要求，该零件所有表面都可以加工出来，经济性能良好。

2. 确定工艺过程

（1）选择加工设备，确定生产类型

选用 V600 型数控铣床，系统为 FANUC，零件数量为 1 件，属于单件小批量生产。

（2）选择工艺装备

①该零件采用平口虎钳定位夹紧。

②刀具选择为：φ10 立铣刀，铣凸台内外轮廓面。

(3) 选择量具

量程为 150 mm, 分度值为 0.02 mm 的游标卡尺;

量程为 25~50 mm, 分度值为 0.001 mm 的内径千分尺。

(4) 编写数控加工工艺卡

编写零件 2 的数控加工工艺卡如表 5-3-5 所示。

表 5-3-5 零件 2 的数控加工工艺卡

工步号	加工内容	刀具号	刀具名称	刀具规格	刀具材料	主轴转速/(r·min⁻¹)	进给速度/(mm·min⁻¹)	刀具半径补偿 号	刀具半径补偿 值	加工方式
1	平口虎钳夹紧工件并找正									
2	铣平面,厚度留 0.5mm 余量	T01	盘铣刀	φ100	硬质合金	600	300			手动
3	粗铣外轮廓,单边留 0.2 mm 余量	T02	立铣刀	φ10	硬质合金	2 000	250	D02	5.2	自动
4	粗铣内轮廓,单边留 0.2 mm 余量	T02	立铣刀	φ10	硬质合金	2 000	250	D02	5.2	自动
5	精铣外轮廓	T02	立铣刀	φ10	硬质合金	2 800	300	D03	实测	自动
6	精铣内轮廓	T02	立铣刀	φ10	硬质合金	2 800	300	D03	实测	自动

3. 数值计算

确定编程坐标系的原点,计算零件图上的内外轮廓关键点坐标。

4. 编写程序

编程原点选择在工件上表面的中心处,铣外轮廓的数控加工程序如表 5-3-6 所示,铣内轮廓的数控加工程序如表 5-3-7 所示。

表 5-3-6 外轮廓的数控加工程序

FANUC 0i 系统程序	FANUC 0i 程序说明
O0001	程序名
G54 G17 G40 G80 G90	程序初始化
M03 S800	主轴转速为 800 r·min⁻¹
G00 Z50	抬刀至安全位置
G00 X-45 Y0	移到接近起刀点的位置
Z5	下刀至工件上表面
G1 Z-6 F50	下刀分层切削

续表

FANUC 0i 系统程序	FANUC 0i 程序说明
G41 X-35 D01 F100	开始铣削 70 mm×70 mm 的外轮廓，建立左刀补
G01 Y35 R10	快速倒角
X35 R10	
Y-35 R10	
X-35 R10	
Y0	
G40	取消刀补
G0 Z50	抬刀
G68 X0 Y0 R-30	坐标系顺时针旋转30°
G0 X-30 Y0 Z5	刀具移至接近铣削起点的位置
Z-3 F50	下刀
G41 X-25 Y0 D01 F100	建立左刀补，开始铣削含有椭圆的轮廓
Y15 F100	
#1=-180	采用宏程序编写半椭圆程序
N10#2=25*COS[#1]	
#3=15*SIN[#1]	
G01 X[#2] Y[#3+15]	
#1=#1+1	
IF[#1LE0]GOTO 10	
Y-15	
#4=0	
N20#5=25*COS[#4]	
#6=-15*SIN[#4]	
G01 X[#5] Y[#6-15]	
#4=#4+1	
IF[#4LE180]GOTO20	
Y0	
G0 Z50	抬刀
G40 X0 Y0	取消刀补
M05	主轴停止
M30	程序结束并返回初始位置

表 5 – 3 – 7　内轮廓及倒圆角数控加工程序

FANUC 0i 系统程序	FANUC 0i 程序说明
O0002	程序名
G54 G17 G40 G80 G90	程序初始化
M03 S800	主轴转速为 800 r·min^{-1}
G0 Z50	抬刀至安全位置
G0 X0 Y0 Z5	移到接近起刀点的位置
Z – 4 F50	下刀
G41 X10 D01 F100	铣削 $\phi 20$ 的圆
G03 I – 10	
G0 Z5	
G40 X0 Y0	
#1 = 0	采用宏程序编写 R3 倒圆角
N10 #2 = 3 – 3 * SIN [#1]	
#3 = 3 – 3 * COS [#1]	
#4 = 4 + #3	
G10 L12 P01 R[#4]	
G01 Z[– #2] F100	
G41 X10 D01	
G03 I = 10 J0 F500	
G40 G01 X0 Y0	
#1 = #1 + 1	
2F [#1LE90] GOTO 10	
G0 Z50	抬刀
M05	主轴停止
M30	程序结束并返回初始位置

5. 程序调试与检验

机床操作的加工步骤为开机、机床回零、安装工件、对刀、参数设置、输入程序、轨迹检查、自动加工、零件尺寸测量。

四、加工练习

1. 加工图 5-3-4 所示的零件，选择合适刀具与切削参数，试采用宏程序编程编写其数控加工工艺与程序。

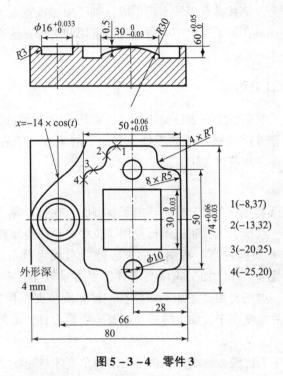

图 5-3-4 零件 3

2. 加工图 5-3-5 所示的零件，选择合适刀具与切削参数，试采用宏程序编程编写其数控加工工艺与程序。

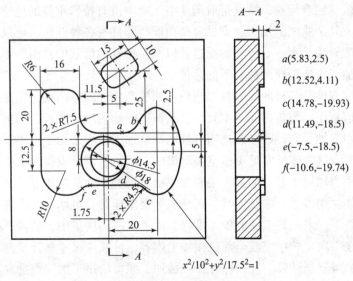

图 5-3-5 零件 4

第四节 加工中心编程特点

加工中心是一种功能较全的数控加工机床,它把铣削、镗削、钻削、攻螺纹和切削螺纹等功能集中在一台设备上,使其具有多种工艺手段。加工中心设置有刀库,刀库中存放着不同数量的各种刀具或检具,在加工过程中由程序自动选用和更换,这也是它与数控铣床、数控镗床的主要区别。

一、加工中心的加工对象

加工中心适用于加工复杂、工序多、要求较高、需用多种类型的普通机床和众多刀具、夹具且经多次装夹和调整才能完成加工的零件,其加工的主要对象有箱体类零件、复杂曲面、异形件、盘套板类零件和特殊加工五类。

1. 箱体类零件

箱体类零件一般是指具有一个以上孔系、内部有型腔,在长、宽、高方向有一定比例的零件。这类零件在机床、汽车、飞机制造等行业用得较多。箱体类零件一般都需要进行多工位孔系及平面加工,公差要求较高,特别是形位公差要求较为严格,通常要经过铣、钻、扩、镗、铰、锪、攻螺纹等工序。加工箱体类零件需要刀具较多,在普通机床上加工难度大,并且其工装套数多,加工费用高,加工周期长,需多次装夹、找正,手工测量次数多。因此,加工箱体类零件的难度在于,加工时必须频繁地更换刀具,工艺难以制定,更重要的是精度难以保证。

实际加工中,在加工工位较多、需工作台多次旋转角度才能完成加工的零件时,一般选卧式加工中心;在加工工位较少,且跨距不大时,可选立式加工中心,从一端进行加工。

2. 复杂曲面

复杂曲面在机械制造行业,特别是航天航空工业中占有特殊重要的地位。采用普通机械加工方法难以完成复杂曲面的加工。常见复杂曲面类零件有各种叶轮、导风轮、球面、各种曲面成形模具、螺旋桨、水下航行器的推进器以及一些其他形状的自由曲面,这类零件均可用加工中心进行加工。比较典型的有下面几种。

①凸轮。这类零件有各种曲线的盘形凸轮、圆柱凸轮、圆锥凸轮、桶形凸轮、端面凸轮等,作为机械式信息存储与传递的基本元件,其被广泛地应用于各种自动机械中。可根据凸轮的复杂程度选用三轴、四轴联动或选用五轴联动的加工中心来加工这类零件。

②整体叶轮类。这类零件常见于航空发动机的压气机、制氧设备的膨胀机、单螺杆空气压缩机等,可采用四轴以上联动的加工中心来完成这种类型面的加工。

③模具类。如注塑模具、橡胶模具、真空成形吸塑模具、电冰箱发泡模具、压力铸造模具、精密铸造模具等。采用加工中心加工模具,由于工序高度集中,动模、静模等关键件的精加工基本上是在一次安装中完成全部机械加工内容,可减少尺寸累计误差,减少修配工作量。同时,模具的可复制性强,互换性好,机械加工残留给钳工的工作量少,凡刀具可及之处尽可能由机械加工完成,这样留给模具钳工的工作主要是抛光。

④球面。球面可采用加工中心铣削。三轴铣削只能用球头铣刀作逼近加工,效率较低;

五轴铣削可采用端铣刀作包络面来逼近球面。复杂曲面用加工中心加工时，编程工作量较大，大多数情况下要采用自动编程技术。

3. 异形件

异形件是外形不规则的零件，大都需要点、线、面多工位混合加工。异形件的刚性一般较差，夹压变形难以控制，加工精度也难以保证，甚至某些零件的某些加工部位用普通机床难以完成。用加工中心加工时应采用合理的工艺措施，一次或二次装夹，利用加工中心多工位、点、线、面混合加工的特点，完成多道工序或全部工序的内容。

4. 盘、套、板类零件

盘、套、板类零件是指带有键槽或径向孔、端面有分布的孔系或曲面的盘套类、轴类零件，如带法兰的轴套、带键槽或方头的轴类零件等，以及具有较多孔加工的板类零件，如端面有分布孔系的各种电机盖等。带有曲面的盘类零件宜选择立式加工中心，带有径向孔的可选卧式加工中心。

5. 特殊加工

在熟练掌握了加工中心的功能之后，配合一定的工装和专用工具，利用加工中心可完成一些特殊的加工工艺，如在金属表面上刻字、刻线、刻图案；在加工中心的主轴上装高频电火花电源，可对金属表面进行线扫描表面淬火；在加工中心主轴上装高速磨头，可实现小模数渐开线圆锥齿轮磨削及各种曲线、曲面的磨削等。

二、加工中心的工艺设计

工艺设计是一切机械加工的基础，包括机械产品从零件的加工到产品的装配和生产规划的全过程。但是对于具体零件而言，工艺设计则包含了从零件的毛坯选择到加工设备、刀具、辅具、工夹具及检具的选择，以及安排整个零件加工工艺路线的全过程。

零件的工艺规程是编制其加工程序的依据和基础，因此加工中心加工零件的工艺设计就不同于常规的零件工艺设计，它要求：

①工艺详细，具体到每一工步；

②工艺准确，计算每一个坐标尺寸；

③工艺完整，选择每一种刀具、辅具，安排其前后次序，设计每一把刀具的切削用量。

在审查零件的设计图样并进行零件的工艺性分析后，就可以开始进行零件的工艺设计。

1. 设计工艺路线

制定出零件加工工艺方案之后，同常规工艺方法编制零件的机械加工工艺路线一样，加工中心加工零件的工艺路线设计也包括选定各加工部位的加工方法、加工顺序、定位基准、装夹方法、确定工序集中与分散的程度、合理选用机床、刀具，以及确定所用夹具的大致结构等内容。不同的是，设计加工中心的工艺路线时，还要根据企业现有的加工中心机床和数控机床的构成情况，本着经济合理的原则，安排加工中心加工顺序的效益。具体设计工艺路线时，应从以下几方面考虑：

①多部位加工方法的选择；

②加工中心加工工序的安排；

③加工中心加工工序前的预加工工序安排；
④加工中心加工工序后的终加工工序安排。

2. 安排加工顺序的原则

以期最大限度地发挥加工中心的作用，安排加工顺序时要根据工件的毛坯种类，以及现有加工中心机床的种类、构成和应用习惯，确定零件是否要进行加工中心加工工序前的预加工。一般情况下，这取决于零件毛坯的精度。一般非铸造毛坯，精度较高，毛坯面定位也较可靠，可直接在加工中心上进行粗加工；铸件毛坯经划线检查后，各加工表面余量充分均匀，同样也可以考虑安排在加工中心上进行粗加工。定位基准的选择是决定加工顺序的重要因素。半精加工和精加工的基准表面应提前加工好。因而任何一个高精度表面加工前，作为其定位基准的表面应在前面工序中加工完毕。而这些作为精基准的表面加工又有其加工所需的定位基准，这些定位基准又要在更前面的工序中加以安排。故各工序的基准选择问题解决后，就可以从最终精加工工序向前倒推出整个工序顺序的大致轮廓。

在加工中心加工工序前安排有预加工工序的零件，加工中心工序的定位基准面，即预加工工序要完成的表面，可由普通机床完成。不安排预加工工序的，可采用毛坯面作为加工中心工序的定位基准，这时，要根据毛坯基准的精度考虑加工中心工序的划分，即是否仅一道加工中心工序就能完成全部加工内容。必要时，要把加工中心的加工内容分几道或多道工序完成。

不论在加工中心加工工序之前有无预加工，零件毛坯加工余量一定要充分而且均匀，因为在加工中心的加工过程中不能采用串位或借料等常规方法，一旦确定了零件的定位基准，加工中心加工时对余量不足问题很难照顾到，因而在加工基准面或选择基准对毛坯进行预加工时，要照顾各个方向的尺寸，留给加工中心的余量要充分均匀。通常孔直径小于 $\phi 30$ mm 的孔，其粗、精加工均可在加工中心上完成；直径大于 $\phi 30$ mm 的孔的粗加工可在普通机床上完成，留给加工中心的加工余量一般为直径方向 $4 \sim 6$ mm。

在加工中心上加工零件时，最难保证的尺寸是：
①加工面与非加工面之间的尺寸；
②加工中心工序加工的面与预加工中普通机床（或加工中心）加工的面之间的尺寸。

第①种情况，即使是图样上未注明的非加工面，也须在毛坯设计或型材选用时在其确定的非加工面上增加适当的余量，以便在加工中心上按图样尺寸进行加工时保证非加工面与加工面之间的尺寸符合要求。

第②种情况，安排加工顺序时要统筹考虑，最好在加工中心上一次定位装夹中完成包括预加工面在内的所有内容；如果要分两台机床完成，则最好留一定的精加工余量，或者使此预加工面与加工中心工序的定位基准有一定的尺寸精度要求。由于这是间接保证，故该尺寸的精度要求比加工中心加工面与预加工面之间的尺寸精度要求严格。

3. 划分加工阶段

加工质量要求较高的零件时，应尽量将粗、精加工分开进行。

有了加工基准后，应根据生产批量、毛坯铸造质量、加工中心加工条件等情况考虑是否将粗加工和精加工在普通机床与加工中心机床上分别进行。一般情况下，对在加工中心上完成的精加工零件大都在普通机床（或加工中心）上先安排粗加工，主要是由于以下几点。

①零件在粗加工后会产生变形。变形原因较多，如粗加工时夹紧力较大，引起工件的弹性变形；粗加工时切削温度高，引起工艺系统的热变形；毛坯有内应力存在，粗加工时切去其外层金属，引起内应力重新分布而发生变形等。如果同时或连续进行粗、精加工，就无法避免上述原因造成的加工误差。

②粗加工后可及时发现零件主要表面上的毛坯缺陷。如裂纹、气孔、砂眼、杂质或加工余量不够等，可及时采取措施，避免浪费更多的工时和费用。

③粗、精加工分开，使零件有一段自然时效过程，以消除残余内应力，使零件的弹性变形和热变形完全或大部分恢复，必要时可以安排二次时效，以便在加工中心工序中加以修正，有利于保证加工质量。

④粗、精加工分开进行，可以合理使用设备。加工中心机床和其他精密机床（如坐标镗床等）价格昂贵，维修费用高。粗、精加工分开有利于长期保持机床精度，况且粗加工机床只用作粗加工，其效率也可以充分发挥。

⑤在某些情况下，如零件加工精度要求不高，或单件小批新产品试制时，也可把粗、精加工合并进行；或者加工较大零件时，工件运输、装夹很费工时，经综合比较，在一台机床上完成某些表面的粗、精加工并不会明显发生前述各种变形时，粗、精加工也可在同一台机床上完成，但粗、精加工应划成两道工序分别完成。

在具有良好冷却系统的加工中心上，对于毛坯质量高、加工余量较小、加工精度要求不高或生产批量很小的零件，可在加工中心上一次或两次装夹完成全部粗、精加工工序，对刚性较差的零件可采取相应的工艺措施，如粗加工后，在加工过程中安排暂停指令，让操作者将压板稍稍松开，使零件弹性变形恢复，然后用较小的夹紧力夹紧零件，再进行精加工。

第五节 加工中心编程实例

一、任务引入

加工如图5-5-1所示零件，数量为1件，毛坯为100 mm×100 mm×20 mm的45钢。要求设计数控加工工艺方案，编制数控加工工序卡和数控加工程序，并进行工件加工。

二、任务实施

1. 分析零件

该零件由一端为 $60_{-0.03}^{0} \times 60_{-0.03}^{0}$ 且圆角为 $R8$ 的四方形，另一端宽度为1.5 mm的薄壁组成。零件的形状较复杂，主要加工部位及难点在零件调头面编程原点的设定，以及 1.5 ± 0.03 薄壁轮廓的加工。

2. 工艺分析

（1）整体加工工艺分析

考虑到零件整体加工，毛坯采用锻件，粗铣六面后调质处理达到图纸要求，磨六面至90 mm×90 mm×21 mm，然后在加工中心机床上完成其他加工。

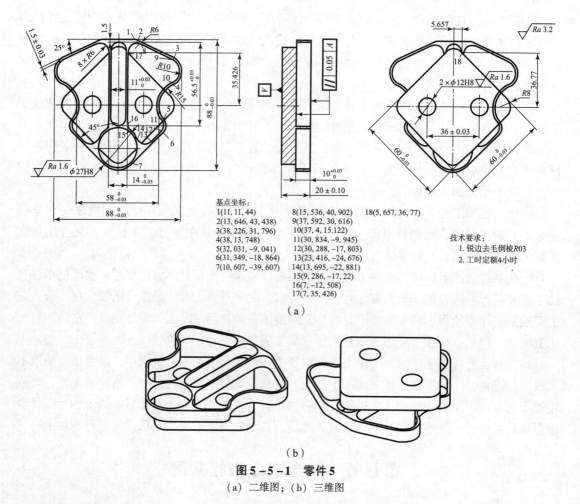

图 5-5-1 零件 5
(a) 二维图; (b) 三维图

(2) 结构分析

考虑到工件的装夹，零件加工时总体安排顺序是：先加工零件一端的四方形及孔，再调头加工另一端薄壁轮廓、槽及内孔。

(3) 装夹及定位分析

①装夹。工件的装夹方法直接影响零件的加工精度和加工效率，必须根据图纸认真考虑。该工件可用精密平口虎钳和垫铁配合使用来完成工件装夹，工件装夹高度由垫铁调整，轻夹工件，用木槌轻敲工件上表面，检查工件和垫铁接触状态，然后夹紧工件，工件装夹完成。

该工件装夹时的夹紧力要适中，既要防止工件的变形和夹伤，又要防止工件在加工时的松动，特别是调头装夹时夹紧力要适中，要防止工件的变形和夹伤。

②定位。在加工中心机床上加工零件时，首先要建立一个工作坐标系，确定坐标系的零点的整个过程是工件的定位过程。定位时可用光电式寻边器、机械式寻边器或定位心轴，零点的位置要与编程零点位置一致，尽可能与设计基准重合。加工薄壁轮廓侧应借助 $\phi12H8$ 的孔来设定编程原点。

3. 零件加工工艺过程

零件 5 的数控加工工序卡如表 5-5-1 所示。

表 5-5-1 零件 5 的数控加工序卡

单位		零件名称	复合零件		使用设备			夹具名称	平口虎钳			工件材料	45 钢	
工步号	加工内容	刀具号	刀具名称	刀具规格	刀具材料	主轴转速/(r·min⁻¹)	进给速度/(mm·min⁻¹)	刀具半径补偿号	刀具长度补偿	备注
1	夹紧工件铣平面,厚度留 0.5 mm 余量	T01	机夹立铣刀	φ16	硬质合金	2 000	300	D01	H01	
2	粗铣 60 mm×60 mm 凸台,单边留 0.2 mm 凸台至图纸尺寸	T01	机夹立铣刀	φ16	硬质合金	2 000	300	D01	H01	
3	精铣 60 mm×60 mm 凸台至图纸尺寸	T02	立铣刀	φ10	硬质合金	2 800	380	D02	H02	
4	点孔 2×φ12H8	T03	中心钻	A4	高速钢	1 600	40		H03	
5	钻孔 2×φ12H8	T04	麻花钻	φ11.8	高速钢	700	60		H04	
6	铰孔 2×φ12H8	T05	铰刀	φ12H8		150	30		H05	
7	调头装夹工件铣平面,至厚度等于图纸尺寸	T01	机夹立铣刀	φ16	硬质合金	2 000	300	D01	H01	
8	粗铣薄壁外侧,单边留 0.4mm 余量	T01	机夹立铣刀	φ16	硬质合金	2 000	300	D01	H01	
9	粗铣薄壁内侧,单边留 0.4 mm 余量	T06	立铣刀	φ8	硬质合金	3 000	350	D06	H06	
10	粗铣 φ27 mm 孔,单边留 0.4 mm 余量	T06	立铣刀	φ8	硬质合金	3 000	350	D06	H06	
11	粗铣中间宽 11 mm 的槽,单边留 0.4 mm 余量	T06	立铣刀	φ8	硬质合金	3 000	350	D06	H06	
12	半精铣薄壁外侧,单边留 0.05 mm 余量	T07	立铣刀	φ12	硬质合金	2 400	420	D07	H07	
13	半精铣薄壁内侧,单边留 0.05 mm 余量	T08	立铣刀	φ8	硬质合金	3 200	450	D08	H08	
14	半精铣 φ27 mm 孔,单边留 0.05 mm 余量	T08	立铣刀	φ8	硬质合金	3 200	450	D08	H08	
15	半精铣中间宽 11 mm 的槽,单边留 0.05 mm 余量	T08	立铣刀	φ8	硬质合金	3 200	450	D08	H08	

续表

单位		零件名称	复合零件		使用设备			夹具名称	平口虎钳			工件材料	45 钢	
工步号	加工内容	刀具号	刀具名称	刀具规格	刀具材料	主轴转速/ (r·min^{-1})	进给速度/ (mm·min^{-1})	刀具半径补偿号	刀具长度补偿	备注
16	精铣薄壁外侧	T09	立铣刀	$\phi 8$	硬质合金	3 600	550	D09	H09	
17	精铣薄壁内侧	T09	立铣刀	$\phi 8$	硬质合金	3 600	550	D09	H09	
18	精铣 $\phi 27$ mm 孔	T09	立铣刀	$\phi 8$	硬质合金	3 600	550	D09	H09	
19	精铣中间宽 11 mm 的槽	T09	立铣刀	$\phi 8$	硬质合金	3 600	550	D09	H09	
20	去毛刺									
21	检验									

4. 数控加工程序

零件 5 的正、反面数控加工程序分别如表 5-5-2 和表 5-5-3 所示。

表 5-5-2 零件 5 正面的数控加工程序

FANUC 0i 系统程序	FANUC 0i 程序说明
%	
O0001	
T1 M6	调用 ϕ16 mm 立铣刀
G54 G90 X-55 Y-51.5 S2000 M03	
G43 H01 Z100	
Z3 M08	
G1 Z0 F200	
M98 P100 L4	铣平面
G90 G0 Z3	
#1 = 2.45	每层铣 2.45 mm，深度留 0.2 mm 余量
M98 P101 F300	粗铣四个角平面
G51.1 Y0	X 轴镜像
M98 P101 F300	
G50.1 Y0	
G51.1 X0 Y0	原点镜像
M98 P101 F300	
G50.1 X0 Y0	
G51.1 X0	Y 轴镜像
M98 P101 F300	
G50.1 X0	
G90 G0 Z5	
G68 X0 Y0 R45	坐标系旋转
X-55 Y-55	
G1 Z0 F200	
#1 = 2.45	每层铣 2.45 mm，深度留 0.2 mm 余量
D01 M98 P102 L4 F300	D01 = 8.2，粗铣 60 mm × 60 mm 外轮廓
G69	
G0 Z150	
T2 M6	调用 ϕ10 mm 立铣刀

续表

FANUC 0i 系统程序	FANUC 0i 程序说明
G54 G90 G0 X0 Y0 S2800 M03	
G43 H02 Z100 M08	
X55 Y-55	
G1 Z0 F200	
#1=10	Z 轴方向一刀铣至图纸深度
M98 P101 F380	精铣四个角平面
G51.1 Y0	
M98 P101 F380	
G50.1 Y0	
G51.1 X0 Y0	
M98 P101 F380	
G50.1 X0 Y0	
G51.1 X0	
M98 P101 F380	
G50.1 X0	
G90 G0 Z5	
G68 X0 Y0 R45	
X-55 Y-55	
G1 Z0 F200	
#1=10	Z 轴方向一刀铣至图纸深度
D02 M98 P102 F380	D02=4.985，精铣 60 mm×60 mm 外轮廓
G69	
G0 Z150	
T3 M6	调用 A4 中心钻
G54 G90 G0 X0 Y0 S1600 M03	
G43 H03 Z100 M08	
G98 G81 X18 Y0 Z-3 R3 F40	
X-18	
G80	
G0 Z100	
T4 M6	调用 ϕ11.8 mm 麻花钻

续表

FANUC 0i 系统程序	FANUC 0i 程序说明
G54 G90 G0 X0 Y0 S700 M03	
G43 H04 Z100 M08	
G98 G83 X18 Y0 Z-25 R3 Q4 F60	
X-18	
G80	
G0 Z100	
T5 M6	调用φ12H8铰刀
G54 G90 G0 X0 Y0 S150 M03	
G43 H05 Z100 M08	
G98 G85 X18 Y0 Z-55 R3 F30	
X-18	
G80	
G0 Z100	
M05	
M30	
%	
%	
O100	铣平面的子程序
G91 G1 Y12 F300	
X110	
Y12	
X-110	
M99	
%	
%	
O101	铣四个角平面的子程序
G0 X55 Y-55	
#2 = -#1	
N10 G90 G1 Z [#2]	
X45 Y-45	

续表

FANUC 0i 系统程序	FANUC 0i 程序说明
X35	
X45 Y−35	
Y−25	
X25 Y−45	
X15	
X45 Y−15	
Y−10	
X10 Y−45	
X55 Y−55	
#2 = #2 − #1	
IF [#2GE−10.03] GOTO 10	
G0 Z3	
M99	
%	
%	
O102	铣 60 mm × 60 mm 外轮廓的子程序
G91 G1 Z [−#1]	
G90 G41 X−30	
Y30 R8	
X30 R8	
Y−30 R8	
X−22	
G02 X−30 Y−22 R8	
G40 G1 X−55 Y−55	
M99	

表 5−5−3　零件 5 反面的数控加工程序

FANUC 0i 系统程序	FANUC 0i 程序说明
%	
O0002	
T1 M6	调用 φ16 mm 立铣刀

续表

FANUC 0i 系统程序	FANUC 0i 程序说明
G54 G90 X0 Y0 S2000 M03	
G43 H01 Z100	
G68 X0 Y0 R45	
G0 X-55 Y-51.5	
Z3 M08	
M98 P100 L4	铣平面
G0 Z3	
#3=2.45	每层铣2.45 mm,深度留0.2 mm余量
D11 M98 P201 F300	D11=13,粗铣薄壁外侧
D01 M98 P201 F300	D01=8.2,粗铣薄壁外侧
G69	
G90 G0 Z100	
T6 M6	调用φ8 mm立铣刀
G54 G90 G0 X0 Y0 S3000 M03	
G43 H06 Z100	
G68 X0 Y0 R45	
G0 Z3 M08	
#3=2.45	每层铣2.45 mm,深度留0.2 mm余量
#5=350	粗铣薄壁内侧的进给速度
D06 M98 P202	粗铣薄壁内侧
G51.1 X0	
D06 M98 P202	
G50.1 X0	
G0 Z5	
X0 Y-29	
G1 Z0 F100	
#3=2.45	每层铣2.45 mm,深度留0.2 mm余量
#5=350	粗铣内孔的进给速度
D06 M98 P203 L4	粗铣内孔
G0 Z3	
X0 Y0	

续表

FANUC 0i 系统程序	FANUC 0i 程序说明
G1 Z0 F100	
#3 = 2.45	每层铣2.45 mm，深度留0.2 mm余量
#5 = 350	粗铣中间槽的进给速度
D06 M98 P204 L4	粗铣中间槽
G69	
G0 Z100	
T7 M6	调用 φ12 mm 立铣刀
G54 G90 G0 X0 Y0 S2400 M03	
G43 H07 Z100	
G68 X0 Y0 R45	
G0 Z5 M08	
#3 = 10.03	Z 轴方向一刀铣至图纸深度
D11 M98 P201 F420	D11 = 13
D07 M98 P201 F420	D07 = 6.05，半精铣薄壁外侧
G69	
G90 G0 Z100	
T8 M6	调用 φ8 mm 立铣刀
G54 G90 G0 X0 Y0 S3200 M03	
G43 H08 Z100	
G68 X0 Y0 R45	
G0 Z3 M08	
#3 = 10.03	Z 轴方向一刀铣至图纸深度
#5 = 450	半精铣薄壁内侧的进给速度
D08 M98 P202	D08 = 4.05，半精铣薄壁内侧
G51.1 X0	
D08 M98 P202	
G50.1 X0	
G0 Z5	
X0 Y -29	
G1 Z0 F100	
#3 = 10.03	Z 轴方向一刀铣至图纸深度

续表

FANUC 0i 系统程序	FANUC 0i 程序说明
#5 = 450	半精铣内孔的进给速度
D08 M98 P203	半精铣内孔
G0 Z3	
X0 Y0	
G1 Z0 F100	
#3 = 10.03	Z 轴方向一刀铣至图纸深度
#5 = 450	半精铣中间槽的进给速度
D08 M98 P204	半精铣中间槽
G69	
G0 Z100	
T9 M6	调用 φ8 mm 立铣刀
G54 G90 G0 X0 Y0 S3600 M03	
G43 H09 Z100	
G68 X0 Y0 R45	
G0 Z3 M08	
#3 = 10.03	
D09 M98 P201 F550	D09 = 3.995，精铣薄壁外侧
#3 = 10.03	
#5 = 550	精铣薄壁外侧的进给速度
D09 M98 P202	精铣薄壁内侧
G51.1 X0	
D09 M98 P202	
G50.1 X0	
G0 Z5 M08	
X0 Y -29	
G1 Z0 F100	
#3 = 10.03	
#5 = 550	
D09 M98 P203	精铣内孔
G0 Z3	
X0 Y0	

续表

FANUC 0i 系统程序	FANUC 0i 程序说明
G1 Z0 F100	
#3 = 10.03	
#5 = 550	
D09 M98 P204	精铣中间槽
G69	
G0 Z100	
M30	
%	
%	
O201	铣薄壁外侧子程序
G0 X-25 Y70	
#4 = -#3	
N20 G90 G1 Z [#4]	
G90 G41 X-11.11 Y44	
X11.11	
G2 X13.646 Y43.438 R6	
G1 X38.226 Y31.976	
G2 X38 Y13.748 R10	
G3 X32.031 Y-9.041 R15	
G2 X31.349 Y-18.864 R7.5	
G1 X10.607 Y-39.607	
G2 X-10.607 R15	
G1 X-31.349 Y-18.864	
G2 X-32.031 Y-9.041 R7.5	
G3 X-38 Y13.748 R15	
G2 X-38.226 Y31.976 R10	
G1 X-13.646 Y43.438	
G2 X-11.11 Y44 R6	
G01 G40 X-25 Y70	
#4 = #4 - #3	

续表

FANUC 0i 系统程序	FANUC 0i 程序说明
IF［#4GE-10.03］GOTO 20	
G0 Z3	
M99	
%	
%	
O202	铣薄壁内侧子程序
G0 X18 Y0	
#4 = -#3	
N30 G01 Z［#4］F50	
G42 G01 X15.536 Y40.920 F［#5］	
X37.592 Y30.616	
G02 X37.4 Y15.122 R8.5	
G03 X30.834 Y-9.945 R16.5	
G02 X30.228 Y-17.803 R6	
G01 X23.416 Y-24.676	
G02 X13.695 Y-22.881 R6	
G03 X9.286 Y-17.22 R15	
G02 X7 Y-12.508 R6	
G01 X7 Y35.426	
G02 X15.536 Y40.902 R6	
G40 G01 X18 Y0	
#4 = #4 - #3	
IF［#4GE-10.03］GOTO 30	
G0 Z3	
M99	
%	
%	
O203	铣内孔子程序
G91 G1 Z［-#3］F50	
G90 G41 G1 X8 F［#5］	
G3 I-8	

续表

FANUC 0i 系统程序	FANUC 0i 程序说明
G40 G1 X0 Y-29	
G41 X6.5 Y-36	
G3 X13.5 Y-29 R7	
G3 I-13.5	
G3 X6.5 Y-22 R7	
G40 G1 X0 Y-29	
M99	
%	
%	
O204	铣中间槽子程序
G91 G1 Z [-#3] F50	
G90 G41 G1 X5.5 F [#5]	
Y37	
G3 X-5.5 R5.5	
G1 Y-8.5	
G3 X5.5 R5.5	
G1 Y1	
G40 G1 X0 Y0	
M99	
%	

习题与思考题

5-1 数控铣削加工中，钻孔循环由哪6个动作构成？

5-2 零件铣削加工工艺分析有哪些内容？

5-3 加工如图5-1所示的零件，试利用子程序的方法编写其数控加工程序。

5-4 如图5-2所示，凸台毛坯尺寸为100 mm×100 mm×45 mm，工件材料为硬铝，已经完成上、下表面的加工，要求制定正确的加工工艺，并编写数控加工程序。

5-5 加工如图5-3所示的椭圆形槽轮，工件材料为切削性能较好的45钢，其毛坯尺寸是120 mm×90 mm×30 mm的方料，并且已经完成上下平面及周边的加工，并且符合图样的尺寸精度和表面粗糙度的要求，要求制定正确的加工工艺，并编写数控加工程序。

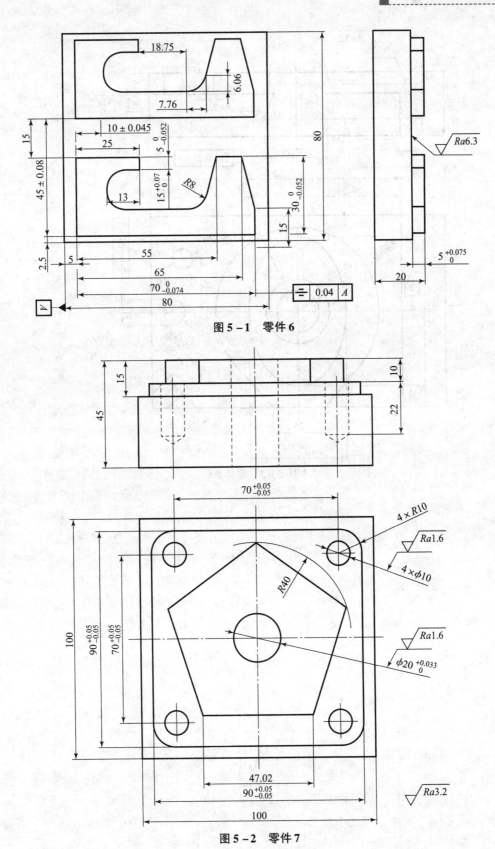

图 5-1 零件 6

图 5-2 零件 7

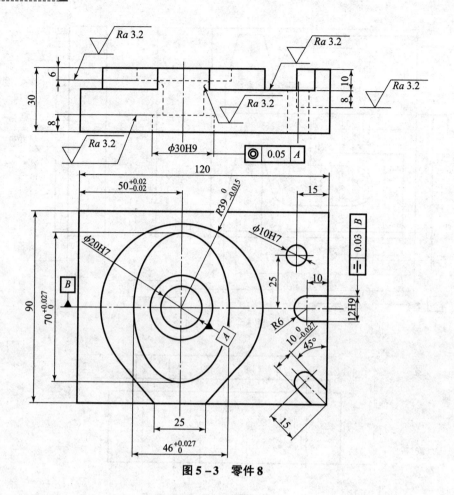

图 5-3 零件 8

第六章 数控机床的使用与维护

第一节 数控机床的使用与管理

数控机床是技术密集度及自动化程度很高的典型机电一体化加工设备，具有零件加工精度高、加工质量稳定、柔性自动化程度高、可减轻工人的体力劳动强度、大大提高生产效率等显著特点。尤其是数控机床可完成普通机床难以完成或根本不能完成的复杂曲面零件的加工，因而数控机床在机械制造业中的作用愈来愈突出，目前我国大多数企业都已拥有数控机床。但能否充分发挥数控机床的优越性，关键还取决于使用者能否在生产中科学地管理和使用数控机床。

一、数控机床的使用

数控机床是柔性自动化通用机床，与传统的普通机床和自动化机床相比既有相同之处，又有显著区别，因此必须十分清楚数控机床的特点并加以合理利用，才能充分发挥数控机床的效益。下面就数控机床使用中的一些要点加以介绍。

1. 合理选择加工工艺

数控机床的加工对象及其加工工艺应与数控机床的工艺特点相适应。一般情况下，中小批量、形状较复杂、精度要求较高的零件应优先采用数控机床进行加工；对于一些黏性较大的难加工材料的零件可选用高速数控机床进行加工；对于需车削、铣削复合加工的零件，应选用车削中心进行加工；对于需钻、镗、铣、攻螺纹等复合加工的零件，应选用镗铣加工中心进行加工。在普通机床上进行加工，常将加工工序分散到多台机床上分别完成，以保证加工质量并提高加工效率；而在数控机床上进行加工，则多数倾向于将多个工序集中在一台机床上和一次装夹下完成，在保证加工质量的同时提高加工效率。

2. 合理使用切削用量

切削用量包括切削速度、进给速度（或进给量）、切前宽度、背吃刀量等。在数控机床上切削用量对加工质量、加工效率的影响与在普通机床上的影响是相同的。但是，由于数控机床刚度和抗振性等性能比普通机床高得多，且输出功率大、切削速度和进给速度高，可进行高速、强力切削，因此可使用比较大的切削用量。一般情况下，应参考数控机床说明书、切削用量手册、刀具手册，并根据实际加工情况和实践经验来合理选择切削用量。当加工铸铁等脆性材料的零件时，一般应选择较低的切削速度；当加工黏度较大的有色金属材料零件时，一般应选择较高的切削速度。由于数控机床主轴均采用无级调速，因此可以根据最佳的切削速度选择最佳的主轴转速。进给速度的选择主要根据零件的加工精度及表面粗糙度要求，当要求较高时，进给速度应选取得小一些；当要求较低时，进给速度应选取得大一些，以提高生产率。背吃刀量的选择主要依据机床、工件及刀具系统的刚度,当系统刚度较高、工件加工余量不大时,可一次走刀切除全部余量,以提高加工效率;有时为了保证加工精度和表面粗糙度,可在粗加工后留一定余量,最后再精加工一刀。

3. 充分的技术准备

为了提高数控机床的使用效率,应尽量增加其切削加工时间,减少机床调整、装卸工件等其他辅助时间。因此,在进行数控加工前应做好充分的技术准备,包括刀具、夹具、辅具等,以免在加工过程中因缺少必要的刀具、辅具等而使机床停工。数控机床上以采用各种标准刀具为主,因此应在购置数控机床后根据需要陆续配备种类和数量足够的刀杆和刀片。数控机床的夹具一般比较简单,但如果夹具设计得合理,可以显著提高数控机床的利用率和加工效率,甚至提高加工质量。如采用成组技术原理设计加工中心夹具,将多个相同或相近零件装夹在夹具上,用两套以上夹具带着工件一起在机床上装卸,工件在夹具上的装卸则安排在机床外,这样可使工件在夹具上的装卸时间与机床加工时间重合,且一次装夹可完成多个工件的加工。

4. 数控加工程序编制

数控机床是在数控加工程序的控制下完成零件加工的,普通机床上由操作者完成的各种控制动作以及零件图样上的各项技术要求,在数控机床上均需通过数控加工程序来实现。因此,数控加工程序是影响零件加工质量的一个重要因素。数控加工程序的编制往往需要较长时间,尤其是当零件形状比较复杂时,因此程序编制是影响数控机床使用率的一个重要因素,也是数控机床使用过程中的一个非常重要的环节。对于形状简单的零件,采用手工编程往往比计算机辅助编程更快;对于形状复杂的零件,尤其是涉及刀具轨迹计算量较大的零件时,应采用计算机辅助编程。无论是手工编程还是计算机辅助编程,都应采用机外编程的方法,这样可将编程准备时间与机床加工时间重合,提高机床的利用率。因此,一般应为一台或几台数控机床配备一台专门用于编程的计算机,即使是手工编程,也应先在计算机上将编好的程序输入并存为文本文件,然后利用数控机床的 DNC 接口(RS-232C 接口)将程序传送给数控机床,以减少利用数控机床操作面板输入程序的时间,并降低程序输入的错误率。有些企业为了节省计算机开支,要求编程人员通过数控操作面板输入程序,结果占用了很多机床时间,得不偿失。计算机辅助编程软件可根据企业现有条件、技术(编程)人员的水平及其对软件的熟悉程度来选择,目前常用的计算机辅助数控编程软件有 MasterCAM、Cimatron、CAXA 等,一些大型计算机辅助设计软件(如 Pro/E、UG、IDEAS、CATIA 等)均具有计算机辅助数控编程功能。此外,对编程人员的要求是不仅熟练掌握数控编程技术,更要具备扎实的制造工艺基础和丰富的工艺设计经验,否则很难编制出高质量的数控加工程序。

5. 充分利用数控机床一年的保修期

对于新购置的数控机床,一旦验收签字就应立即投入运行,尽量提高机床的开动率,使故障的隐患尽可能在保修期内得以暴露和排除。一般来说,数控系统要经过 9~14 个月的运行才能进入有效运行期(稳定工作期),数控机床经过 6~12 个月的试用期,才可投入正常使用。在保修期和试用期内应尽量让机床开足使用,使机床有一个足够的"老化"过程。

二、数控机床的管理

目前,企业购置的数控机床越来越多,但有些企业由于对数控机床认识不足,管理不善,如人员配置不到位、维护保养不当、使用不合理、管理制度不健全或执行不力等,使数控机床不能正常发挥作用,造成数控资源的严重浪费。因此,数控机床的管理问题不容忽视。下述为数控机床管理中应注意的几个问题。

1. 完善人员配置,加强人员培训

数控机床是典型的机电一体化产品,所涉及的知识面较宽,其管理和使用与普通机床相比难度大。因此,要提高数控机床的管理和使用水平,以获得预期的效益,需要配备一支结构合理、素质高的人才队伍,该队伍应由管理、维修保养、编程、操作等类型的人才组成。

数控机床的管理人员不但要具备生产管理知识,还应了解数控机床的各方面特点,这样既能保证合理地向数控机床下达生产任务,又能科学地给数控机床安排生产准备、维修保养时间。此外,数控机床管理人员还应通过合理的工时计算和定额制订来激励数控机床相关人员的工作积极性。

数控机床的维修保养人员应具备机电一体化的知识结构和丰富的实践经验,在故障发生之前能够通过科学的保养来防止延迟故障的发生,并在故障发生之后能够采用科学的诊断与维修技术迅速查找出故障部位及原因,并迅速加以排除。

数控机床编程人员不但要具备较强的数控编程能力,更要具备机械加工工艺设计方面的经验,这样才能使编制出的高质量程序既满足零件加工要求、符合数控机床特点,又能提高数控加工效率。

数控机床的操作人员必须经过专业技能培训,具备相应的职业技能证书或上岗证书,爱岗敬业,虚心好学。

总之,企业一定要重视数控技术人才队伍的合理配置,加强对各类人才的培训,并为他们创造不断学习与提高的良好环境。

2. 建立健全规章制度

数控机床技术复杂,价格昂贵,自动化程度高,不规范的管理和违章操作不仅会造成重大的经济损失,还可能导致严重的人身伤亡事故。因此,必须针对数控机床的特点,建立健全各项规章制度,如数控机床管理制度、数控机床安全操作规程、数控机床操作使用规程、数控机床维修制度、数控机床技术管理办法、数控机床维修保养规程、数控机床电气和机械维修技术人员的职责范围等。并要求有关人员严格遵守,实现数控机床管理的规范化和系统化。

3. 建立完善的数控设备基础数据档案和使用、维修档案

在数控机床购置到位后,应注意保管好数控机床的随机资料,并为其建立基础数据档案或数据库,详细描述该数控机床的主要功能和技术性能指标、技术特点和加工能力以及适用对象等,为此后的管理、使用、设备调整与维修提供原始依据。在数控机床使用过程中,应建立数控机床使用、维修与保养记录及交接班记录,详细记录数控机床的运行情况及故障情况,特别是对机床发生故障的时间、部位、原因、解决方法和解决过程予以详细的记录和存档,以便在今后的操作、维修工作中提供参考、借鉴。

4. 为数控机床创造一个良好的使用环境

一般来说，数控机床对使用环境没有什么苛刻要求，可安装在与普通机床一样的生产车间里使用。但是，由于数控机床中含有大量电子元器件，因此在数控机床车间里应尽量避免阳光直射、空气潮湿和粉尘、地基振动等，以免电路板和电子元器件因阳光直射而过早老化；因空气潮湿和粉尘而遭受腐蚀、接触不良或短路；因振动而脱焊或接头松动，从而导致机床不能正常运行。对于使用者而言，应注意对数控机床周围环境进行保护，例如在下雨天不要将用伞带到生产现场，应更换工作鞋等。如果有条件的话，可为数控机床配置带有空调的恒温车间，这样不仅可保证数控机床加工质量的稳定性，还可显著降低故障率，提高可靠性。此外，应尽量保持周围环境的整洁，并使数控机床的色彩与周围环境的色彩和谐，使机床操作者始终有一个良好的工作心情，以减少对数控机床的野蛮操作。

5. 尽可能提高数控机床的开动率

购置数控机床的主要目的是解决高精度、形状复杂零件的加工问题，让其创造更大的价值，因此一定要尽可能提高数控机床的开动率。然而，目前在数控机床的管理和使用上存在一些错误认识，有些生产管理人员认为，数控机床价格昂贵，为保证数控机床完好率，避免经常出现故障而慎重使用，因此很少给数控机床安排加工任务，使数控机床几乎成为摆设；另有些管理人员因为数控机床使用不当而经常出现故障，维修又不及时，有时会影响生产任务的按时完成，因而认为数控机床不好用，从而将其长期闲置不用；还有一些管理或技术人员错误地认为数控机床是娇贵的设备，在加工中不敢使用较大但却较佳的切削用量，经常以"大马"来拉"小车"，不能使数控机床发挥其应有的效益。这些错误认识既不利于合理使用数控机床，也会使企业利益受到损失。

数控机床购进后，如果它的开动率不高，不但会使用户投入的资金不能起到再生产的作用，还很可能因超过保修期，需为设备故障支付额外的维修费用。因为数控机床在使用初期故障率往往较大，用户应在这期间充分使用数控机床，使其薄弱环节尽早暴露出来，以在保修期内解决这些问题。即使平时生产任务不足，也不应将数控机床闲置不用，这不是对数控机床的爱护，因为如果长期不用，可能由于受潮等原因加快数控装置中电子元器件的变质或损坏。此外，数控机床并非像有些人认为的那样娇贵，如果合理使用切削用量，可使数控机床的效率和生产率得到充分发挥，因而创造更高的效益。如果使用、维护和保养得当，编程、操作、维护和管理人员素质高，配置合理，则数控机床的可靠性可以得到显著提高，使其比普通机床更加可靠。

第二节 数控机床的维护与保养

数控机床的日常维护和保养是数控机床长期稳定、可靠运行的保证，是延长数控机床使用寿命的必要措施。对数控机床的正确使用和日常严格的维护保养可以避免80%的意外故障。数控机床的日常维护和保养的项目一般在机床制造厂提供的机床使用说明书中都有明确的描述。尽管数控机床在其设计生产中采取了很多手段和措施来保证其工作的可靠性和稳定性，但是由于数控机床的使用环境较为复杂，因此在数控机床的使用过程中如果不能满足规定的运行条件，或者不按照规定进行维护保养，都有可能造成数控机床的停机。一旦数控机床由于机械故障或者电气故障而停机,将会导致生产中断。由于恢复机床正常运行需要一定的时间和费用,如维修、备件采购以及服务等,这都会造成较大的经济损失,影响企业效益。因此,数控机床使用过程中的维护和保养是提高数控机床生产效率、创造更多价值的重要手段。

一、数控机床的维护与保养

1. 日常维护的规章制度

通常对数控机床进行预防性保养的宗旨是延长元器件的使用寿命,延长机械部件的磨损周期,防止意外事故的发生,争取机床能长时间地稳定工作,即延长机床的平均无故障时间。

数控机床维护人员要做好对机床的日常维护,必须注意做好日常的记录,包括:

①机床的开、关机时间;
②机床每天开机时检查的项目;
③机床出现故障时的状态、时间、操作情况、解决方法等;
④机床添加润滑油、冷却水等的时间以及添加的量等。

另外,操作者还须记录当天机床的工作状况。因为机床在出现引起停机的故障以前,一般都有相关的一些轻微故障出现,有时不被操作者注意,如面板的按钮在彻底损坏以前,通常出现按下按钮机床没有反应,多按几次又工作正常,如果操作者记录下这些细微的情况,就给以后机床的维修带来很大的便利,维修人员根据记录能很快找到问题的关键所在,并予以解决,不必一步一步地检查,从而可以节约大量的维修时间。

除了对机床的记录,还应该有交接班记录。这样,通过记录前一位操作者操作机床的情况,如对机床进行了什么样的修改,可以提醒接班者应该注意的事项,告诉接班者没有完成的工作等,保证接班的操作者了解机床的当前状况,从而不会因为不知道机床状况而发生意外或造成工件的报废。

关于日常维护保养的规章制度还应该包括规定每天工作完毕应清洁打扫机床、给机床的外露金属面涂油防止氧化等,这些都是每天的机床基本保养。制定完善的日常维护保养规章制度是每一个工厂所必需的,也是很容易的,但要保证每个操作者都能遵守这些制度,每个操作者都能爱护机床就有一定的难度,所以对操作者进行培训以及考核是执行这些规章制度的基础。

2. 数控机床的本体维护

数控机床的维护包括每日维护和定期维护。每个工作日的维护包括开机时的检查、关机时的操作、清洁卫生等。一台数控机床每天的维护检查内容,一般以目测为主,如表6-2-1所示。

表6-2-1 数控机床每天的维护检查内容

序号	检查内容
1	检查润滑油箱液面,及时添加润滑油
2	检查液压泵站有无异常噪声,各压力指示是否正确,管路和各接头有无泄漏,工作液面高度是否正常

续表

序号	检查内容
3	检查气源的压力，调整减压阀，保证压力在正常范围内，及时清理干燥器中滤出的水分，保证空气干燥器的正常工作，并及时添加油雾器中的机械油
4	检查导轨防护罩和刮屑板有无损坏，清除切屑和脏物，移动时检查是否有异常的噪声，必要时涂上一些润滑脂
5	检查电柜通风散热情况，过滤网是否堵塞，是否需要清洗，电柜空调是否正常工作
6	检查冷却水液面，及时添加冷却水，不定期检查冷却水的酸碱度
7	检查机床辅助设备的润滑、液压以及运转情况，如排屑器运转是否平稳，有无卡住的情况，必要时拆开排屑器清除排屑器内部卡住的切屑

以上内容是开机前后必须要检查的项目，机床在关机时还有一些必要的操作规范，首先是清洁机床。机床经过工件切削，总有或多或少的切屑粘在机床加工区域表面，如果长时间不去除，在冷却水的作用下易被腐蚀，并引起机床被腐蚀，所以机床加工完工件后必须清洁。清洁时可以用冷却水枪或刷子清洁机床内部的切屑，加工中心和铣床的加工区域部件较少，清洁比较容易，而车床加工区域有刀架、尾架、中心架和夹具，形状也很不规则，所以积屑比较严重，清洗难度较大，需要花费一定的时间。其次，在清理完切屑以后，还要将机床各轴移动到导轨中部，让机床处于一个比较平衡的状态，然后再按下急停开关，关闭防护门，并切断机床各级电源。最后，在切断机床电源以后还要用软布或棉纱清洁机床显示屏、操作面板和机床外表面。至此，一个工作日的维护保养才算完成。数控机床定期维护保养的内容如表6-2-2所示。

表6-2-2 数控机床定期维护保养的内容

序号	工作时间/h	检查内容
1	200	检查各润滑油箱、液压油箱、冷却水箱液位，不足则添加
2	200	检查液压系统压力，随时调整
3	200	检查冷却水清洁情况，必要时更换
4	200	检查压缩空气的压力、清洁、含水情况，清除积水，添加润滑油，调整压力，清洗过滤网
5	200	检查导轨润滑和主轴箱润滑情况，不足则调整
6	1 000	检查工件最近处拖板的刮屑板，卸下刮屑板，如果刮屑板下镶有铁屑，就要更换新的刮屑板；移动各轴，检查导轨上是否有润滑油。清洗刮屑板，把新的刮屑板或干净的刮屑板装上；在导轨上涂上约50 mm宽的油膜，拖板移动约30 mm长，刮屑板能在导轨上刮成均匀的油膜为正常，否则调整刮屑板的安装
7	1 000	检查电柜空调的滤网，必要时清洗
8	2 000	检查所有的刮屑板，卸下刮屑板，如果刮屑板下镶有铁屑，就要更换新的刮屑板。移动各轴，检查导轨上是否有润滑油。清洗刮屑板，把新的刮屑板或干净的刮屑板装上；在导轨上涂上约50 mm宽的油膜，拖板移动约30 mm长，刮屑板能在导轨上刮成均匀的油膜为正常，否则调整刮屑板的安装

续表

序号	工作时间/h	检查内容
9	2 000	将所有液压油放掉,清洗油箱,更换或清洗滤油器中的滤芯,检查蓄能器性能,液压油泵停机后油压慢慢下降为正常,否则修复或更换
10	2 000	放掉各润滑油,清洗润滑油箱
11	2 000	检查滚珠丝杠的润滑情况。用测量表检查各轴的反向间隙,必要时调整,将新数据输入系统中
12	2 000	检查刀架的各项精度,恢复精度
13	2 000	检查各轴的急停限位情况,更换损坏的限位开关;检查各轴齿形皮带的张紧情况,必要时调整;检查皮带外观,必要时更换
14	2 000	检查主轴皮带的张紧情况,必要时调整。检查皮带外观,必要时更换
15	2 000	卸下各轴防护板,清洗下面的装置和部件
16	2 000	清除所有电机散热风扇上的灰尘
17	2 000	检查 CNC 系统存储器的电池电压,如电压过低或出现电池报警,应马上在系统通电情况下更换电池
18	4 000	全面检查机床的各项精度,必要时调整并恢复
19	4 000	检查电柜内的整洁情况,必要时清理灰尘;检查各电缆、电线是否连接可靠,必要时紧固连接处

3. 机床备件的保养

数控机床的备件有很多种,大致可以分为三类:
①机床暂时不使用的辅助设备,如回转工作台、送料器等;
②机床加工不同工件所需的辅助装置,如专用夹具、工装、各种刀具等;
③机床维修用的一些专用工具和易损件备件。

不同的机床其备件不一样,即使同型号的机床其备件也会因为加工的工件不同而稍有差别。当一个工厂有多台机床时,工厂的管理者就会发现妥善的保管这些备件是一件比较困难的事情,因为需要专门的仓库、专门的记录、专人的保管,还需要定期检查,而且有的备件可能在几年内都使用不到,保管保养不当就会丢失、损坏。

不同的备件有不同的保存保养方式。机械铁制备件一般涂上防锈油,用防潮防锈纸包裹;大型备件除了涂防锈油以外,还要用帆布或塑料布覆盖来达到防尘的目的;所有的油管和气管必须用塑料布包扎,以防止灰尘和异物进入管路中,在使用时引起电磁阀或其他液压元件、气动元件堵塞。电气方面的备件必须保证包装完好,精密线路板必须放入防静电的包装袋中保存,为了防潮,在包装袋中放置干燥剂是一个很好的办法;另外,还要防止阳光直射,因为电气备件中有很多是塑料件,阳光的照射会使它们变形、变脆而损坏。所有的备件都必须定期检查,检查是否生锈、是否有灰尘进入使备件变得肮脏,如果有问题必须除锈重新上油,重新包装。另外,精密线路板包装袋中的干燥剂也要检查是否失效,是否需要更换。

4. 数控机床预防性维护

数控机床经过长时间使用后都会出现部件损坏，及时开展有效的预防性维护，可以延长元器件的工作寿命，延长机械部件的磨损周期，防止意外恶性事故发生，延长机床的工作时间。

要做好数控机床预防维护工作，要求数控机床的操作人员必须经过专门训练，必须详细熟读数控机床的说明书，对机床有一个详细的了解，包括机床结构、特点和数控机床系统的工作原理等。

(1) CNC 系统的日常维护

CNC 系统进行日常维护保养的要求，在 CNC 系统的使用、维修说明书中一般有明确的规定。总的来说，要注意以下几个方面。

①制定 CNC 系统日常维护的规章制度。根据各种部件的特点，确定各个部件的保养条例，如规定哪些部件需要天天清理，哪些部件需要定时加油或定期更换等。

②应尽量少开数控柜和强电柜的门。因为机加工车间空气中一般都含有油雾、飘浮的灰尘甚至金属粉末，它们一旦落到机床装置内的印制线路板或电子器件上，容易引起元器件间绝缘电阻下降，并导致元器件及印制线路板损坏。因此，应该严格地规定，进行必要的调整和维修时可打开柜门，加工时不允许敞开柜门。

③定时清理数控装置散热通风系统。应每天检查数控装置上各个冷却风扇工作是否正常，视工作环境的状况，每半年或每季度检查一次风道过滤通道是否有堵塞现象，若过滤网上灰尘增多，应及时清理，否则将引起数控装置内温度过高（一般不允许超过55℃），致使 CNC 系统不能可靠地工作，甚至发生过热报警现象。

④定期检查和更换直流电动机电刷。直流电动机电刷的过度磨损将会影响电动机的性能，甚至造成电动机损坏，为此，应对电动机进行定期检查和更换，检查周期随机床使用频率而异，一般为每半年或一年检查一次。

⑤经常监视 CNC 装置用的电网电压。CNC 装置通常允许电网电压在额定值 + 10% 至 − 15% 的范围内波动。如果超出此范围就会造成系统不能正常工作，甚至会引起 CNC 系统内电子器件损坏，因此，需要经常监视 CNC 装置用的电网电压，以防电压过大或过小。

⑥存储器电池应定期更换。存储器若为采用了 CMOS RAM 的器件，为了在数控系统不通电期间保持存储的内容，应设置可充电电池维持电路。在正常电源供电时，由 + 5 V 电源经一个二极管向 CMOS RAM 供电，同时对可充电电池进行充电；当关断电源时，则由该电池供电维持 CMOS RAM 的信息。在一般情况下即使电池尚未失效也应每年更换一次，以便确保系统正常工作。电池的更换应在 CNC 装置通电状态下进行。

⑦CNC 系统长期不用时的维护。为提高系统的利用率和减少系统的故障率，数控机床长期闲置不用是不可取的。若 CNC 系统处于长期闲置的情况下，则需注意以下两点：一是要经常将系统通电，特别是在环境湿度较大的梅雨季节更是如此。在机床锁住不动的情况下让系统空运行，利用电器元件本身的发热来驱散数控装置内的潮气，保证电子部件性能的稳定可靠，实践表明，在空气湿度较大的地区，经常通电是降低故障的有效措施；二是如果数控机床采用直流电动机来驱动，应将电刷从直流电动机中取出，以免由于化学腐蚀作用使换向器表面腐蚀，造成换向性能变坏。

⑧备用印制线路的维护。印制线路板长期不用是很容易出故障的。因此,对于已购置的备用印制线路板应定期装到 CNC 装置上通电一段时间,以防损坏。

(2) 机械系统的日常维护

数控机床机械系统的定期维护是预防系统故障的另一重要内容。表 6-2-3 列举了数控机床定期维护的具体内容和要求。

表 6-2-3 数控机床定期维护的内容和要求

序号	检查周期	检查部位	检查内容
1	每天	导轨	检查油标、润滑泵,每天使用前手动打油润滑导轨
2	每天	导轨	清理切屑及脏物,检查滑动导轨有无划痕,滚动导轨润滑情况
3	每天	液压系统	检查油量,油质,油温及有无泄漏
4	每天	主轴润滑油箱	检查油量,油质,油温及有无泄漏
5	每天	液压平衡系统	工作是否正常
6	每天	气源自动分水过滤器	及时清理自动分水过滤器中分离的水分,检查压力
7	每天	电器散热箱、通风装置	冷却风扇工作是否正常,过滤器有无堵塞
8	每天	各种防护罩	有无松动,漏水,特别是导轨防护装置
9	每天	机床液压系统	液压泵有无异常噪声,压力表接头有无松动,油面是否正常
10	每周	空气过滤器	坚持每周清洗一次,保持无尘、畅通,发现损坏应及时更换
11	半年	滚珠丝杠	清洗丝杠上的旧润滑脂,更换新润滑脂
12	半年	液压油路	清洗各类阀、过滤器,清洗油箱底,换油
13	半年	主轴润滑箱	清洗过滤器,换油
14	不定期	主轴电动机冷却风扇	除尘,清理异物
15	不定期	运屑器	清理切屑,检查是否卡住
16	不定期	电源	供电网络大修,停电后检查电源相序、电压
17	不定期	电动机传动带	调整传动带松紧
18	不定期	刀库	检查刀库定位情况、机械手相对于主轴的位置

表 6-2-3 仅列出了日常维护检查的一些主要内容,对机床运动频繁的部分应作重点检查。例如,加工中心的自动换刀装置动作频繁,最容易发生故障,所以刀库的选刀及定位、机械手相对于刀库和主轴的定位精度等都被列入了日常维护内容。所以,日常维护内容包括以下几个部分。

1) 每周的维护与保养工作

①清洗 CNC 控制箱的吸风过滤网及风扇。

②清洗整台机器,包括操作区、油压区周围区域。

③检查操作面板的旋钮是否松动，如果松动可用起子或小扳手锁紧。
④检查并确认各安全警报系统、各极限开关及液面开关是否正常。
2）每月维护与保养工作
①清除机器夹缝中的灰尘、铁屑及机件上的污垢。
②检查 X、Y、Z 轴导轨润滑情形。
③检查润滑油箱的干净程度。
④检查各电源接头是否牢固，各固定螺丝有无松动，各开关的接点是否良好。
⑤更换切削液避免管路阻塞。
3）每半年的维护与保养工作
①检查液压源或气压源的压力是否设定在适当的范围。
②更换液压油及滤清器。
③更换润滑油及滤清器。
④检查各轴的参考点位置。
⑤更换齿轮箱油。
⑥检测 X、Y、Z 轴的往返精度、定位精度等，并予以校正。
4）每年的维护与保养工作
①依照新机器的安装方法，重新校验机器水平。
②依照电脑数值控制机器的精度检验方法，检查各项精度，不符合者应予以调整或作必要的辅正。
③检查紧急开关是否正常，务必检查紧急时是否有效。
（3）数控机床的安全操作注意事项
1）机床启动前的注意事项
①数控机床启动前，要熟悉数控机床的性能、结构、传动原理、操作顺序及紧急停车方法。
②检查润滑油和齿轮箱内的油量情况。
③检查紧固螺钉，查看松动。
④清扫机床周围环境，机床和控制部分应经常保持清洁，不得取下罩盖而开动机床。
⑤校正刀具，并使其达到使用要求。
2）调整程序时的注意事项
①使用正确的刀具，严格检查机床原点、刀具参数是否正常。
②确认运转程序和加工顺序是否一致。
③不得承担超出机床加工能力的作业。
④在机床停机时进行刀具调整，确认刀具在换刀过程中不和其他部位发生碰撞。
⑤确认工件的夹具有足够的强度。
⑥程序调好后要再次检查，确认无误后方可开始加工。
3）机床运转中的注意事项
①机床启动后，在机床自动连续运转前必须监视其运转状态。
②确认冷却液输出是否通畅，流量是否充足。
③机床运转时应关闭防护罩，不得调整刀具和测量工件尺寸，操作者不得将手靠近旋转的刀具和工件。

④停机时除去工件或刀具上的切屑。

4）加工完毕时的注意事项

①清扫机床。

②用防锈油润滑机床。

③关闭系统，关闭电源。

二、数控机床的维修

1. 数控机床维修的基本知识

（1）有关可靠性的概念

数控机床的可靠性和稳定性是人们十分关心的问题，为了对可靠性建立完整的概念，不仅要有对可靠性的定性概念，而且还要对可靠性建立定量的概念。下面介绍有关可靠性的基本参数、基本术语、可靠性的尺度等。

①平均无故障工作时间（Mean Time Between Failures，MTBF）。平均无故障工作时间定义为可修复产品的相邻两次故障间的系统能正确工作时间的平均值。它是伺服系统可靠性的主要指标。我国《机床数字控制系统通用技术条件》规定，数控系统可靠性验证用平均无故障工作时间 t_{MTBF} 作为衡量指标，具体数值应在产品标准中给出。

②平均修复时间（Mean Time to Repair，MTTR）。平均修复时间定义为可修复调和在规定的条件下和规定时间之内能够完成修复的概率，它反映系统的可修复性，其实质是指修复故障的平均时间 t_{MTTR}。

③有效度（或可利用率）A。如果把 MTBF 看作系统的能工作时间（有用时间），把 MTTR 看作系统的不能工作时间，那么有效度（可利用率）就是能工作时间与总时间之比，即有效度 A 为

$$A = \frac{\text{有用时间}}{\text{有用时间} + \text{平均修复时间}} = \frac{\text{平均无故障工作时间}}{\text{平均无故障工作时间} + \text{平均修复时间}} = \frac{t_{MTBF}}{t_{MTBF} + t_{MTTR}}$$

④失效率曲线（或浴盆曲线）。失效率曲线是一条瞬时故障变化曲线。它描述了数控设备瞬时故障随时间变化的关系，如图 6-2-1 所示。

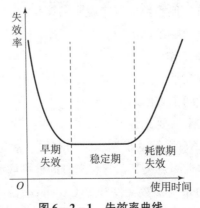

图 6-2-1 失效率曲线

由大量统计分析资料表明,数控设备的失效率曲线如图6-2-1所示。该曲线恰似一个浴盆,因此又称为浴盆曲线。从失效的类型来分,该曲线可分为早期失效、稳定期、耗散期失效。早期失效与设计、制造、装配和元器件的质量有关,一般采取措施可消除。稳定期的故障较少,主要有因为操作或维护不良造成的偶发故障。耗散期失效又称为操作或维护不良造成的偶发故障。耗散期又称为磨损期,故障较多,其故障是由于年久失修和磨损而产生的故障,这说明系统的寿命将尽。由失效率曲线可知,数控设备在早期和耗散期可靠性较低。由上可知,数控设备的可靠性指标主要包括两方面,一是平均无故障工作时间 t_{MTBF} 值;二是有效度 A 值和 t_{MTTR} 值。目前,根据机械加工的特点,一般用途数控系统的可靠性指标至少应达到的要求为:

平均无故障工作时间 $t_{MTBF} \geq 300$ h;

有效度 $A \geq 0.95$。

对于特殊要求或用于 FMS 和 CIMS 的 CNC 系统,其可靠性的要求要高得多。

此外,有些国家常采用单位时间内发生故障次数的平均值,即平均故障率,作为可靠性的主要指标。如占世界 CNC 系统产量近一半的日本 FANUC 公司 FANUC 系统,就是采用平均月故障作为可靠性的主要指标。

(2) 维修的概念

数控机床是一种高效率、高精度、高价格的自动化设备。要发挥数控机床的高效益,就应保证它的开动率。这不仅对数控机床的各部分提出了很高的稳定性、可靠性要求,而且对数控机床的使用与维修提出了很高要求。数控机床维修概念不能单纯局限于发生故障时,如何排除故障和及时修复,这当然是维修很重要的方面,另一方面还应该包括日常维护。即维修的概念包括两方面;一是日常维修(预防性维护),这可以有效地延长 MTBF;二是故障维修,在出现故障后尽快修复,尽量缩短 MTTR,提高机床的有效度指标。

(3) 对维修工作的基本要求

数控机床属于技术密集和知识密集的设备,数控机床的故障往往不是简单易见的。这对维修人员提出了很高的要求。它不仅要求维修人员具有电子技术、计算机技术、电机技术、自动化技术、检查技术、机械物理和机械加工工艺、液压传动等技术知识,还要求他们具有综合分析和解决问题的能力,能尽快查明故障原因,及时排除故障,提高数控机床的开动率。要做好维修工作,必须首先熟悉数控机床说明书等相关资料,对数控机床的系统、结构布置等有详细的了解,并做好故障维修前期的准备工作。

(4) 故障维修前期的准备工作

为了能及时排除故障,应在平时做好维修前的准备工作,主要有技术准备、工具准备和备件准备和建立维护记录档案四个方面。

①技术准备。维修人员在平时要充分了解系统的性能,为此应熟悉有关数控机床的操作说明书和维修说明书,掌握 CNC 系统的框图、结构布置、常见故障及处理方法、需经常部分在印制线路板上可供维修的检测点及其正常状态时的电平或波形。维修人员应妥善保存好 CNC 系统现场调试完成之后的系统参数文件和 PLC(可编程序控制器)的参数文件。这些参数文件是以随机附带的参数表或参数纸带的形式出现的。另外,随机提供的 PLC 系统功

能测试纸带,与机床的性能和使用有关,需妥善保存。如有可能,维修人员还应备有系统所用的各种元器件手册,以供随时查阅。

②工具准备。作为用户,需准备一些常规的仪器设备、维修工具,如电压表(测量误差在±2%范围内)、万用表、各种规格的旋具、清洁液和润滑油等。如有条件,最好还准备一台带存储功能的双线示波器和逻辑分析仪。这样,在查找故障时,可使故障缩小到某个器件。

③备件准备。为能及时排除由于CNC系统的部件或元器件损坏使系统发生的故障,应准备一些常用的备件,具体备件应视所用系统的作用情况来定。一般来说,应配备一定数量的各种保险、晶体管模块以及直流电动机用的电刷。至于价格昂贵的印制线路板可以不准确,尤其是不易发生故障的印制线路板,因为长期不用,反而更易损坏。

④建立维护记录档案。数控机床的维护记录档案包括故障发生的时间、现象原因及维护措施等。

(5) 故障的概念和分类

数控机床的故障是指数控机床丧失了规定的功能,包括机械系统和控制部分等各方面的故障。一般所说的数控系统故障是统指数控装置、进给伺服系统及主轴伺服系统这三部分的故障。

数控机床的故障按表现形式、故障性质、起因等有多种分类。

①按起因的相关性分为关联性和非关联性故障。所谓非关联性故障,即与系统本身无关,如由于运输、安装等外因造成的故障。而关联性故障又可分为系统性故障和随机性故障。系统性故障是指机床或数控系统部分在一定的条件下必然出现的故障,是一种可重演的故障。随机性故障是指偶然出现的故障,一般随机性故障往往是由于机械故障结构的局部松动错位、系统控制软件不完善、硬件工作特性曲线漂移、机床电气元器件可靠性下降等原因造成的,这类故障在同样条件下只偶然出现一两次,往往需要经过反复实验和综合判断才能排除。

②按有无诊断显示分为有诊断显示和无诊断显示的故障。有诊断显示的故障一般都与控制部分有关,根据报警信号,较容易找到故障原因。而无诊断显示的故障,往往机床停在某一位置不能动,甚至手动操作也失灵,工作循环进行不下去,这类故障无诊断显示,维修人员只能根据出现故障前后的情况来分析判断,所以排除故障的难度大。

③按性质分为破坏性和非破坏性故障。对于因伺服系统失控造成的飞车、短路烧保险等破坏性故障,维修排除时无法复现,只能根据操作者提供的情况进行修理,所以难度较高。非破坏性故障,可以反复试验,重演故障,因此其排除容易。

除上述分类以外,还有多种分类法,如从时间上可分为早期故障、稳定期的偶然故障和耗散期的耗损故障;从使用角度可分为使用故障和本质故障;从严重性而言,可分为灾难性、致命性、严重和轻度四类故障;按过程可分为突发故障和渐变故障,等等。

(6) 故障的处理

在数控机床出现故障时,操作人员应采取急停措施,停止系统运行并保护好现场。如果操作人员不能排除故障,除应及时通知维修人员外,还应对故障作尽可能详细的记录,这些记录是分析、查找故障原因的重要依据,记录内容如下。

①故障的种类。系统处于何种工作方式(MDI、EDIT、JOD等);系统处于何种工作状

态（执行 G 或 M 功能、自动运转、暂停等）；有无报警；刀具设计及速度是否正常等。

②故障的频率。故障发生的时间及次数；加工同类工件时发生故障的情况；故障发生的特定状况（换刀、切削螺纹等）；出现故障的程序段。

③故障的重复性。在不危害人身安全和设备安全前提下，将引起故障的程序段重复执行，进行多次观察。

④外界状况。环境温度及变化情况；周围是否有强烈振源；输入电压是否有波动，电压值是多少；是否受到切削液、润滑油的浸渍，等等。

⑤有关操作情况。经过什么操作后才发生故障；操作方式是否有错误，等等。

⑥机床情况。机床调整状况；切削是否正常（振动、刀尖损坏等）；间隙补偿量是否恰当，等等。

⑦运转情况。在运转过程中是否改变或调整过运动方式；机床是否处于锁住状态；系统是否处于急停状态；系统保险是否烧断；操作面板上方式开关设定是否正确，等等。

⑧机床和系统间接线情况。电缆是否完整无损；电源线和信号线是否分开走线；继电器、电磁铁等是否装有噪声抑制器，等等。

⑨CNC 装置的外观检查。机框门是否打开，有无切屑进入；机框内风扇电动机是否正常；电缆连接插头是否完全插入、拧紧；印制线路板有无缺损，等等。

总之，需要记录的原始数据材料很多，应将现场原始材料记录在预先准备的记录表上，供维修人员维修时使用。

2. 常用维修工具

①电烙铁。电烙铁是最常用的焊接工具，用于芯片时可选 30 W 左右的电烙铁。电烙铁使用时，接地线要可靠，防止烙铁漏电出现意外事故或损坏元器件。

②吸锡器。吸锡器是用以将元器件从电路板上分离出来的一种工具。吸锡器有手动和电动两种，手动的吸锡器价格便宜，但在一些场合吸锡效果不好，如拆多层电路板上芯片引脚和电源引脚时，因散热快，难以吸净焊锡。电动吸锡器带电热丝和吸气泵，使用效果较好。

③螺丝刀。常用的螺丝刀有平口和十字口，有时需要专用螺丝刀，如拆下伺服模块需用头部为六角形的螺丝刀。

④钳类工具。常用的是平头钳、尖嘴钳、斜口钳、剥线钳。

⑤扳手。大小活络扳手、各种尺寸的内六角扳手。

⑥化学用品。松香、纯酒精、清洁触点用喷剂、润滑油等。

⑦其他。剪刀、镊子、刷子、吹尘器、清洗盘、连接线等。

这些是最基本的拆装、焊接等工具，一般机床厂会随机配备一小部分基本工具，绝大多数需要使用者自己配置。在使用过程中注意它们的规格型号、使用方法、使用场合、绝缘情况等。

3. 数控机床故障维修的难点

数控机床故障维修的难点也是最重要的环节，就是查找故障原因。为了确定故障原因，不仅需要丰富的理论知识和实践经验，而且必须采用一定的方法，在经过充分的调查分析后，才能作出准确的判断和正确处理。

在查找故障时，一般要遵循下述两条原则。

(1) 充分调查故障现场

这是维修人员取得第一手材料的一个重要手段，一方面要向操作者调查，详细询问出现故障的全过程，查看故障记录单，了解发生过什么现象，曾采取过什么措施等；另一方面要对现场作细致的勘查，从系统的外观到系统内部各印制线路板都应细心地查看是否有异常之处；在确认系统通电无危险的情况下，通电。观察系统有何异常以及 CRT 显示的内容等。

一般来说，机械故障类型可分为以下几种。

①功能型故障。功能型故障主要指工件加工精度方面的故障，表现为加工精度不稳定、加工误差大、正反向误差大、工件表面粗糙度大。

②动作型故障。动作型故障主要指机床各种动作故障，表现为主轴不转动、液压变速不灵活、工件夹不紧、转塔刀架定位精度低等。

③结构型故障。结构型故障主要指主轴发热、主轴箱噪声大、产生切削振动等。

④使用型故障。使用型故障主要指使用及操作不当引起的故障，如过载引起的机床零件损坏、撞车等。

各种机械故障通常可通过细心维护保养、精心调整（如调整配合间隙、供油、气压力、流量、轴承及滚珠丝杠的预紧力）来解决。对于已磨损、损坏或者已失去功能的部件，可通过修复或更换部件来排除故障，但因床身结构刚性差、切削振动大、制造质量差等原因产生的故障很难排除。

(2) 认真分析产生故障的起因

当前的 CNC 系统，其智能化程度都比较低，系统尚不能自动诊断出故障的确切原因，往往是同一报警信号可以有多种起因，不可能将故障缩小到具体的某一部分。因此，在分析故障的起因时一定要思路开阔。经常有这样一种情况：机床已自诊断出系统的某一部分有故障，但究其原因，却不在控制部分，而在机械部分。所以，无论是控制系统、机床强电，还是机械系统、液压、气路等，只要有可能引起该故障的原因，都要尽可能全面地列出来，进行综合判断和筛选，然后通过必要的试验，达到确诊和最终排除故障的目的。查找故障的方法很多，在此介绍故障检查的一般方法。

①直观法。这是一种最基本的方法。充分利用人的看、听、闻等感官来缩小故障检查范围，往往可将故障范围缩小到一个模块或一块印制线路板。这要求维修人员具有丰富的实践经验，要有多学科的较宽知识面和综合判断能力。

②自诊断功能法。现代的数控系统已经具备了较强的自诊断功能，能随时监视数控系统硬件和软件的工作状况。一旦发现异常，立即在 CRT 上显示报警信息或用发光二极管指示出故障的大致起因。利用自诊断功能，也能显示出系统与主机之间接口信号的状态，从而判断出故障发生在机械部分还是控制部分，并指示出故障的大致部位，这个方法是当前维修时最有效的一种方法。

③功能程序测试法。所谓功能程序测试法，就是将数控系统的常用功能和特殊功能，如直线定位、圆弧插补、螺纹切削、固定循环、用户宏程序等用手工编程或自动编程方法，编制成一个功能程序输入数控系统中，然后启动数控系统使之运行，借以检查机床执行这些功

能的准确性和可靠性，进而判断出故障发生的可能起因。对于长期闲置的数控机床第一次开机时的检查，以及机床加工造成废品但又无报警的情况下，难以确定是编程错误或是操作错误，还是机床故障时，本方法是一种较好的方法。

④换板法。这是一种简单易行的方法，也是现场判断时最常用的方法之一。所谓换板法，就是在分析出故障大致起因的情况下，维修人员可以利用备用的印制线路板、模块、集成电路芯片或元件替换有疑点的部分，从而把故障范围缩小到印制线路板或芯片级别。它实际上也是在验证分析的正确性。

在备板交换之前，应仔细检查备板是否完好，并且备板的状态应与原板状态完全一致。这包括检查板上的选择开关、短路棒的设定位置以及电位器的位置。在置换 CNC 装置的存储器板时，往往还需要对系统作存储器初始化操作（如日本 FANUC 公司的 FS-6 系统用的磁泡存储器就需要进行这项工作），设定各种数控数据，否则系统仍将不能正常工作。

⑤转移法。所谓转移法，就是将 CNC 系统中具有相同功能的两块印制线路板、模块、集成电路芯片或元器件相互交换，观察故障是否随机转移，从而迅速确定系统的故障部位。这个方法实际上就是换板法的一种。因此，有关注意事项同换板法所述。

⑥参数检查法。系统参数能直接影响数控机床的性能，参数通常是存放在磁泡存储器或存放在需由电池保持的 CMOS RAM 中，一旦电池不足或由于外界某种干扰因素，会使个别参数丢失、变化，或发生混乱，使机床不能正常工作。此时，通过核对、修正参数就能将故障排除。当机床长期闲置，工作时无缘无故地出现故障或有故障而无报警时，就应根据故障特征，检查和校对有关参数。

⑦测量比较法。CNC 系统生产厂在设计印制线路板时，为了调整、维修的便利，在印制线路板上设计了多个检查用端子。用户也可以利用这些端子，比较、测量正常的印制线路板和有故障的印制线路板之间的差异。通过检测这些测量端子的电压或波形，分析故障所在位置。甚至，有时还可以对正常的印制线路板人为地制造"故障"，如断开连接或短路，拔去组件等，以判断真实故障的起因。

⑧原理分析法。根据 CNC 系统的组成原理，可从逻辑上分析各点的逻辑电平和特征参数（如电压值或波形），然后用万用表、逻辑笔、示波器或逻辑分析仪进行测量、分析和比较，从而对故障定位。运用这种方法，要求维修人员必须对整个系统或每个电路的原理有清楚的、较深的了解。

除了上述常用的故障检查测量方法外，还有拔板法、电压拉偏法、开环检测法、敲击法、局部升温法、离线诊断法等多种方法。这些检测方法各有特点，按照不同的故障现象，可以同时选择几种方法灵活应用，对故障进行综合分析，才能逐步缩小故障范围，较快地排除故障。

一旦故障部位找到，暂无可替代的备件时，可以采用移植的办法作为应急措施来解决。例如某一组件坏了（如与非门或触发器等），但损坏的只有组件中的一部分，没有全部用满，此时可将没有使用的富余部分取来作为应急用。具体的做法是，切断已损坏部分的插脚（包括输入和输出脚），然后用机床内信号输入、输出线引至富余的组件插脚上即可，从而可使数控机床尽快地恢复工作。

习题与思考题

6-1 为了科学合理地管理和使用数控机床,应为其配置哪些专业技术人才,为什么?
6-2 影响数控机床可靠性的主要因素有哪些?
6-3 常用的数控机床故障诊断方法有哪些?
6-4 在数控机床的日常维护与保养过程中,应注意哪些问题?

参 考 文 献

[1] 黄筱调, 夏长久, 孙守利. 智能制造与先进数控技术[J]. 机械制造与自动化, 2018, 47 (1): 1-6+29.

[2] 于春雨. 论数控技术在我国机械制造行业应用[J]. 科技经济市场, 2018 (1): 17-19.

[3] 李冠楠. 数控技术的最新进展及发展趋势研究[J]. 科技经济导刊, 2018, 26 (4): 54-55.

[4] 邵雨露. 数控机床故障诊断与维修技术探析[J]. 现代制造技术与装备, 2017 (5): 114-140.

[5] 张峻珲. 浅析我国数控技术的最新进展及发展趋势[J]. 科技风, 2017 (3): 220.

[6] 张继媛, 张鑫. FANUC 0iD 系统数控机床故障诊断与维修[J]. 机床与液压, 2016, 44 (16): 174-175+178.

[7] 张晶辉. 数控机床典型电气故障诊断与维修[J]. 机械工程与自动化, 2016 (1): 205-207.

[8] 栾健. 数控机床的故障诊断与维修方法[J]. 时代农机, 2018, 45 (4): 159.

[9] 郑堤. 数控机床与编程[M]. 北京: 机械工业出版社, 2015.

[10] 卓良福, 邱道权. 数控技术应用专业人才培养方案[M]. 武汉: 华中科技大学出版社, 2013.

[11] 李敬岩. 数控机床故障诊断与维修[M]. 上海: 复旦大学出版社, 2013.

[12] 黄新燕. 机床数控技术及编程[M]. 北京: 北京理工大学出版社, 2006.

[13] 任重. 数控机床编程及操作[M]. 武汉: 华中科技大学出版社, 2013.

[14] 范孝良. 数控机床原理与应用[M]. 北京: 中国电力出版社, 2013.

[15] 缪德建, 顾雪艳. 数控加工工艺与编程[M]. 南京: 东南大学出版社, 2013.

[16] 刘宏利. 数控机床故障诊断与维修[M]. 重庆: 重庆大学出版社, 2012.

[17] 姬清华. 数控原理与应用[M]. 北京: 北京理工大学出版社, 2007.

[18] 王金城, 方沂. 数控机床与编程[M]. 北京: 国防工业出版社, 2015.

[19] 朱鹏程, 史春丽, 王文英. 数控机床与编程[M]. 北京: 高等教育出版社, 2016.

[20] 王爱玲. 现代数控加工工艺及操作技术[M]. 北京: 国防工业出版社, 2016.

[21] 万友玲, 尚武. 数控加工编程及操作[M]. 南昌: 江西高校出版社, 2014.

[22] 蒋建强, 陆东明. 数控加工技术与应用[M]. 北京: 中国铁道出版社, 2013.

［23］陈江进，雷黎明. 数控加工工艺［M］. 北京：中国铁道出版社，2013.

［24］温上樵. 现代制造工艺［M］. 北京：电子工业出版社，2018.

［25］王金虎，夏其明. 数控铣床理实一体教程［M］. 上海：上海交通大学出版社，2014.